KB000939

지금, 하와이

지금, 하와이

지은이 맹지나
펴낸이 임상진
펴낸곳 (주)넥서스

초판 1쇄 인쇄 2019년 9월 5일
초판 1쇄 발행 2019년 9월 10일

출판신고 1992년 4월 3일 제311-2002-2호
10880 경기도 파주시 지목로 5(신촌동)
Tel (02)330-5500 Fax (02)330-5555

ISBN 979-11-6165-741-7 13980

저자와 출판사의 허락 없이 내용의 일부를
인용하거나 발췌하는 것을 금합니다.
저자와의 협의에 따라서 인지는 붙이지 않습니다.

가격은 뒤표지에 있습니다.
잘못 만들어진 책은 구입처에서 바꾸어 드립니다.

www.nexusbook.com

Explore the City

지금, 하와이

Travel guide

24

Now
Hawaii

맹지나 지음

prologue

살면서 가졌던 수많은 기대 중 차고 넘치게 충족됐던 것은 오직 여행에 대한 기대뿐이었습니다. 늘 과분한 감동을 바라고 떠나는데, 그 이상의 것을 선물해 주기 때문입니다. 마음대로 되지 않더라도, 원하던 자리에 서 보지 못하고, 만나고 싶었던 것을 만나지 못해 아쉬움이 남더라도 예상하지 못한 감동과 여운을 길 떠날 때마다 안겨 주니 계속 떠날 수밖에요.

여행을 떠나 오면 나도 모르게 '여기 살아 보면 어떨까?' 하는 생각을 종종 합니다. 하와이에 머무는 내내 오래오래 있고 싶다는 마음이 들었습니다. 몇 걸음만 내달리면 마주하는 바다, 세계 그 어느 곳보다도 높고 맑아 보이는 파란 하늘, 하루에 한 번씩은 보게 되는 무지개, 초보 운전자도 신나게 드라이브 할 수 있는 잘 닦인, 탁 트이고 넓은 도로, 보물찾기 하듯 찾아내는 골목골목의 맛집과 무엇보다 알로하 스피릿 aloha spirit으로 충만했던 친절한 하와이 사람들. 욕심을 한껏 부려 바랄 수 있는 모든 것을 다 갖춘 하와이를 소개할 수 있어 행운이라 생각합니다.

하와이는 자연에 대한 경외감과 생의 모든 것에 대한 감사함을 안겨 줄 곳입니다. 계획한 그대로 여행할 수 없다 하더라도 분명 아주 큰 감동의 울림을 줄 곳이니 어서 떠나라 재촉하고 싶습니다. 고심하여 지면에 실은 소중한 장소들이 하와이 여행을 부추기기를 바라며 행복했던 취재와 집필에 마침표를 찍습니다.

취재에 많은 도움 주신, 책에서 소개하는 많은 곳들과 매일을 벅차게 만들어주었던 수많은 해변들, 꼼꼼히 애정 어린 손길로 원고와 사진 다듬어 주신 정효진 팀장님께 감사 인사 전합니다.

2019년 아쉬움 가득한 마음으로 여름의 끝자락을 잡고,
맹지나

미리 떠나는 여행 **1부. 인포그래픽**

1부 인포그래픽은 하와이의 여행 정보, 다양한 지식을 시각적으로 표현해, 좀 더 빠르고 쉽게 습득해서 여행을 더욱 알차게 준비할 수 있도록 필요한 정보를 전달하고 있다.

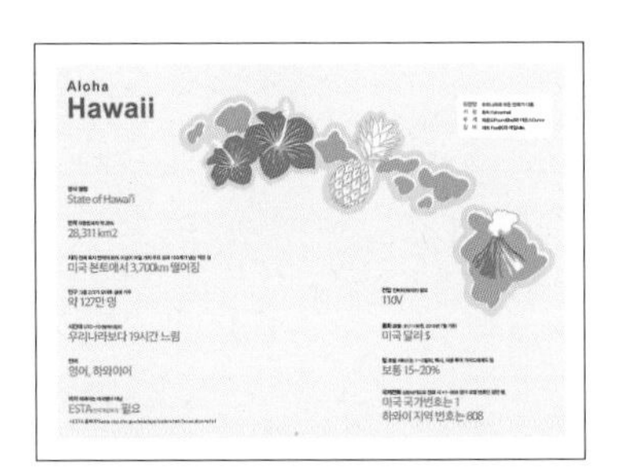

01. Aloha, 하와이에서는
한눈에 하와이의 기본 정보를 익힐 수 있도록 그림으로 정리했다. 언어, 시차 등 알면 여행에 도움이 될 간단 기본 정보들을 나열하고 있다.

02. 여기 어때?에서는
여행을 떠나기 진 하와이를 공부할 수 있는 순서로, 알아두면 여행이 더욱 재미있어지는 하와이의 역사부터, 전통 문화, 휴일 및 축제까지 쓸모 있는 읽을거리를 담고 있다.

03. 이것만은 꼭! 트래블 버킷리스트에서는
후회 없는 하와이 여행을 위한 핵심 타이틀을 선별해 먹고, 즐기고, 쇼핑하기에 부족함이 없는 버킷리스트를 제시하면서 보다 현명한 여행이 될 수 있는 가이드를 제시하고 있다.

알고 떠나는 여행 **2부. 인사이드**

1부에서 습득한 하와이의 기본적인 여행 정보를 품고 본격적으로 여행을 떠나서 돌아다니는 데에 최적화된 2부 인사이드다.

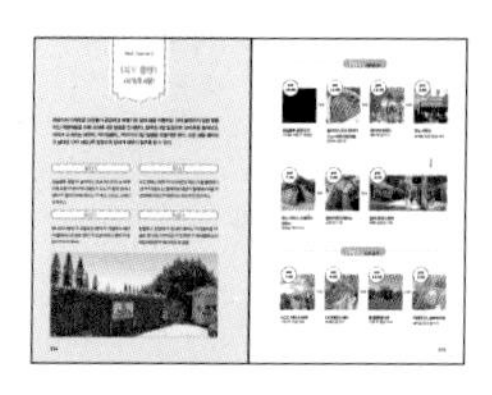

01. GO TO 하와이에서는 마지막으로 여행 전 체크해야 할 리스트, 즉 여권, 항공권, 숙소 예약 등 떠나기 전 미리 준비해 놓을 것들을 확인할 수 있는 정보와, 인천국제공항에서 하와이국제공항까지의 출입국 과정에서 주의해야 할 사항들까지 마지막 체크 포인트를 인지할 수 있도록 제시하고 있다.

02. Now 지역 여행에서는 하와이 여행의 시작을 알린다. 여행에 편의성을 주는 대중교통법부터 각 구역을 슬기롭게 여행할 수 있는 각 지역 베스트 코스, 그리고 최신 정보만으로 이뤄진 명소, 식당, 쇼핑몰까지 알찬 여행에 꼭 필요한 사항들만으로 채웠다. 게다가 요즘 핫하다는 근교 및 타 지역까지 담아서 하와이를 후회 없이 여행할 수 있는 다양한 기회를 제공하고 있다.

03. 테마별 Best Course에서는 요즘 여행 트렌드에 맞춰 테마별 코스를 제시해줌으로써 방황하는 여행에서 몸과 마음이 가벼운 여행이 될 수 있도록 최적의 하와이 여행 코스를 알려주고 있다. 따라서 한 권의 책이 열 명의 가이드 부럽지 않도록 만족도 높는 내용으로 구성하고 있다.

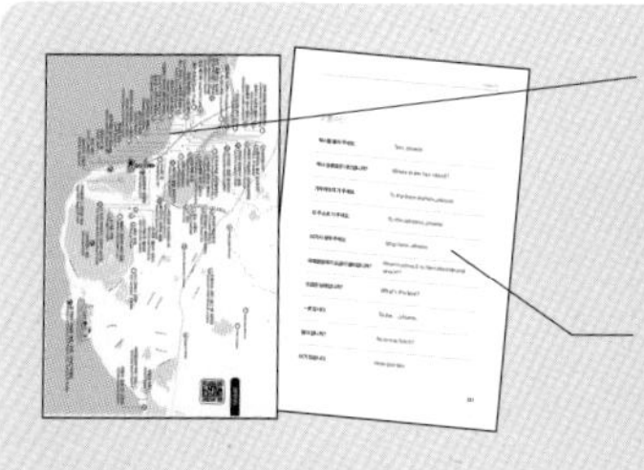

지도 보기 각 지역의 주요 관광지와 맛집, 상점 등을 표시해 두었다. 또한 종이 지도의 한계를 넘어서, 디지털의 편리함을 이용하고자 하는 사람은 해당 지도 옆 QR코드를 활용해 보자. '지금도' 사이트로 연동되면서 다양한 정보를 모바일, PC를 통해 확인할 수 있다.

여행 회화 활용하기 그 도시에 여행을 한다면 그 지역의 언어를 해보는 것도 색다른 경험이다. 여행지에서 최소한 필요한 회화들을 모았다.

contents

INFOGRAPHIC 하와이

INSIDE 하와이

01. Go To 하와이

02. Now 지역 여행

03. 테마별 Best Course

부록

INFOGRAPHIC
하 와 이

Aloha
Hawaii

정식 명칭

State of Hawai'i

면적 대한민국의 약 28%

28,311 km2

지리 전체 육지 면적의 99% 이상이 8개의 주요 섬과 100개가 넘는 작은 섬

미국 본토에서 3,700km 떨어짐

인구 그중 2/3가 오아후 섬에 거주

약 127만 명

시간대 UTC−10 (썸머타임X)

우리나라보다 19시간 느림

언어

영어, 하와이어

비자

ESTA(전자여행허가) 필요

※ESTA 홈페이지 esta.cbp.dhs.gov/esta/application.html?execution=e1s1

도량형 우리나라와 모든 단위가 다름

기 온 화씨 Fahrenheit

무 게 파운드Pound(lbs)와 아운스Ounce

길 이 피트 Feet(ft)와 마일Mile

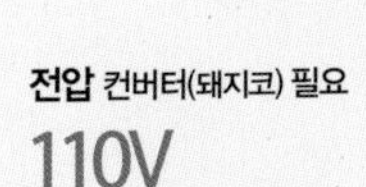

전압 컨버터(돼지코) 필요

110V

통화 (환율: $1/1100원, 2019년 7월 기준)

미국 달러 $

팁 호텔 서비스는 1~2달러, 택시, 서핑 투어 가이드에게도 팁

보통 15~20%

국제전화 심SIM카드로 전화 시 +1-808 없이 로컬 번호로만

미국 국가번호 1
하와이 지역 번호 808

HAWAII
여기 어때?

푸른 바다를 상상하기만 해도 입가에 미소를 머금게 하는 하와이. 그곳의 매력을 역사부터 그들만의 전통 문화, 축제 등 알고 가면 더욱 여행을 의미 있게 만들어 주는 읽을거리를 쏙쏙 담았다.

하와이 **역사**

원주민들의 평온한 정착기 & 유럽과 미국 본토의 하와이 발견

하와이 땅에 사람이 살기 시작한 것은 124~1120년 사이 시작된 것으로 추측된다. 거대한 카누를 타고 태평양의 여러 섬에서부터 오직 별빛만 의존해 바다를 건너온 폴리네시아Po lynesia인들이 하와이의 수많은 섬들에 모여 살기 시작한 것이 시초다. 그 이후 타히티에서 하와이로 건너와 살기 시작한 폴리네시아인들도 있다. 언제 하와이가 이들에 의해 발견됐는지에 대해서는 여전히 의견이 분분해 하와이 역사의 시발점이 명확하지 않은데, 가장 최근의 방사성 탄소 연대 측정법 조사에 의

해 940~1130년 사이에 사람들이 정착하기 시작한 것으로 추측한다. 지명은 폴리네시아 서부 최초 정착지라고 알려진 전설 속의 지역 '하와이키'로부터 유래했다.

이러한 고대 폴리네시아의 역사는 공식적인 원주민 행사 때 이들이 다 같이 부르던 노래를 통해 구전으로 이어져 왔고, 이에 따르면 처음에 하와이에는 '왕족의 꽃Pua ali'i'이라 부르는 신들만이 살았다고 한다. 그 후 500여 년 동안 이들은 그 누구의 방해도 받지 않고 자신들만의 고유한 문화를 일구어 나가며 하와이에 머물렀다는데, 1200년경 타히티에서 온 신부가 법과 사회적 구조, 계급 시스템을 하와이에 도입시켰다는 설도 있다. 외세가 처음 하와이 땅을 밟은 것은 영국의 탐험가 제임스 쿡 선장이 1778년 섬에 도착한 것이다. 어떤 학자들은 스페인의 루이 로페즈 데 빌라로보스Ruy López de Villalobos가 그에 앞서 1542년 하와이에 도착했다고도 한다. 쿡 선장은 대영제국을 대표해 미지의 땅을 발굴하기 위한 세 번의 여행을 떠났는데, 세 번째 여행 중 발견한 것이 바로 하와이다. 카우아이섬에 처음 닻을 내리고 원주민들과 물과 음식 교환을 하고, 마우이와 빅아일랜드섬도 차례로 여행했다. 빅아일랜드섬에서 롱보트 하나를 원주민에게 도난 당한 것이 화근이 되어 싸움이 일어나고, 쿡이 빅아일랜드의 왕을 납치하려하자 원주민들이 대항해 쿡은 이 싸움에서 칼을 맞고 목숨을 잃었다.

하와이 왕국

하와이의 여러 지역을 나누어 통치하던 자들noho ali'i o ko Hawai'i Pae 'Aina들을 왕 '알리 누이ali'i nui'라 불렀는데, 이들은 사람들이 하지 말아야 할 것들에 관한 법kapu[카푸]을 지키도록 지도했다. 그중에는 남자와 여자를 구분 지어 따로 식사하게 하거나 여자에게는 바나나, 코코넛, 돼지고기를 먹지 못하게 하는 등의 풍습도 포함돼 있었다.

빅아일랜드의 알리 누이인 카메하메하 1세Kamehameha I가 유럽의 도움을 받아 섬들을 통일시키며 하와이 왕국Kingdom of Hawaii (1795~1893)이 최초로 수립됐고, 그의 아들 리호리호Liholiho는 오랫동안 이어져 온 카푸를 폐지했다.

폴리네시아 원주민들은 유럽에서 넘어온 천연두 등의 질병으로 상당수가 사망해 1770년대 30만 명에 육박하던 인구수가 1920년에는 2만 4천 여 명까지 급감했다. 미국 본토에서는 하와이 원주민들의 힘을 더욱 쇠락시키고자 이들과 아시아 이민자들의 투표권을 제한시키고 연방정부의 힘을 키우고자 헌법을 수정했고, 릴리우오칼라니 여왕Queen Liliuokalani은 1893년 왕권 부활을 도모

Ha_Aotearoa Haka ©The Polynesian Cultural Center

했으나 미군에 의해 가택 연금을 당하고 말았다.
1820년 미국 본토에서 사람들이 넘어오기 시작했고, 최초로 온 사람들은 선교사들이었다. 미국인들은 설탕 플랜테이션 농장을 일구었고 일본, 중국, 필리핀에서 대거 이민자들이 넘어와 일손을 거들었다.
1820~1845년 동안 라하이나Lahaina가 하와이 왕국의 수도였고, 1845년 호놀룰루Honolulu가 수도가 됐다.

하와이 근현대사

1896년
하와이 인구의 25%가 이미 일본인이었을 정도로 일본 정부에서도 하와이 이주를 적극 지원했다.

1840년
행정관, 입법관과 대법원을 규정하는 하와이의 첫 헌법이 만들어졌다.

1898년
하와이는 미국에 통합됐다. 19세기 초부터 백단나무와 항해용품, 파인애플 수출, 고래잡이 등으로 소득을 얻었다.

1901년
최초의 와이키키 호텔인 더 모아나 호텔The Moana Hotel이 문을 연다.

1917년
하와이 왕국의 마지막 군주 릴리우오칼라니 여왕이 세상을 떠난다.

1941년 12월 7일
제2차 세계대전 중 일본이 진주만을 공습한다.

1959년 8월 21일
마침내 공식적으로 미국의 50번째 주가 된다.

1960~70년대
하와이 관광 사업이 크게 발달하고 한 해 방문객이 백만 명에 육박한다.

1978년
하와이어가 하와이 주의 공식 언어가 된다(영어 공용어). 미국의 모든 주 중 영어가 공식 언어가 아닌 주는 하와이뿐이다.

1992년
허리케인 이니키가 2조 달러 이상의 재산 피해를 야기했다.

2009년
호놀룰루에서 태어난 버락 오바마가 미국 최초의 흑인 대통령, 44번째 대통령으로 취임했다.

현재
하와이의 주요 수입원은 관광사업이며, 수많은 방문자들로 인한 자연 피해를 최소화시키되 수입을 증대시키는 과제에 직면해 있다.

아름다운 하와이 문화

천오백 년의 찬란한 역사 속에서 꽃을 피운 고유한 문화는 하와이섬의 파라다이스 같은 분위기를 자아내는 가장 큰 공신이다.

종교 Religion

하와이 원주민들의 종교는 다신교였는데, 그중 네 명의 주신이 있다. 카네Kāne, 쿠Kū, 로노Lono와 카날로아Kanaloa다. 그 외에도 여러 지역과 특정 명소를 보호하는 신이나 영혼, 수호자들이 있어 하와이를 여행하며 로컬 사람들에게 이와 관련된 흥미로운 이야기들을 종종 들을 수 있다. 하와이 왕국을 세운 카메하메하의 아들 리홀리호는 아버지가 사망한 후 즉위해 왕국의 종교를 모조리 폐지시키고 개인의 종교적 자유를 허락했다. 19세기 초 미국 본토에서 선교사들이 대거 이주해 오며 수많은 선교 활동이 있었으며, 현재 하와이의 대표적인 종교는 없다. 50% 정도가 가톨릭, 개신교 등 기독교 범주의 종교를 믿는다.

하와이언 음악 Hawaiian Music

편안한 미드 템포와 신비로운 분위기가 특징인 하와이의 음악은 그 어떤 다른 장르의 음악과도 확연히 구분된다. 섬에서 느낄 수 있는 평화롭고 자연 친화적인 분위기가 기분 좋은 멜로디에 실려 있는 듯, 음악을 들으면 하와이가 눈앞에 그려진다. 19세기 초 선교사들이 오기 전까지는 완벽한 폴리네시아 민족 음악만을 연주했는데, 이후 서유럽 음악과 미국 팝음악 등 여러 장르와 섞이며 발전해왔다. 현대화된 하와이 음악은 하파 하올레hapa haole라 부르며, 주류로 자리 잡게 됐다. 서프surf, 포크folk, 록rock 등 여러 장르와도 조금씩 맞닿아 있는 하와이 음악은 어쿠스틱 기타, 만돌린 등 다양한 악기를 사용한다. 여전히 사용하는 폴리네시아 민족 음악 악기로는 끝을 쪼갠 대나무 악기인 코니아우koniau가 있고, 가장 잘 알려진 하와이 악기로는 소형 기타인 우쿨렐레ukulele가 있다.

훌라 Hula

하와이 하면 가장 먼저 떠오르는 것이 살랑살랑 손과 허리를 부드러운 가락에 맞추어 추는 훌라 춤사위일 것이다. 구호 '올리oli' 또는 노래 '멜레mele'에 맞추어 미소를 머금고 추는 훌라는 크게 두 종류로 나뉘는데, 서방에서 하와이를 발견하기 전 추던 고대의 훌라는 '카히코kahiko'라 부르고, 서방의 영향을 받아 발전한 19세기, 20세기의 훌라는 '아우아나auana'라 부른다. 현대적인 훌라는 기타나 우쿨렐레 등 현대적인 악기의 반주에 맞춰 춘다. 전설에 의하면 타히티에서 '라카'라 하는 신이 하와이에 와서 이 춤을 가르쳤다고도 하고, 불의 여신 '펠레Pele'의 누이동생인 히아카Hi'iaka가 처음 추었다고도 한다. 이런 연유로 펠레에 바치는 훌라가 몇 개 있는데, 화산이 폭발하는 움직임을 표현한 춤사위가 많다.

샤카 Shaka

하와이어와 함께 알아두면 좋은 제스처로, 엄지와 새끼 손가락만 펴고 주먹을 쥔 채 흔드는 것이다. '잘 지내?'라는 뜻으로도 쓰이고, 운전하다가 고마움을 표하기 위해 안전등 대신 창을 내려 샤카를 하기도 한다.

하와이어 Hawaiian

하와이의 고유한 아름다운 언어, 모음 5개(a, e, i, o, u), 자음 8개(h, k, l, m, n, p, w 그리고 '도 자음으로 여긴다)로 13개의 알파벳 '피아파piapa'로 이루어져 있다. 모든 알파벳을 발음하기 때문에 모르는 단어라도 쓰인 것을 보고 누구나 쉽게 읽을 수 있다. 21세기부터 인구의 0.1%도 안 되는 사람들이(약 2만 5천여 명) 사용하고 있어 현재 유네스코가 지정한 멸종 위기의 언어다. 1893년 하와이 왕국이 멸망하고 학교와 정부 등에서 하와이어를 금지하면서 빠르게 사라지기 시작했다. 최근 들어 하와이의 고유한 문화와 섬에서의 생활에서 기인한 신조어나 유행어를 하와이어와 결합시킨 '피드긴Pidgin'이라는 새로운 제3의 언어가 등장하기도 했다.

안타깝게도 사라져 가고 있지만 여전히 일상생활에서 많이 쓰이는 하와이어 단어와 표현 몇 개를 알아보자.

- **안녕(만날 때와 헤어질 때)** 알로하 Aloha
  알로alo는 '나눈다', 하ha는 '숨 쉰다'라는 뜻으로, '나의 숨을 나눈다'는 다정하고도 깊은 뜻을 내포하고 있다.
- **감사합니다** 마할로 Mahalo
- **가족** 오하나 ohana
- **남자** 카네 kāne
- **여자** 와히네 wahine
- **아이** 케이키 keiki
- **산, 위쪽** 마우카 mauka
- **바다 방향** 마카이 makai
- **집, 건물** 할레 hale
- **맛있어요** 오노 ono
- **디저트** 푸푸 pupu

레이 Lei

하와이에서 나는 꽃을 엮어 만드는 큼직하 목걸이. 하와이에 온 것을 환영한다는 의미로, 체크인 할 때 손님에게 레이를 걸어 주는 호텔들도 있을 정도로, 하와이 어디에서나 쉽게 볼 수 있는 만연한 풍습이다. 그냥 예쁘기 때문에 특별히 의미 없이 장식으로 걸고 다니기도 하는, 인기 많은 기념품이기도 하다. 탯줄에 태아의 목이 감기는 것을 방지하기 위해 임산부에게는 레이를 주지 않는 미신이 있으니 유의하자.

하와이 기러기 Hawaiian Goose

기러기목 오리과의 하와이 기러기는 하와이 고유종으로, 부드러운 울음 소리에서 기인한 '네네Nēnē'라는 애칭으로 더 많이 불린다. 렌터카를 이용해 도로를 달리다 보면 '네네 크로싱Nēnē X-ing/Crossing'이라는 표지판을 정말 많이 볼 수 있다. 평균 몸길이는 약 41cm고 회색빛이며 머리는 검은색, 목은 희끗하고 뺨은 조금 붉은 편이다. 하와이 주요 네 섬의 해안가 모래 언덕과 목초지 등에 서식해 네네 가족이 무리를 지어 길을 건너거나 수풀 사이로 다니는 모습을 가끔 볼 수 있다.

코나네 Kōnane

고대 폴리네시아인들이 만들어 낸 두 명이 하는 보드게임으로, 게임판을 흑과 백이 연이어 칠해지지 않게 사각형을 채우고 서로의 말을 타고 넘으며 놀이한다. 체스와 비슷하다.

루아우 Lū'au

훌라와 하와이 음식을 함께 즐기는 하와이식 연회를 가리키는 말인데, 단어 자체는 하와이섬에 나고 여러 음식의 재료로 쓰이는 타로taro의 잎을 뜻한다. 여행자들뿐 아니라 하와이 사람들도 크고 작은 루아우를 즐기는데, 돌잔치를 '베이비 루아우'라고 하는 등 즐겁게 만나는 모임을 통칭하는데 쓰인다. 전통 문화를 즐기기 위해 루아우 디너쇼를 보러 가는 여행자들이 많다. 하와이 최고로 꼽는 루아우 공연들을 다음과 같이 소개하니 궁금하다면 여행 중 한 번쯤 다녀와 보자.

- **오아후**
  힐튼 하와이안 빌리지 비치 리조트 앤 스파 Hilton Hawaiian Village Beach Resort & Spa의 와이키키 스타라이트 루아우 Waikiki Starlight Lū'au
  폴리네시안 문화 센터의 알리 루아우 The Polynesian Cultural Center Ali'i Lū'au
  파라다이스 코브 루아우 Paradise Cove Lū'au
- **마우이**
  올드 라하이나 루아우 Old Lahaina Lū'au, 피스트 앳 레레 Feast at Lele
- **빅아일랜드**
  쉐라톤 코나 리조트 앤 스파 앳 키아우호우 베이 Sheraton Kona Resort & Spa at Keauhou Bay
- **카우아이**
  킬로하나 플랜테이션 Kilohana Plantation의 루아우 칼라마쿠 Luau Kalamaku
  쉐라톤 카우아이 리조트Sheraton Kauai Resort의 아울리이 루아우 'Auli'i Lū'au
  스미스 패밀리 가든 루아우 Smith Family Garden Lū'au

공휴일

1월 1일	새해 첫 날New Year's Day
1월 셋째 주 월요일	마틴 루터 킹 주니어의 날Martin Luther King, Jr. Day
2월 셋째 주 월요일	대통령의 날Presidents' Day
3월 26일	조나 쿠히오 칼라니아나올레 왕자의 날Prince Jonah Kuhio Kalanianaole Day
3~4월	성 금요일Good Friday
5월 마지막 월요일	전몰자 추도기념일Memorial Day
6월 11일	카메하메하 왕의 날King Kamehameha Day
7월 4일	독립기념일Independence Day
8월 셋째 주 금요일	하와이 주 승격 기념일Statehood Day
9월 첫째 주 월요일	노동절Labor Day
11월 11일	재향군인의 날Veterans Day
11월 넷째 주 목요일	추수감사절Thanksgiving Day
12월 25일	크리스마스Christmas

※ 공휴일이 일요일인 경우 그다음 날인 월요일에 쉬고, 토요일인 경우 그 전날인 금요일에 쉰다.

하와이
섬 구성

KAUAI

카우아이 The Garden Isle

정원의 섬. 눈을 어디에 두어도 꽃과 나무가 보인다. 푸르고 또 푸르다. 하와이를 대표하는 네 섬 중 가장 인파가 적어 손때 묻지 않은 깨끗함과 청아함이 심신을 정화시켜 주는 곳이다. 하와이섬들 중 가장 먼저 탄생한 역사가 오랜 곳으로, 신비로운 자연미를 탐험하는 기분으로 여행하는 섬이다.

OAHU

오아후 The Gathering Place

'만남의 장소'라는 애칭으로도 불리는 하와이의 심장. 대부분의 인구가 모여 사는 하와이 관광의 중추 역할을 하는 섬으로, 편의 시설과 숙소, 식당, 쇼핑이 잘 갖추어져 있다. 그만큼 인파도 많고 흥도 많은 번화하고 북적이는 섬이다. 와이키키 시내를 벗어나면 좀 더 한적한 해변들을 여전히 찾을 수 있어 하와이 여행에서 바라는 모든 것을 충족시켜주는 곳이다.

HAWAII

빅아일랜드 Big Island

공식 명칭은 하와이섬Island of Hawai'i이지만 많은 사람이 '큰 섬Big Island'이라 부른다. 용암이 여전히 꿈틀대는 활화산의 섬이지만 아기자기하고 예쁜 구석도 많은 다면적인 매력의 여행지다. 하와이 제도에서 가장 큰 섬으로 울창하고 웅장하다. 끝이 보이지 않는 쭉 뻗은 도로를 달리며 검은 바위와 라벤더 꽃, 파란 하늘과 바다가 조화를 이루는 멋진 컬러 팔레트를 감상해 볼 수 있는 유일무이한 절경을 볼 수 있다.

HAWAII

MAUI

마우이 The Valley Isle

'계곡의 섬'이라는 별명의 마우이는 요즘 오아후 못지않은 인기를 누린다. 오아후보다 더 평화롭고 조용한 휴양지를 찾는 사람들이 마우이를 발견하고는 마음의 고향이라 여긴다. 작은 시내와 조용한 해변들, 맛있는 해산물 식당들로 소소하고 행복한 하루하루를 만들어 갈 수 있다. 아름다운 주변 섬 몰로키니와 라나이도 있다.

하와이
연간 축제

1월 소니 오픈 인 하와이
Sony Open in Hawaii

오아후 Wai'alae Country Club

세계 최고의 골퍼들이 연초마다 하와이에 모여 티 오프를 한다. 하와이 최대 규모의 자선 골프 행사이기도 하다. 골프장이 매우 아름다워 PGA 투어 골프장 중 가장 인기가 많은 곳이기도 하다.

홈페이지 www.sonyopeninhawaii.com

3월 호놀룰루 페스티벌
Honolulu Festival

오아후

3일 동안 하와이와 환태평양 지역 간의 우호적인 관계를 축복하는 행사다. 음악, 무용, 미술 등 다양한 문화 이벤트로 이루어지고 사라토가 로드Saratoga Road에서 시작해 칼라카우아 애비뉴Kalakaua Avenue로 이어지는 대형 퍼레이드가 하이라이트다.

4월 메리 모나크 페스티벌
Merrie Monarch Festival

빅아일랜드, 힐로

부활절 일요일부터 일주일 동안 열리는 이 '즐거운 군주' 축제는 흥이 많고 화려했던 데비이드 라아메아 칼라카우아왕King David La'amea Kalākaua을 기리는 훌라 축제다. 1874년 하와이왕국의 왕으로 선출된 칼라카우아왕은 음악과 춤을 특히 사랑했던 것으로 잘 알려져 있는데, 그의 통치 기간 동안 하와이의 문화가 르네상스를 겪었던 것을 기념한다. 1963년 처음 열렸으며 3일간의 훌라 경연과 퍼레이드 등 다양한 행사가 함께 열린다.

홈페이지 merriemonarch.com

5월 1일 레이 데이
Lei Day

하와이 전 섬

전 세계 많은 나라에서 5월 1일은 노동절이지만 이날 하와이에서는 꽃 축제가 열린다. 꽃을 엮어 만드는 목걸이 레이가 그 주인공이다 오아후 카피올라니 여왕 공원Queen Kapi'olani Park에서 성대한 기념 행사가 있고, 모든 주요 섬에서 라이브 음악 공연과 아름다운 레이를 뽑는 경연과 전시, 훌라 공연 여러 볼거리가 있다.

5월 마지막 월요일 랜턴 축제
Lantern Floating Festival

전몰자 추도 기념일

오아후, 알라모아나 비치 파크에서 해마다 수천 명이 이 해변 공원에 모여 태평양으로 흘러 들어가는 물 위에 나무 또는 종이로 만든 등불을 띄워 보낸다. 하와이의 여러 민족 문화를 포용하고 축복하는 행사며, 전몰자 추도 기념일에 열리는 만큼 참전용사들의 가족과 친구들이 많이 와 먼저 떠난 이들의 넋을 기린다. 해마다 약 2천여 개의 연등을 가득 실은 나룻배가 바다를 천천히 가르고 물 위를 머물다, 행사가 끝나면 다시 수거된다.

© Island of Hawaii Visitors Bureau(IHVB), Kirk Lee Aeder

6월 11일 카메하메하왕의 날
King Kamehameha Day

하와이 전 섬

알록달록한 꽃 퍼레이드와 말을 탄 전통 파우 pau(화려한 의상과 레이를 쓴 여성들) 행렬이 하와이를 통일해 하와이 왕국을 세웠던 카메하메하왕을 기념한다. 다운타운에 있는 왕의 동상에 레이를 걸어 주는 세레모니를 보러 매년 수천 명이 몰려든다.

7월 프린스 로트 훌라 페스티벌
- Prince Lot Hula Festival

오아후

한때 훌라가 금지됐던 지역에서 훌라를 다시 부활시킨 로트 카푸아이와 왕자 Prince Lot Kapuāiwa의 이름을 딴 축제다. 경연 없이 그저 훌라를 즐기는 무료 축제다. 다양한 연령대의 연주자들이 기량을 뽐내는 하와이 음악의 진수를 감상할 수 있는 우쿨렐레 페스티벌Ukulele Festival도 함께 열린다.

8월 메이드 인 하와이 페스티벌
Made in Hawaii Festival

오아후 Neal S. Blaisdell Center

한 해 가장 크게 열리는 장터다. 섬에서 직접 만든 제품들을 가지고 나와 뽐내고 사고파는, 하와이에서 가장 큰 규모의 축제 중 하나다. 사진과 주얼리, 가구와 의류, 악기 등 장르 불문하고 솜씨 좋게 만든 것이라면 무엇이든 찾아볼 수 있다.

홈페이지 madeinhawaiifestival.com

©Hawaii Tourism Authority, Tor Johnson

©Hawaii Tourism Authority, Tor Johnson

9월 알로하 페스티벌
Aloha Festivals

하와이 전 섬

하와이 음악과 문화를 기념하는 축제다. 큰 파티 호오아울레Ho'olaule와 컬러풀한 의상을 차려입고 말에 올라 행진하는 퍼레이드가 주된 볼거리다. 1946년 알로하 정신을 널리 알리기 위해 처음 시작됐다.

홈페이지 alohafestivals.com

11~12월 반스 트리플 크라운
Vans Triple Crown

오아후, 노스 쇼어

세계 최대 규모의 서핑 대회로 '서핑의 수퍼볼'이라고도 불린다. 1983년 처음 개최됐다. 세 번의 큼직한 서핑 이벤트로 구성되며 여러 해변에서 대회를 주최한다.

홈페이지
www.vanstriplecrownofsurfing.com

©World Surf League Kelly Cestari

[4월] 와이키키 스팸 잼 Waikiki Spam Jam

오아후, 와이키키

1년에 단 하루, 하와이가 사랑하는 스팸무스비의 축제가 열린다. 거리를 통제하여 차량을 막고 라이브 음악 공연이 열리며, 거리에 늘어선 오아후 최고의 맛집들이 텐트를 치고 스팸을 테마로 다양한 메뉴를 선보인다. 스팸 옷과 모자 등 익살스러운 각종 아이템도 판매한다. 매년 거의 즐기는 짭짤하고 맛있는 축제.

홈페이지 spamjamhawaii.com

[6월] 망고 잼 호놀룰루 Mango Jam Honolulu

오아후, 다운타운

오아후에서 가장 사랑받는 과일 중 하나인 망고가 주인공이다. 라이브 공연과 맥주 정원, 망고 농장 마켓 등이 열린다.

[6월] 카팔루아 와인 & 푸드 페스티벌

Kapalua Wine & Food Festival

마우이

좋은 와인과 맛있는 음식에 대한 인식을 키우고자 1981년 비영리단체 카팔루아 와인 소사이어티가 시작한 축제로 마우이의 대표적인 식음료 행사로 자리잡았다. 테이스팅과 페어링 등 와인 관련한 다양한 맛있는 행사로 이루어져있다.

홈페이지 kapaluawineandfoodfestival.com

[10월] 하와이 푸드 앤 와인 페스티벌

Hawaii Food and Wine Festival

오아후, 마우이, 빅아일랜드

전세계에서 모이는 30명 이상의 식도락 전문가들이 벌리는 맛의 향연. 축제 기간 동안 모금을 진행하여 자선단체에 기부한다.

홈페이지 hawaiifoodandwinefestival.com

[10월] 카우아이 초콜릿 & 커피 페스티벌

Kauai Chocolate & Coffee Festival

달콤쌉싸래한 축제. 카우아이섬의 모든 초콜릿과 커피 업자들이 모여 테이스팅과 관련 주제에 대한 강연, 워크샵을 연다. 공연과 시음 등 다양한 행사가 열린다.

홈페이지 www.kauaichocolateandcoffeefestival.com

[11월] 코나 커피 문화 축제

Kona Coffee Cultural Festival

빅아일랜드

1970년대에 시작된, 미국에서 가장 오래된 음식 축제 중 하나로 커피콩, 커피 품평회, 요리 경연 등 커피를 주제로 한 50여 개의 행사가 열흘에 걸쳐 열린다. 세계에서 온 커피 산업 관계자들이 참여한다.

홈페이지 konacoffeefest.com

HAWAII

이것만은 꼭!
트래블 버킷리스트

훌라 춤이 절로 나오는 하와이에 왔다면 이것만은 놓치지 말고 꼭 가 봐야 할 명소부터 음식, 쇼핑까지 엄선해서 정리했다.

하와이 명소 BEST

섬마다 매력이 매우 다르고 다음을 기약하게 하는 곳들이 셀 수 없이
많지만 반드시 보고 와야 하는 베스트 명소를 골라 봤다.

오아후 · **하나우마 베이**

오아후 · **다이아몬드 헤드**

©Hawaii Tourism Authority (HTA)_Tor Johnson

마우이 • 혹등고래 구경

마우이 • 할레아칼라 국립공원

빅아일랜드 • 하와이 화산 국립공원

카우아이 · 나팔리 해안 주립공원

카우아이 · 킬라우에아 등대

하와이에서의 드라이브는 그 자체로 특별한 여행이라 할 수 있을 정도로 즐겁다. 차창 너머로 보이는 모든 풍경이 엽서처럼 아름답고, 교통 체증도 없는 편이다. 또 모든 섬이 대체적으로 도로가 잘 정비되어 있어 운전이 어렵지 않다. 렌트를 해야 가볼 수 있는 곳들이 많고 대중교통만 이용해서는 동선을 계획하는 것도 쉽지 않고 길에서 허비하는 시간도 너무 많아 하와이에서의 렌터카는 옵션이 아니라 필수다.

렌터카 업체 찾기

한국에서

한국에 사무소가 있는 허츠Hertz, 알라모Alamo 등을 이용하는 경우 한국어 웹사이트를 통해 쉽게 차를 빌릴 수 있다. 허츠의 경우 전 차량이 1년 이내 구입한 상태가 훌륭한 차량들로 깨끗하여 추천한다. 미리 예약하면 요금이 더욱 저렴하며 결제는 현지에서 해도 된다. 렌팅카즈(www.reningcarz.com/kr), 렌탈카스(www.rentalcars.com)와 같은 한국어 홈페이지가 있는 업체에서 렌터카 비교 후 예약을 하는 방법도 있고 트래블직소(www.traveljigsaw.com), 트래블로시티(www.travelocity.com), 프라이스라인(www.priceline.com)등 해외 웹사이트를 통해 가격을 비교해보고 예약해도 되나 회원가입, 선결제 등 불편한 절차가 있다. 또 제휴된 렌터카 업체가 있는 한국 여행사를 검색하여 예약을 하는 방법도 있다.

현지에서

공항에 수 많은 렌터카 업체들이 있으니 도착하여 렌트를 해도 된다. 그러나 성수기의 경우 남은 차들이 많지 않을 수도 있어 렌트 요금이 비싼 차를 어쩔 수 없이 빌리게 되는 수도 있으니 미리 예약하는 것을 추천한다.

렌터카 예약하기

홈페이지를 통해 쉽게 진행할 수 있다. 회원 가입 후 픽업, 리턴 지점과 날짜를 지정하고 요구되는 정보를 기입한다. 원하는 차종을 고르고(현지 픽업시 변경 가능) 나와 다른 사람의 안전을 위해 보험을 가입하는 것도 잊지 말자.

예약 시 반드시 가입하자, 자동차 보험

◆ 자차 보험 LDW Loss Damage Waiver
운전자로부터 발생한 차량 손상에 대한 책임 공제

◆ 대인/대물 추가 책임 보험 LIS Liability Insurance Supplement
운전 중 타인 차량 또는 신체에 피해를 입힌 경우 발생 가능한 손해배상청구 등에 대해 운전자를 보호

◆ 임차인 상해/휴대품 분실 보험 PAI/PEC Personal Accident Insurance/Personal Effects Coverage

◆ 렌트 중 발생하는 임차인과 동승자 상해, 휴대품 분실에 대한 보상

◆ 무보험 차량 상해 보험 UMP Uninsured Motorist Protection
무보험 차량, 대인/대물 최저보험 차량, 사고 후 도난 차량인 제3자 과실로 인한 사고 발생 시 임차인과 동승인 상해를 최대 $1,000,000까지 보상

◆ 긴급 도로 지원 서비스 Premium Emergency Roadside Service
보통 이 옵션은 추가하지 않는데, 운전에 자신이 없거나 혹시 모를 사고에 대비하고 싶다면 유용하다. 말 그대로 타이어가 펑크가 나거나 차량에 어떤 문제가 생긴다면 긴급으로 출동해 주는 서비스다.

렌터카 픽업하기

하와이의 주요 섬 네 곳 모두 공항과 시내 곳곳에 렌터카 사무소가 있는데, 공항에서 숙소로 이동할 때 무엇보다 차가 유용하기 때문에 보통 공항에서 픽업하는 것이 보통이다. 도착층 곳곳에 렌터카 픽업 안내 표지판이 붙어 있어 이를 따라가면 된다. 차를 타고 이동해야 하는 경우 렌터카 업체들이 운영하는 무료 셔틀을 하고 이동하면 된다. 예약 내역과 국제운전면허증, 한국운전면허증을 제시하고 보증금에 필요한 예약자 명의의 신용카드를 제시해 픽업할 수 있다. 가입한 보험 내역과 렌트 일정 등을 명시하는 계약서에 서명을 하게 되는데, 요금과 차량 정보, 세금, 옵션 선택, 연료 관련 조항을 모두 꼼꼼히 확인하자. 운전자가 1인 이상이라면 운전자들을 모두 등록해야 한다(추가 운전자 등록 1인당 $13). 연료는 직접 채워 오는 것이 가장 저렴한데, 이때는 차량 리턴 전 리턴 장소와 가장 가까운 주유소를 검색해 직전에 채우는 것을 잊지 않도록 한다. 빈 탱크 상태로 리턴해도 되는 옵션을 구입해도 된다. 로밍이나 심SIM카드를 구입해 핸드폰 내비게이션을 이용하는 경우 렌터카 업체의 내비게이션을 빌리지 않아도 되나 차량용 휴대폰 거치대는 준비해 가는 것이 좋다. 외관의 상처를 반드시 확인하고 사진, 영상으로 기록해 리턴 시 혹시 모를 불이익을 방지하는 또 것이 좋다.

렌터카 요금 지불

픽업 때 보증금을 신용카드 가승인으로 지불하고, 리턴 시 추가 금액이 없는지 확인 후 사용 요금을 지불한다. 보증금은 보통 리턴 직전에 카드 취소가 된다. 여러 섬에서 렌트를 하는 경우 보증금 취소 후 결제 한도가 돌아올 때까지 며칠 소요가 되기 때문에 보증금과 사용료를 모두 지불할 수 있는 카드 한도가 충분한지 반드시 확인하도록 한다.

렌터카 반납하기

역시 짐을 들고 공항까지 가는 데 차량을 이용하는 것이 가장 편리하기 때문에 공항 반납이 보통이다. 공항에 도착하면 Rent-a-car return 표지판이 있어 이를 따라가면 된다. 업체별 리턴 줄이 달라 본인의 렌트 업체 줄에서 대기하면 직원이 렌트 계약서를 요청하고 남은 연료 등 해당 사항을 확인한 후 차량을 인도한다. 반납 후 캐리어 등 소지품을 가지고 렌터카 업체의 무료 셔틀을 이용해 탑승장까지 이동하면 된다.

하와이 운전 유의 사항

운전 가능한 나이 : 하와이는 만 21세부터 렌터카 이용이 가능한데, 21~24세의 경우 약 $25 정도의 추가 요금을 지불해야 한다.

여유와 안전 : 하와이에서는 차로 이동한다고 하여 무조건 빨리 간다는 생각을 버려야 한다는 것. 모두가 여유롭고 안전하게 운진하기에 초보 운전자들도 양보받으며 편하게 운전할 수 있다(TIP. 양보를 받으면 샤카로 인사하자!).

일방통행 : 생각보다 일방통행 길이 많다. 내비게이션을 사용하면 미리 알려 주거나 일방통행 길로 들어가지 않도록 안내하니 걱정 없다.

km가 아니라 mile : 도량형이 달라 속도와 거리가 다르게 표시되니 유의한다(1 mile=1.6km). 역시 내비게이션 프로그램에서 자동적으로 안내하는 경우가 많다. 보통 고속도로의 제한 속도는 40~55 mile 정도다(60~90km). 자동 카메라는 없고, 경찰이 나와 단속하는 경우가 종종 있다.

911 : 도난 사고를 포함, 운전 중 사고가 발생하면 반드시 911에 신고해야 한다. 해당 사항이 커버가 되는 보험에 가입이 되어 있어도 경찰 신고 보고서police report가 필요하기 때문에 경찰에 신고하고 사고 시 연락하도록 안내 받은 렌터카 사무소 번호로도 전화를 걸어 신고한다. 도움이 필요한 경우 한국 영사관에도 연락을 취하도록 한다.

하와이 교통 법규

- 전 좌석 안전벨트
- 무조건 보행자 우선이다
  횡단보도에서는 신호와 관계없이 속도를 줄이거나 정차했다가 출발해야 하며, 우회전을 할 때도 보행자가 없더라도 정차 후 지행해야 한다. 어떤 상황에서도 보행자가 우선되나 특히 스쿨 존School Zone에서는 더더욱 조심해서 운전하도록 한다. 노란 스쿨버스가 길 위에 보인다면 추월하지 않으며, 아이들이 승하차 하는 경우 멈춰서 기다려주도록 한다.
- STOP 표지판을 보면 무조건 STOP
- 주변에 차가 있든 없든 3~5초 간은 반드시 멈춰섰다가 출발해야 한다.
- 4세 이하는 카시트 의무 착용 12세 이하는 혼자 차에 있어서는 안 된다.

주유하기

하와이는 보통 셀프 주유다. 주유구 방향에 맞추어 차를 세우고 렌터카의 경우 무연Unleaded으로 주유를 한 후 신용카드로 결제하거나 사무소에 들어가 주유기 번호를 말하고 결제하는 방법이 있다. 직접 결제가 안 되는 기계도 있고 우편번호 입력을 요하는 곳도 있어서 보통 상점에 들어가 결제를 하는 편이 낫다.

주차하기

숙소에서의 주차와 주요 명소나 식당 등에서의 주차는 미리 알아보고 가도록 한다. 주차 비용이 조금씩 모여 꽤 부담이 될 수 있으나 공영 주차장도 많고 쇼핑몰의 경우 일정 금액 이상을 소비하면 무료 주차가 가능한 곳도 많다.
무인주차기를 이용하는 경우 25c 동전으로 15분 단위로 결제하고, 일반 유료 주차장에서는 신용카드와 현금 모두 이용 가능한 것이 보통이다. 고급 식당이나 호텔 등 발렛 파킹valet parking이 있는 경우 이용 요금이 따로 있는지 확인하고 팁($2~5)도 잊지 않도록 한다.

가장 편리한 렌터카 업체, 허츠Hertz 이용 방법

예약과 픽업, 이용 방법은 허츠 외 다른 업체를 이용해도 거의 동일하다고 볼 수 있다. 다만 예약 과정과 한국인 여행자들이 편리해할 혜택이 굉장히 많아 대표적인 업체로 소개한다. 적립하여 차종 업그레이드 등 유용하게 활용할 수 있는 포인트 제도, 특정 지역 프로모션, 이용 일정에 따른 할인 등 늘 다양한 프로모션을 진행하고 있으니 최대한 누려 알뜰하게 드라이브 해보자. 또한 항공과 철도, 호텔 등 렌터카 외 여행 관련 다양한 업체들과 제휴가 되어 있다는 점도 허츠의 큰 장점이다.

전화 Tel 1600-2288(해외에서 한국 사무소로 걸 때는 +82-1600-2288) **홈페이지** www.hertz.co.kr / cskorea@hertz.com **인스타그램** @hertzkorea

허츠만의 혜택

골드 멤버십 GOLD MEMBERSHIP

골드 회원으로 무료 가입하면 픽업 줄이 따로 있어 더욱 신속하게 차량을 받을 수 있고 수속 절차 역시 더욱 간소화돼 편리하다.

쇼퍼 서비스 CHAUFFER SERVICE

개인 차량을 이용해 편하게 이동하고 싶지만 운전 면허가 없다면? 허츠 쇼퍼 www.hertzchauffeur.com 를 이용해 기사와 차량을 함께 빌릴 수 있다. 공항 송영 서비스를 이용해도 되고 반일(4시간), 전일(8시간) 임차하는 것도 가능하다.

온라인 체크인 ONLINE CHECK IN

하와이 허츠 영업소는 데스크가 많고 능숙한 직원들이 늘 대기 중이라 줄을 오래 서는 경우는 거의 없지만, 조금이라도 더 하와이 시내에서 시간을 보내고 싶어 대기 시간을 줄이고자 한다면 만 25세 이상의 운전자에 한하여 제공되는 온라인 체크인 서비스를 이용하여 수속 절차를 간소화할 수 있다.

하와이 액티비티
BEST

하와이는 아드레날린과 에너지를 완충해 갈 수 있는 최고의 여행지다.
자연에 동화돼 매일 다른 액티비티를 즐겨 보자.

오아후 · **쿠알로아 랜치**

오아후 · **하나우마 베이 스노클링**

마우이 • 몰로키니 & 라나이로 떠나는 일일 보트투어

마우이 • 로드 투 하나 드라이빙

마우이 • 골프

빅아일랜드 · 만타 레이 나이트 스노클링

빅아일랜드 · 마우나 케아 별 구경원

카우아이 • 나 팔리 코스트 헬리콥터 투어

카우아이 • 짚라인

영화 & 책 속의 하와이

여행을 떠나기 전 하와이를 좀 더 알아보자. 허구의 이야기더라도 생동감있게 하와이 로케이션으로 촬영한 장면을 보거나 페이지 위의 미사여구로 가 보고 싶은 곳들을 마음속으로 그려 보는 것으로 여행은 더욱 풍성해진다. 다녀와 하와이를 그리워하는 마음으로 들춰 봐도 좋을 것이다.

영화 속 그곳을 찾아서

〈쥬라기 공원〉, 〈쥬만지〉, 〈첫 키스만 50번째〉, 〈고질라〉 등 여러 영화와 〈로스트〉, 〈하와이 파이브-0〉 등 드라마 촬영지로 쓰인 쿠알로아 랜치에서는 무비 투어를 따로 진행하기도 한다.

홈페이지 www.kualoa.com/toursactivities/movie-sites-ranch-tour-2/

책 지상에서 영원으로(1951)

From Here To Eternity

제임스 존스James Jones의 첫 작품으로 호평을 얻어 곧 영화로 리메이크 됐다.

JAMES A. MICHENER'S MAGNIFICENT NOVEL

HAWAII

하와이(1959) 책

Hawai'i

제임스 미치너James Michener의 고전으로, 하와이에 대한 모든 것을 알고 싶다면 반드시 읽어야 하는 두꺼운 책이다. 하와이 역사 훨씬 전부터 책이 시작돼 엄청난 배경 지식과 자세한 설명이 특징인 소설로 섬의 형성 과정과 주민들의 이야기를 담고 있다.

지상에서 영원으로(1953) 

From Here To Eternity

할로나 비치 코브Halona Beach Cove에서 촬영한 유명한 장면으로 오랫동안 회자되는 버트 랭카스터와 데보라 카, 프랭크 시나트라 주연의 명작이다.

블루 하와이(1961) 

Blue Hawaii

엘비스 프레슬리 주연의 영화로, 주인공인 채드가 군복무를 마치고 고향 하와이로 돌아와 여행 가이드로 일하며 섬의 아름다운 곳들을 찾아 나서는 이야기다.

쥬라기 공원(1993) 

Jurassic Park

스티븐 스필버그 감독의 최고의 SF영화 중 하나로 쿠알로아 랜치 일대에서 촬영한 공룡 어드벤처 영화다.

첫 키스만 50번째(2004) 

50 First Dates

로맨틱 코미디의 정석, 단기 기억상실증에 걸린 여자와 플레이보이가 하와이에서 만나 펼치는 좌충우돌 연애사다.

사랑이 어떻게 변하니?(2008) 

Forgetting Sarah Marshall

제이슨 시걸, 크리스틴 벨, 밀라 쿠니스, 빌 헤이더, 러셀 브랜드 등 걸출한 코미디 연기자들이 쉴 새 없이 던지는 웃음 폭탄. 하와이의 즐겁고 평온한 분위기도 잘 담겨 있다.

디센던트(2011) 

The Descendants

여유로운 휴양지를 그리는 킬 타임 영화가 아닌 무게감 있는 영화다. 어느 날 보트 사고로 혼수상태에 빠진 그의 아내의 상태를 전하며 딸들과 겪는 가정사를 잘 그려내며, 조지 클루니의 열연이 돋보인다.

알로하(2015) 

Aloha

제리 맥과이어를 감독한 캐머런 크로우의 졸작. 평은 좋지는 않지만 브래들리 쿠퍼, 존 크라신스키, 엠마 스톤, 알렉 볼드윈, 레이첼 맥아담스 등 출연진이 화려한 로맨스 영화로 가볍게 보기 좋다.

하와이 먹거리 BEST

다채로운 세계 각국 메뉴와 전통 요리를 갖춘 하와이의 다양한 먹거리 중 꼭 먹어 봐야 할 것들을 소개한다.

칼루아 피그 Kalua Pig

유럽인들이 하와이를 찾기 전까지 하와이에서 주로 먹던 음식 중 가장 대표적인 것. 땅 속에 만든 오븐에 넣어 요리하는 통돼지구이다.

포케 Poke

생선회를 깍둑썰기해 각종 양념을 더한 것. 밥에 얹어 먹기도 하고 그냥 먹기도 한다. 훌륭한 맥주 안주다.

로코 모코 Loco Moco

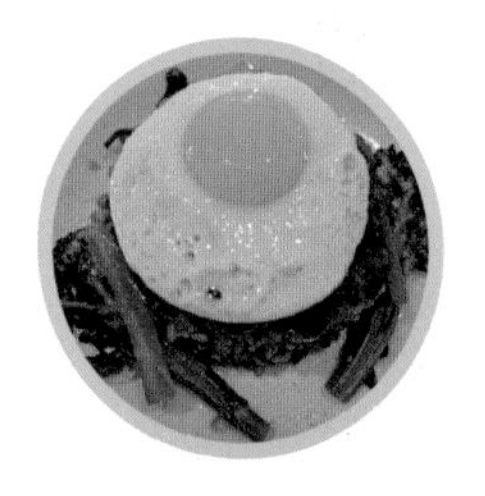

흰 쌀밥과 햄버거 패티, 달걀 프라이와 그레이비 소스로 이루어진 든든한 하와이언 한 그릇이다.

스팸 무스비 SPAM Musubi

일본의 오니기리에서 기인한, 하와이에서 가장 간편하게 먹을 수 있는 한 끼. 한때 하와이에 어업이 금지된 시기가 있었는데 이때 하와이의 일식집들이 생선 대신 스팸을 이용한 무스비 주먹밥을 만든 것이 시초다. 스팸 한 조각을 밥 위에 얹어 간장 소스를 바르고 김을 둘러 만드는 것인데, ABC 마트에서도 팔 정도로 어디든 쉽게 구할 수 있지만 잘 만든 무스비 하나를 사 먹기가 쉽지는 않다. 바쁜 일정 중 식사 시간을 절약하기 위해 또는 출출한 밤 야식으로 한 번쯤 먹어 보면 좋은 정도다.

추천하는 무스비 맛집은

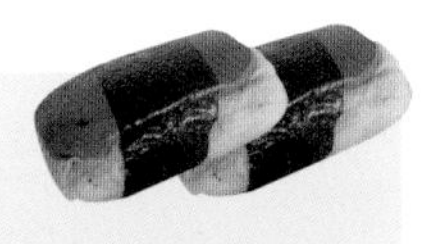

이야스메 Iyasume

주소 334 Seasive Avenue, Honolulu, 96815 **시간** 6:30~21:00 **가격** $2.25~(무스비)

말라사다 Malasada

포르투갈 이민자들이 가져온 도넛이다. 구멍이 나지 않은 작은 동글동글한 빵으로 다양한 맛의 크림으로 속을 채워 팔기도 한다.

라우라우 Laulau

돼지고기를 타로 잎에 싸서 요리하는 음식. 치킨이나 소고기를 사용하기도 한다. 마카로니 샐러드를 곁들여 먹는 것이 보통으로 주로 점심에 먹는다.

쿨롤로 Kulolo

타로 알줄기 코코넛과 섞어 굽거나 쪄서 만드는 푸딩의 일종으로 캐러멜과 비슷한 맛이다.

사이민 Saimin

중국식 달걀면 수프로 플랜테이션 시대에 중국 이민자들이 대거 넘어와 만들어 먹던 국수에서 유래했다.

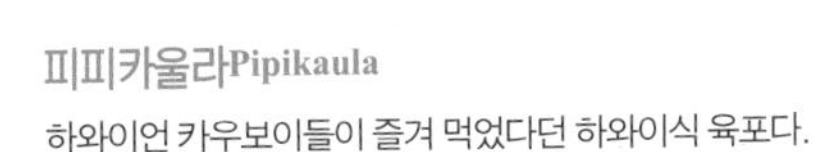

피피카울라Pipikaula

하와이언 카우보이들이 즐겨 먹었다던 하와이식 육포다.

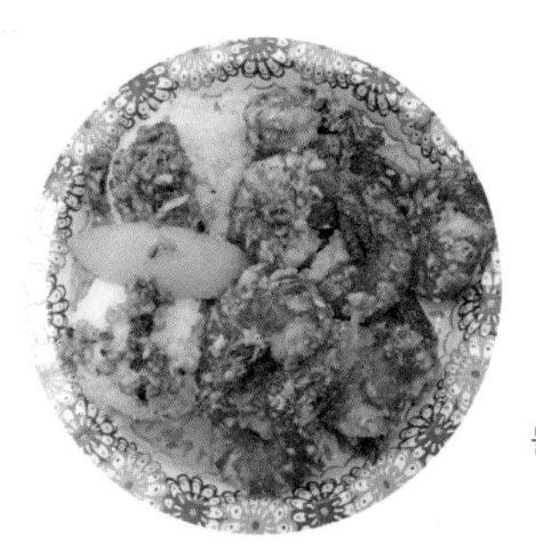

푸드 트럭 갈릭 슈림프 Garlic Shrimp

오아후 노스 쇼어를 몇 시간 운전해 달려가 줄을 서서라도 먹어야 하는 달콤하고 통통한 새우! 마늘과 버터를 아끼지 않고 넣어 달달 볶아 밥에 얹어 내어 주면 레몬즙을 살짝 뿌리고 후후 불어가며 껍질을 까 먹는 그 맛은 잊을 수 없다.

훌리 훌리 치킨 Huli Huli Chicken

데리야키 소스를 발라 계속해서 꼬챙이에 끼운 닭을 돌려가며 구워 기름기를 쏙 빼고 완성하는 양념 통닭. 훌리라는 말이 '돌리다'라는 뜻이다.

하우피아 Haupia

코코넛 밀크를 베이스로 하는 전통 디저트로 루아우에서 쉽게 볼 수 있다. 1940년대 이후부터는 웨딩 케이크 토핑으로 특히 인기가 좋다.

마나푸아 Manapua

돼지고기 속을 넣은 중국 만두 차슈바오와 매우 비슷한 찐빵이다. 19세기 중국 이민자들이 하와이에 정착하기 시작하며 들여왔다.

셰이브 아이스 Shave Ice

얼음을 곱게 갈아 여러가지 맛의 시럽을 뿌려 먹는 달콤 시원한 간식. 팥과 떡을 얹어 먹는 우리의 빙수보다 가볍고, 불량식품 같은 맛이지만 중독성이 어마어마하다. 무더운 오후 늘 생각난다. 빠르게 당과 수분 충전하기에 최적이다.

칵테일 블루 하와이 Blue Hawaii

1957년 하와이 힐튼 호텔 바텐더가 개발한 하와이의 푸른 바다를 닮은 칵테일. 화이트 럼과 블루 큐라소를 사용해 만든다. 끝에 n 하나를 더 붙인 블루 하와이안Blue Hawaiian은 블루 하와이 보다 좀 더 달다.

비닷가라고 해산물만 먹으란 법은 없다. 하와이에서 나는 식재료가 그리 많지 않아 물가는 본토보다 조금 비싸도 그만큼 엄선한 최고의 재료를 공수해오기 때문에 갖가지 먹거리가 많다. 그중 오아후 와이키키 일대에 자리한 이름난 스테이크 하우스들은 스테이크에 일가견이 있는 미식가들의 도전 욕구를 마구마구 자극한다. 매일 바쁘게 지글거리는 유명한 그릴들을 모두 경험해 보자.

울프강 스테이크 하우스 Wolfgang's Steakhosue

전설적인 뉴욕의 스테이크 하우스 피터 루거의 헤드 웨이터로 일하던 울프강 즈바이너는 40여 년째 자신만의 스테이크를 구워 선보이고 있다. 플래그십 레스토랑은 맨해튼에 있고, 한국에도 지점이 있다. 역시 하와이에서도 겉은 바삭하고 속은 촉촉하게 구운 고기 맛을 그대로 맛볼 수 있다. 와이키키 한가운데 위치한 로열 하와이언 센터Royal Hawaiian Center에 자리한다. 한 달 가까이 자체 드라이 박스에서 드라이에이징한 미국 농무부(USDA) 최상급 등급의 블랙 앵거스를 사용한다. 세트로 구성된 점심 메뉴도 가격이 합리적이며 크림 스피니치 사이드 메뉴도 추천한다.

주소 Royal Hawaiian Center 3rd level, 2301 Kalakaua Avenue, Honolulu, 96815 **시간** 11:00~15:30(점심), 11:00~18:300(해피 아워), 15:30~24:00(저녁) **가격** $120.95(2인분 스테이크), $16.95(랍스터 맥앤치즈), 크림 $11.95(스피니치) **홈페이지** wolfgangssteakhouse.net/waikiki/ **전화** 808-922-3600

하이스 스테이크 하우스 Hy's Steakhouse

40년이 넘도록 성업해 온 하와이 로컬 스테이크 하우스. 다양한 육류를 취급하며 향이 좋은 하와이 키아웨kiawe 나무를 이용한 강한 불의 그릴과 천천히 로스팅하는 방법 둘 다 유명하다. 고급스러운 분위기와 정성스러운 요리에 반해 모든 메뉴를 먹어 보려 자주 찾는 단골이 많다. 식전빵 치즈 브레드도 맛있다. 드레스 코드가 엄격해 캐주얼한 차림은 금지한다. 남자는 깃이 있는 옷과 앞코가 막힌 신발, 청바지와 반바지를 금지하는 등 좀 더 엄격하니 차려 입도록 한다.

주소 2440 Kuhio Avenue, Honolulu, 96815 **시간** 17:00~18:30(해피 아워) **가격** $60(비프 웰링턴), $50(슬로우 로스트 프라임 립) **홈페이지** hyswaikiki.com **전화** 808-922-5555

루스 크리스 스테이크 하우스
Ruth's Chris Steakhouse

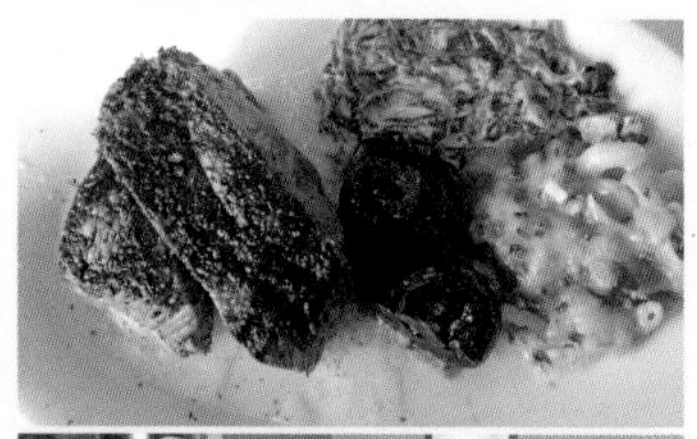

옥수수를 먹인 USDA 프라임 스테이크를 구워 화씨 500도로 달군 접시 위에 서빙한다. 매끄럽고 친절한 격식 있는 서비스와 캐주얼하고 편안한 분위기가 공존한다. 루이지애나주의 뉴올리언스에서 탄생한 식당으로, 메뉴에 뉴올리언스 요리인 검보도 올라 있음을 볼 수 있고, 250여 종의 세계 각지의 와인 역시 준비돼 있어 고기와 함께 반주하기 좋다. 아이들을 위한 키즈 메뉴도 있다. 와이키키 비치 워크 지점 외에도 알라 모아나와 빅아일랜드, 마우이, 카우아이 지점이 있다.

주소 Waikiki Beach Walk, 226 Lewers Street, Honolulu, 96814 **시간** 16:30~22:00, 16:30~19:00(해피아워) **가격** $64.95(립 아이), $72(티본 스테이크), $25(랍스터 맥앤치즈) **홈페이지** www.ruthschris.com **전화** 808-440-7910

3대장 말고도 유명한 곳 하나 더!

모튼스 더 스테이크하우스 Morton's The Steakhouse

23~28일 동안 에이징한 마블링 훌륭한 USDA 프라임 에이지 비프를 서빙한다. 조도 낮은 분위기의 식당은 활기차고 즐거운 분위기가 가득하고, 유쾌한 서버들이 세심하게 챙겨 즐거운 식사 시간을 보장한다. 포터 하우스가 인기 메뉴로 특히 맛이 좋고, 초콜릿 케이크Hot Chocolate Cake 등 유명한 디저트 메뉴들이 있으니 후식 배도 남겨 놓고 식사하자.

주소 Ala Moana Center, 1450 Ala Moana Boulevard, Honolulu, 96814 **시간** 17:00~22:00 **가격** $70(포터하우스) **홈페이지** www.mortons.com **전화** 808-949-1300

코나 커피는 하와이의 대표적인 기념품으로도 사랑받는데 주의할 점은 코나 커피를 일부 넣어 블렌딩 한 후 '코나'라고 이름을 붙여 비싸게 팔기도 한다는 것이다. 100% 코나 커피라고 쓰여 있는 것을 구매하도록 한다.

코나 커피 Kona Coffee

1813년 카메하메하왕의 스페인 통역사를 통해 처음 커피가 호놀룰루로 들어왔고, 1828~1829년경 선교사를 통해 코나에 처음 커피 나무가 세워진 것으로 알려져 있다. 1899년 세계적으로 커피 산업이 위기를 겪고 하와이의 대형 플랜테이션들은 소규모 일본 농장들로 바뀌었다. 현재도 4~5대째 가업으로 이어져 내려오는 작은 농장들이 많다. 하와이는 미국에서 유일하게 커피를 재배하는 주로, 코나, 카우아이, 몰로카이, 마우이, 오아후에서 커피 산업이 이루어지고 있다. 1825년 하와이 왕국에서 처음으로 영국인들에게 커피 재배를 허락한 것이 그 시초다. 부드럽고 맛이 풍부하며 산미도 약간 있는 것이 특징인 빅아일랜드의 서쪽 해안가 코나 지역의 커피를 최고로 쳐준다. 자메이카의 블루 마운틴Blue mountain, 예멘의 모카Mocha와 함께 세계 3대 커피로 꼽힌다.

코나는 아라비카Arabica가 자라기 최적인 환경을 갖추었다. 강수량도 적절하고 해발 4,000m 이상 산비탈의 화산재 토양은 비옥하며 구름이 많아 자연스럽게 그늘이 많이 드리워져 커피 나무를 뜨거운 태양으로부터 보호하기 때문이다. 아라비카 중에서도 티피카Typica 종이 많이 재배되며 생산량은 연간 500 톤 정도로 그리 많지 않아 그 가치가 더욱 높다. 생두 크기와 결점두(300g 당 결점두의 개수)에 따라 4개 등급으로 나뉘며 최상급은 코나 엑스트라 팬시Extra Fancy다.

하와이에는 현재 18개의 크래프트 맥주 양조장이 있다. 2011년 7개밖에 없었던 것을 감안하면 매우 빠른 속도로 여러 작은 동네 양조장들이 생겨 나고 있는 중이다. 이름도 기억하기 쉽게 마우이 브루어리, 코나 브루어리 등 섬이나 지역의 이름을 딴 것이 대부분이며, 마트나 식당에 가면 쉽게 캔, 병, 생맥주로 찾아볼 수 있다. 한국에서도 무척 유명한 빅 웨이브Big Wave는 코나 브루어리의 대표 상품이며, 하와이에 머무는 동안 청량하고 산뜻한 로컬 맥주를 열심히 마셔 보자. 하와이 사람들도 다른 지역 맥주보다 하와이 맥주를 선호해 지역 소비가 활발하다. 요리와 함께 맥주를 서빙하는 레스토랑 형태의 브루어리들이 대부분이라 식사를 하러 가 보는 것도 좋다.

2
KONA BREWING CO.

대표적인 하와이 맥주

1 마우이 브루잉 컴퍼니 Maui Brewing Co.
2 코나 브루잉 컴퍼니 Kona Brewing Co.
3 호놀룰루 브루웍스 Honolulu Brewworks
4 빅아일랜드 브루하우스 Big Island Brewhaus
5 카우아이 아일랜드 브루잉 컴퍼니 Kauai Island Brewing Company

카우아이 아일랜드 브루잉 컴퍼니

하와이의 친환경적인 맥주

사실 맥주를 만드는 것은 정말 많은 양의 물과 에너지 소비를 요하는 일이라 그리 친환경적인 과정은 아니다. 맥주 1갤런을 만들기 위해서는 최소 3갤런의 물을 사용한다. 하와이 양조장들은 이를 최대한 지양하기 위해 노력 중인데, 마우이 브루잉 컴퍼니는 2019년부터 태양열 패널을 브루어리 지붕 50% 이상 면적을 덮어 태양열 에너지를 사용해 맥주를 양조한다. 허리케인 등 자연재해로 인해 전기가 끊기더라도 맥주뿐 아니라 주변 지역에 물도 공급이 가능한 시설을 완비해 하와이 환경 또한 보존하고자 한다. 계속해서 폐수 정화 시설에 대한 R&D를 진행 중이며 사용한 물을 재생해 다시 쓸 수 있는 방안을 연구중이라고한다. 또 맥주를 양조하며 뿜어내는 이산화탄소와 맥주에 사용하는 이산화탄소 모두 미국 본토보다 여섯 배나 가격이 비싸다는 점에 착안해 마우이 브루잉 컴퍼니는 발효할 때 생산되는 CO^2를 가두어 사용하는 방안을 개발해 냈고, 코나 브루잉 컴퍼니 또한 유사한 시스템을 개발해 곧 도입할 예정이다.

코나 브루잉 컴퍼니

과일과 디저트의 천국! 식사 배, 디저트 배 따로인 사람에게는 천국일 하와이. 일년 내내 무더운 이 곳에서 태양과 맞서려면 서핑 하고 셰이브 아이스, 물장구 치고 파인애플을 먹는 수밖에 없다. 하루를 마무리하며 오도독 씹어 먹는 마카다미아 너트와 맥주도 잊지 말자.

파인애플

하와이와 떼어 놓을 수 없는 진하고 새콤달콤한 파인애플! 돌 플렌테이션을 방문하지 않아도 돌 농장에서 난 파인애플 제품들을 하와이 어느 동네 마트에서도 쉽게 구할 수 있다. 젤리와 사탕, 파인애플 과육을 속으로 채운 초콜릿 등 모두 맛있지만 가장 추천하는 것은 역시 농장에 가야 먹을 수 있는 파인애플 아이스크림이다.

치즈케이크 팩토리

치즈케이크가 메인이지만 식사 메뉴도 있다. 그레이엄Graham 크래커를 부숴 만든 베이스와 사워 크림 토핑이 시그니처인 오리지널이 역시 가장 유명하다. 830kcal로 다른 케이크에 비해 저칼로리(?)라 할 수 있으니 이곳의 디저트가 얼마나 달고 진한지 감이 올 것이다. 테이블 안내를 기다리며 냉장고에 진열돼 있는 케이크들을 구경하다 보면 무얼 시켜야 할지 정말 고민이 된다. 그래서 소문난 맛집들은 한 번 이상 갈 수 있다는 점을 염두에 두고 너무 일정을 빡빡하게 계획하면 안 된다. 오아후에는 로열 하와이언 센터 1층에 위치하며 서남부 해안가Ka Makana Ali'i에도 지점이 있다.

주소 2301 Kalakaua Ave, Honolulu, 96815 **시간** 11:00~23:00(월~목), 11:00~24:00(금), 10:00~24:00(토), 10:00~23:00(일) **가격** $7.95(오리지널 치즈케이크) **홈페이지** www.thecheesecakefactory.com/ **전화** 808-924-5001

셰이브 아이스

얼음을 곱게 갈아 화려한 색, 진한 맛의 시럽을 듬뿍 뿌려 먹는다. 미국으로는 일본인 이민자들이 들여왔다. 기호에 따라 연유나 팥, 떡을 넣어주기도 하고 가게마다 나름의 시럽 종류가 많아 하와이에 수많은 셰이브 아이스 가게들이 있지만 좀 더 인기 많은 곳들이 있는 이유다. 리치나 망고, 코코넛, 딸기 등 어느 가게에서도 쉽게 찾아볼 수 있는 시럽도 있고, 자체적으로 만들어 쓰는 시럽을 내세우는 가게도 있다. 바닐라 아이스크림 한 스쿱을 얹어 먹으면 더욱 맛있다. 작가의 추천 셰이브 아이스 가게는 와이올라 셰이브 아이스, 아일랜드 빈티지 셰이브 아이스, 마쓰모토 셰이브 아이스다.

마카다미아 초콜릿

달콤 짭짤한 마카다미아를 속에 품은 초콜릿은 하와이 여행자가 여러 박스 채 안고 돌아와야 하는 기념품 1순위. 마카다미아는 건강한 지방을 함유하고 있고 콜레스테롤을 낮춰 주는 효과로도 잘 알려져 있다.

코코넛

껍질을 잘라 과육과 시원한 주스를 같이 먹는 생 코코넛도 좋고, 코코넛을 이용해 만드는 다양한 디저트도 지천이다. 미국에는 워낙 설탕을 아낌없이 사용한 디저트가 많아 생과일이 충분히 달다고 느끼지 못하는 사람들이 있을 수 있으나 과일 당도도 무척 높고 무엇보다 현지에서 자라 신선도가 백점이라 생과일을 먹어 보는 것도 추천한다. 호텔 조식으로도 거의 항상 나오고 마트에서도 거리에서도 판매한다.

하와이 쇼핑 BEST

한국에서 쇼핑하기 어려운 물품 위주로 득템하는 것이 포인트다.

1 빅토리아 시크릿 속옷과 보디용품
2 세포라 화장품
3 바나나 리퍼블릭, GAP과 같은 중가 미국 브랜드
4 오아후 명품 쇼핑

하와이 BEST 기념품

1 우쿨렐레 Ukulele
:하와이에서만 나는 코아 나무로 만든 코아 원목Koa Wood 제품

2 마카다미아 Macadamia Nuts
:마카다미아 나무는 본래 호주의 것이지만 하와이에서 19세기 말부터 자라기 시작해 이곳에서도 역사가 꽤 됐다. 현재 대부분의 하와이 마카다미아는 빅아일랜드 산이다.

3 하와이언 퀼트 Hawaiian Quilt

4 하와이언 주얼리 Hawaiian Jewelry

5 태평양산 흑진주 Pacific pearls

6 하와이언 셔츠 Hawaiian Shirt

7 레이 Lei

8 코코넛 오일 Coconut Oil

INSIDE
하 와 이

GO TO 하 와 이

푸르른 바다에 몸을 싣고 유유히 여유를 즐길 생각에 들떠 있다면 잠시 가라앉히고 떠나기 전 모든 준비물을 완벽하게 챙겼는지, 하와이에 가기까지의 모든 경로는 체크했는지 확인할 수 있는 내용을 담았다.

여행 전 체크리스트

여권 발급 받기

여권은 우리나라 국민이 해외로 가는 것을 허가하는 서류로, 해외여행을 위해서는 반드시 발급해야 한다. 전자 여권이 도입되면서 성인은 본인이 직접 여권 발급 기관에서 신청해야 하며, 발급까지는 업무일 기준 4~5일이 소요된다. 대부분의 구청, 도청, 시청에서 여권 발급 업무를 하고 있다. 여권용 사진 규정이 따로 있기 때문에 촬영 전에 이를 확인하도록 한다.

외교부 홈페이지 www.passport.go.kr 참조

여권을 분실했다면?

여권을 분실 또는 도난 당한 경우 귀국에 지장을 줄 수 있다. 분실/도난 신고를 한 후 대한민국 대사관에서 재발급받거나 여행자 증명서(임시 여권)를 발급 받아야 한다.

항공권 예매

인기 여행지인 만큼 항공편이 다양하게 있다. 직항이 경유보다 가격이 조금 더 비싼 편이다. 마일리지 적립과 출발, 도착 시간 등 다양한 조건에 맞추어 내게 꼭 맞는 항공권을 선택하도록 한다. 항공사 회원 가입 후 뉴스레터 등을 수신하거나 수시로 소식을 찾아보면 종종 열리는 프로모션으로 좀 더 싼 가격의 티켓을 구입할 수 있다.

인천-호놀룰루 주요 항공사 정보

항공사	소요 시간	운항일	직항/경유
대한항공	8시간 35분~	화~일	직항
아시아나항공	9시간 10분~	매일	직항
진에어	9시간 5분~	월, 수, 목, 토, 일	직항
하와이언항공	9시간 10분~	목~월	직항
델타항공	8시간 50분~	매일	직항

Tip.

항공권 검색과 발권

언제 발권하느냐에 따라 하루 이틀 차이로 유류세와 항공권 가격 모두 차이가 발생하니 유의해서 일정을 알아보자. 또 일정이 확실해졌다면 특별히 갑작스러운 프로모션 이벤트가 있지 않는 한 항공권은 일찍 발권할수록 더 저렴하다. 모든 항공사의 항공권을 가격, 출발 일정, 경유지, 발권 조건들을 모두 모아 비교해주는 네이버, 인터파크, 와이페이모어 등의 웹사이트를 이용해 검색해 보는 것도 좋다. 이러한 통합 사이트에서 검색해 본 후 항공사 홈페이지로 다시 찾아보면 가격이 더 저렴한 경우가 많으니 이중으로 확인해 보는 것을 추천한다. 티켓 발권 시 수하물 제한과 포함 여부, 미포함 시 추가 가격, 환불과 변경 규정, 수수료 등의 사항들을 꼼꼼히 살펴보도록 한다. 마일리지 프로그램에 가입해 적립하는 것도 잊지 말자.

- **사전 좌석 지정, 서비스 신청**

  예약 시 또는 발권 후 출발 전에 미리 인터넷으로 좌석을 지정할 수 있다. 장거리 비행이라 편한 좌석 선점이 큰 도움이 될 수 있다. 알레르기나 종교의 이유로 인한 특별식 서비스 또한 신청 가능하다.

- **항공권과 숙소 = 에어텔**

  하와이는 리조트 피resort fee*가 있어서 검색했을 때의 가격이 최종 결제 가격과 다른 경우가 대부분이다. 리조트 피를 계산해서 가격을 비교하는 것이 번거롭고 어렵다면 여행사를 통해 항공권과 숙소를 함께 예약하는 에어텔 패키지를 이용해도 좋다. 패키지와 자유 여행 중간쯤의 시스템으로 일정 중의 자유로움은 모두 누리되 왕복 항공권과 숙소를 해결할 수 있어 좋다.

***리조트 피**resort fee

하와이 대부분의 숙소에서는 숙박 요금에 추가로 1박당 최대 $45까지 리조트 피라는 개념의 요금을 받는데, 지역 전화와 인터넷 사용, 커피 메이커 등 부대시설 사용료를 따로 받는 것이다. 법적으로 반드시 받아야 하는 요금이 아니라 숙소 자체적으로 부과하는 요금으로, 투숙객이 리조트 피에 해당하는 부대시설을 구체적으로 문의하고 이를 사용하지 않겠다고 하고 지불을 거부하는 것이 가능하지만 보통 리조트 피는 호텔 예약 시 부과돼 함께 결제하거나 현장 결제에도 지불을 하는 편이 보통이다. 예약 시 얼마라고 알려 주기 때문에 체크아웃할 때 갑작스러운 요금 추가에 놀랄 일은 없다. 리조트 피가 없는 몇몇 숙소들의 경우 대문짝만하게 'No resort fee'라고 홍보를 하기도 한다.

숙소 예약하기

하와이 여행의 큰 부분을 차지하는 것이 바로 숙소다. 시내, 바다와 얼마나 가까운지, 조식 포함의 유무와 수영장과 피트니스 등 부대시설도 알아 보고 렌트를 하는 경우 주차 시설과 비용을 꼭 확인해야 한다. 한국인 직원이 상주하는 경우도 꽤 있으니 예약 시 또는 체크인 시 문의하자.

Tip.

패키지가 가장 편해

여행 초보자들에게 아무래도 가장 편한 것은 항공권과 숙소, 전 일정과 여행지에서의 이동 수단과 각 명소에 대한 자세한 안내를 해 줄 가이드까지 모두 포함돼 있는 패키지 상품일 것이다. 여행 준비 시간이 부족하거나 여행 중 다른 일행들과 친해지는 것을 선호한다면 패키지를 추천한다.

대표적인 패키지 전문 여행사

- 하나투어 www.hanatour.com
- 모두투어 www.modetour.com

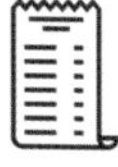

여행자 보험 들기

여행 중 생길 수 있는 사고에 대비해 여행자 보험에 가입하자. 도난뿐 아니라 각종 사고와 질병에 대해서도 보장을 받으니 안전한 여행을 위한 필수품이다. 예측할 수 없는 상황에 대비하면 든든하다. 여행 일정이 길수록 들어 두는 것이 좋다. 가입은 여행사를 통해 가입하거나 환전할 때 은행에서, 포켓 와이파이나 여행 투어 상품 등을 구입할 때 이벤트로 가입하는 등 루트는 다양하다. 인터넷으로 여행자 보험 상품들을 비교해 보고 가입하는 것도 좋다. 공항 출국장 앞에서 떠나기 직전 가입하는 것이 가장 비싼 편이다. 또한 현지에서 소지품을 도난 당했거나 부상 또는 아파서 병원에 갔다면 반드시 증빙 서류를 준비해 와야 보험금을 청구할 수 있다. 보험 가입 시 전달받는 약관을 꼼꼼히 읽어보고 특정 상황 발생 시 현지에서 발급받아야 하는 서류들을 알아 두도록 한다. 잘 모르겠다면 현지에서 연락할 수 있는 연락처도 보험 가입 시 안내받으니 보험사에 즉시 연락해 상황을 설명하고 안내를 받도록 한다.

하와이 여행 정보 찾기

여행에 앞서 다양한 정보와 후기를 찾아보는 것은 큰 도움이 된다. 하와이 여행 정보가 넘쳐나는 대표적인 웹사이트와 커뮤니티를 추천한다.

하와이 관광청

www.gohawaii.com/kr
www.instagram.com/gohawaiikr
www.facebook.com/goHawaiiKR
현지 통신원이 있어 SNS와 공식 홈페이지에 실시간 소식 업데이트를 한다.

포에버 하와이 네이버 카페

cafe.naver.com/hawaiiphoto

하와이에서 오래 생활하고 가이드북도 출간한 하와이 통이 운영하는 커뮤니티로 여행자들이 부지런히 현지 소식과 여행 후기, 팁을 나눈다. 여러 프로모션과 이벤트도 진행한다.

면세점 쇼핑

해외여행의 즐거움 중 빠질 수 없는 것이 바로 면세점 쇼핑이다. 시중보다 훨씬 저렴하게 쇼핑을 즐길 수 있다. 공항 면세점 외에도 휴대폰 애플리케이션 또는 홈페이지로도 쇼핑이 가능하다. 각종 이벤트에 참여하거나 제휴 카드 등을 사용해 면세점 정가보다 저렴하게 구입할 수 있다.

환전하기

여행 기간 동안 사용할 대략의 예산을 계산해 보고 필요한 만큼 미리 환전하자. 현지에서 엔화나 유로는 몰라도 한국 돈을 환전하는 곳을 쉽게 만날 수는 없으니 미리 환전해 가는 것이 좋다. ATM에서 최소 수수료 또는 수수료 없이 출금이 가능한 카드가 있는지 알아보고 해당 카드를 가져가 현지에서 인출하는 방법도 있으니 예산을 전부 환전할 필요는 없다. 호텔비 결제나 명품 쇼핑 등 큰 금액 지출은 카드로 하는 편이 안전하고, 호텔 체크인 시, 또 렌터카 예약/픽업 시 예약자와 동일한 명의로 된 카드를 보증을 위해 요구하는 경우가 다반사니 환전과 별도로 미국에서 사용 가능한 신용/체크카드를 가지고 가도록 한다. 주거래 은행의 경우 수수료 할인을 하기도 하고 은행별로 환전 프로모션을 종종 진행하기도 하니 그때그때 가장 수수료가 저렴한 은행으로 거래하는 것이 좋다. 팁이나 ABC 마트 쇼핑 등 소액권을 사용할 일이 훨씬 많으니 너무 큰 단위의 지폐로만 환전하지 않도록 한다. 또 주차 기계를 사용하는 경우 25c 동전이 유용하니 동전 거스름돈도 잘 챙겨서 다니도록 한다.

짐 싸기

가져갈 물건들의 목록을 만들어 빠뜨리는 것이 없는지 꼼꼼히 확인하며 짐을 싼다. 공항에서 자주 꺼내야 하는 여권, 지갑, 휴대폰 등은 캐리어가 아니라 휴대 가방에 소지하도록 하고, 보조 배터리는 부치는 짐에 넣을 수 없으니 기내 캐리어 또는 휴대 가방에 넣도록 한다.

하와이에서의 휴대폰 사용

무선 인터넷을 제공하는 레스토랑이나 카페가 많고, 대부분의 숙소에서 자유롭게 이용할 수 있다. 여행 일정 중 인터넷 연결을 요하거나 각종 애플리케이션을 필요로 한다면 하루 1만 원 정도로 신청할 수 있는 무제한 로밍 서비스를 신청하거나 심SIM카드를 구입하는 것이 좋다.

출입국 체크리스트

인천국제공항 가는 법

공항버스, 공항철도를 이용하는 것이 일반적이다. 공항버스(리무진)는 서울과 수도권은 물론 전국 각지와 연결돼 있어 가장 많이 사용한다.

공항버스

일반 리무진, 고급 리무진, 시내버스, 시외버스 등을 이용해서 인천국제공항을 찾을 수 있다. 인천국제공항 홈페이지에서 '버스 노선'을 클릭하면 지역별 공항버스 노선을 자세히 확인할 수 있다.

- **인천국제공항 홈페이지** www.cyberairport.kr
- **지방행 버스 홈페이지** www.airportbus.orkr

공항철도

서울역을 포함해 8개 지하철역을 운행하는 공항철도는 공항버스보가 더 자주 운행하고 요금도 더 저렴하다. 집이 공항철도역과 가깝거나 환승이 편리한 경우 추천한다.

- **일반열차**
  구간 서울역~인천국제공항역(1터미널까지 59분, 2터미널까지 66분 소요)
  운행 5:20~23:40 **요금** 4,250원(성인)
- **직통열차**
  구간 서울역~인천국제공항역(1터미널까지 43분, 2터미널까지 51분 소요)
  운행 6:00~22:20(30분 이상 간격) **요금** 9,000원(성인)

인천국제공항에서 출국하기

충분한 시간적 여유를 두고 출발한다. 여행 성수기 시즌에는 집 앞에서 출발하는 리무진 버스를 몇 대 보내기도 하고 공항에서 면세품을 찾는 등 생각한 것보다 시간이 많이 지체될 수 있기 때문이다. 또 국적기를 이용하지 않는 경우 탑승 게이트로 가기 위해 셔틀을 타야 할 수도 있으니 출발 3시간 전에는 도착해야 된다. 면세품이 없거나 교통이 불편하지 않다면 2시간 전까지 도착한다.

- **인천국제공항 전화** 1577-2600
- **홈페이지** www.cyberairport.kr

STEP 1 탑승 수속 카운터 확인

인천국제공항 3층에 도착하면 먼저 이륙하는 모든 비행기 시간과 탑승 수속 정보를 안내하는 출발 안내 전광판Departure Board을 보고 자신의 전자 티켓에 적힌 항공편명과 출발 시간을 확인해 항공사 카운터를 찾자. 항공사별로 알파벳으로 탑승 수속 카운터 A~M으로가 구분돼 있다.

STEP 2 탑승 수속 및 짐 부치기

항공사 카운터에서 여권과 전자 티켓을 제시하면 탑승권(보딩 패스Boarding Pass)을 준다. 수하물로 부칠 짐이 있다면 컨베이어 벨트 위에 올린다. 보조 배터리는 부치는 짐에 넣으면 안 되니 보낼 수 없는 물품들을 꼭 확인하자. 부치는 짐에 이상이 있는 경우 전화를 해오니 수속 후 10여 분간은 보안 검사장으로 들어가지 말고 기다리도록 한다. 항공사에 따라 1인당 수하물은 15~23+kg까지 허용하며 수하물을 부치면 주는 수하물 증명서(배기지 클레임 태그Baggage claim tag)를 잘 보관해 두자. 탑승 수속은 보통 출발 시간 2시간 30분 전부터 시작한다.

짐 부칠 때 주의할 점

100ml가 넘는 액체류와 젤류, 스프레이 등은 기내 반입 금지 물품이나 수하물로 부치는 것은 가능하다. 100ml 이상의 액체류, 젤 등은 캐리어에 넣어 수하물로 보내고 100ml 이하 용량은 투명한 지퍼 팩 등의 밀폐 봉투에 담아 휴대한다.

STEP 3 세관 신고

세관 신고를 할 물품이 없으면 바로 국제선 출국장으로 이동하면 된다. 만약 미화 1만 달러를 초과해 소지하는 여행자라면 출국하기 전 세관 외환 신고대에서 신고를 하는 것이 원칙이다. 여행 시 사용하고 다시 가져올 고가품을 소지하고 있다면 '휴대물품반출신고(확인)서'를 받아 두는 것이 안전한다.

STEP 4 보안 검색

여권과 탑승권을 제시한 후 출국장으로 들어가면 보안 검색을 받는다. 검색대를 통과할 때는 모자와 외투를 벗고 주머니도 모두 비워야 한다. 음료수나 화장품 등 모든 액체류는 100ml 이상이면 안 되고 노트북이 있다면 꺼내서 따로 통과시켜야 한다. 칼과 가위 같은 날카로운 물건이나 스프레이, 라이터, 가스처럼 인화성 물질은 반입이 되지 않으므로 미리 체크하도록 한다.

STEP 5 출국 심사

보안 검색대를 통과하면 바로 출입국 심사대가 나온다. 여권과 탑승권을 제시하고 도장을 받는 절차인데, 만 7~18세를 제외하고 모든 대한민국 국민은 사전 등록 없이도 자동출입국심사를 받을 수 있어 출국 절차가 한결 쉽고 빨라진다.

STEP 6 면세 구역

시내 면세점이나 인터넷 면세점을 통해 구입한 물건이 있다면 면세 구역 내 면세점 인도장으로 가서 상품을 수령한다. 허용 면세 범위는 $600로, 이를 초과 시에는 세금이 부과된다.

STEP 7 비행기 탑승

보딩 패스에 적혀 있는 탑승구Gate에서 기다렸다가 탑승한다. 출국 30분 전에 탑승을 시작하므로 아무리 늦어도 이 시간 전까지는 탑승구에 도착하도록 하자. 몇몇 외국 항공사의 경우 셔틀 트레인을 타고 이동해야 하는 별도 청사에서 탑승 수속을 하므로 시간을 더 넉넉하게 잡고 이동해야 한다.

호놀룰루 들어가기

STEP 1 공항 도착

호놀룰루 공항에 도착하여 내린 후 'Immigration' 표지판을 따라 나간다.

STEP 2 입국 심사

EU와 비EU 국가를 따로 구분해 입국 심사를 한다. 'Visitors' 표지판 쪽으로 줄을 서고 심사 시에는 기내에서 받은 입국 카드, 세관 신고서를 작성해 같이 제출한다(놓고 내렸거나 잃어버린 경우 공항에 비치돼 있다). 이때 여권에 끼워 돌려주는 종이는 출국 시까지 잘 보관해야 한다. 방문 목적과 체류 기간, 특히 숙소에 대한 질문들을 할 수 있어 미리 대답을 준비해 놓도록 한다.

STEP 3 수하물 찾기

모니터에서 비행기 편명과 수하물 벨트 번호를 확인하고 부친 짐을 찾는다. 짐이 나오지 않는 경우 공항 내 항공사 직원에게 문의하자.

STEP 4 세관 검사

세관 신고서는 가족당 한 명만 작성하면 된다. 신고할 물품이 없다면 'Nothing to Declare'로 통과한다. 육류, 채소, 과일 등 동식물 반입은 금지되어 있으니 주의한다. 가방 검색을 요청받으면 반입 가능/불가능한 물품 관련한 간단한 질문에 답하고 소지품 검사를 진행한다.

STEP 5 입국장

세관을 통과하고 공항 도착 로비로 나가는 길목에 공연 브로슈어나 지도 등 비치돼 있는 여행 정보를 챙기자. 숙소나 시내에서도 쉽게 구할 수 있다. 숙소 위치에 따라 버스, 셔틀, 택시, 우버 등 공항에서 시내로 향하는 교통편을 결정한 후 해당 표지판을 따라 움직인다.

Tip.
알고 가면 유용한 하와이 정보

• 비자 ESTA(Electronic System for Travel Authorization, 전자여행허가) 필요

2009년부터 한국은 ESTA를 이용해 더 이상 대사관 앞에서 길게 줄을 서서 비자 면접을 보지 않아도 된다. 한국어가 지원되는 ESTA 홈페이지를 통해 특별한 구비 서류 없이 신청하고 승인이 나면 자유롭게 90일간 미국 여행을 할 수 있다. 신청하면 72시간 내 승인 결과를 알 수 있고, 기존에 발급받은 비자가 있는 경우를 제외하고 미국 방문자라면 모두 신청해야 한다. 비자 면제 프로그램Visa Waiver Program, VWP 자동화 시스템을 통해 신청자가 미국 여행을 할 수 있는지, 미국 내 치안 및 안보에 위협이 되지 않는지 확인한다. 통상적으로 유효기간은 2년이나 유효기간 내 여권이 만료되는 경우 여권 만료일까지 유효하다. 신청 수수료는 $14(신청 $4+ 승인 $10)다. 혹 승인이 거절된다면 광화문에 위치한 미 대사관에서 인터뷰 후 상용 비자를 받아야 하기 때문에 여유있게 출발 몇 주 전에 신청하는 것을 추천한다(**홈페이지**: esta.cbp.dhs.gov/esta/application.html?execution=e1s1).

• 미국령과 미국의 차이

괌과 사이판은 미국령(미국 법의 보호를 받으나 독립적인 정부 구성)이라 특별히 따로 비자 없이방문이 가능하나 하와이는 미국의 주이기 때문에 미국 본토 방문과 동일하게ESTA가 필요하다.

• 미국 비자가 있는 경우

비자는 B1, B2(관광/상용), F1(유학생), 취업 비자 등 여러 종류가 있는데, ESTA 도입 전 이미 받은 적이 있다면 이를 연장해 사용해도 좋다. 유효기간은 10년인 비자가 보통으로, 미국 방문 시 체류 기간 최대 6개월, 수수료 $131인데, 연장하려면 필요 서류와 수수료를 갖춰 미 대사관을 방문, 인터뷰 후 발급 여부가 결정된다. 비자 만료 후 1년 이내만 신청 가능하며 B1, B2 비자의 경우 인터뷰 없이 갱신 가능하다.

• 물가와 팁

하와이는 미국에서도 물가가 비싼 편이다. 식대와 교통비 등은 그때그때 여행 후기를 보고 예산을 짜는 것이 좋다. 팁은 서비스 종사자들에게는 늘 준다고 생각하면 된다. 팁 베이스로 소득을 얻는 것이 대부분이라 서비스가 형편없지 않는 한 15~20%의 팁이 보통이다. 일부 식당 등에서는 계산서에 팁이 포함돼 있기도 하고 퍼센트를 고를 수 있도록 보기를 주기도 하니 계산서를 잘 살펴보고 팁을 계산하도록 한다. 호텔에서는 턴다운 서비스나 주차 요원, 짐을 들어주는 직원에게 $1~2 정도 팁을 주고, 택시 기사나 서핑, 투어 가이드에게도 마찬가지로 팁을 준다. 원데이 클래스나 투어하는 경우 팁 포함인지 확인하자. 식당에서 잔돈을남기고 오는 경우가 아니라면 팁은 보통 지폐로 지불한다.

• 치안

하와이는 다른 미국 주에 비해 좋은 편인데, 차를 렌트하는 경우 차에서 잠깐 내리더라도 차 안 소지품을 절대 두고 내리지 말자. 창문을 부수고 꺼내 가는 경우가 무척 많다. 음주의 경우 하와이에서는 만 21세부터 허용해 바나 주류를 판매하는 곳에서 신분증을 요구할 수 있다. 특히 아시아인들은 어려 보이기 때문에 심심찮게 신분증 제시 요구를 받게 된다. 술을 마시러 나가거나 구입하는 경우 여권 등 신분증을 소지하도록 하자.

주호놀룰루 대한민국 영사관

주소 2756 Pali Hwy, Honolulu, HI 96817
전화 +1-808-595-6109/ **근무 시간 외** +1-808-265-9349/ **영사콜센터** +82-2-3210-0404 / **운영 시간** 8:30~16:00
홈페이지 overseas.mofa.go.kr/us-honolulu-ko/index.do/ **페이스북** www.facebook.com/consulatehonolulu/ **트위터** twitter.com/consulatehi

NOW
지 역 여 행

오아후
마우이
빅아일랜드
카우아이

O a h u

오아후

하와이의 시작과 마지막을 장식하는 대표 섬

하와이 어떤 섬을 여행하더라도 인천에서 비행기를 타면 우선 호놀룰루에 도착하니, 오아후는 하와이 여행의 시작점이자 종착지다. '만남의 장소'라는 애칭이 너무나 잘 어울리는 오아후는 많은 사람에게는 하와이의 첫인상이자 마지막 인상일 정도로, 하와이를 대표하는 섬이다. 야자수가 늘어선 공항의 풍경을 마주하자마자 '잘 왔다'는 생각이 들 것이다. 뜨거운 태양에 몸을 그을리고, 일상과 닮은듯 여유가 듬뿍 더해진 오아후의 템포에 지친 마음을 달래자. 은은히 들려오는 훌라 음악의 멜로디를 흥얼거리며 항상 웃고 있는 하와이 사람들의 행복을 닮아 오는 것은 어떨까? 바쁘고 활기가 넘치며, 동서남북 모두 다른 매력을 느낄 수 있어 새로운 모습을 발견하는 재미가 있는 섬이다. 구석구석 열심히 여행하자.

오아후 가는 길

인천국제공항과 호놀룰루 국제공항을 잇는 직항편이 있어 편리하다. 호놀룰루 공항 공식 명칭은 대니얼 K. 이노우에 국제공항Daniel K. Inouye International Airport이며 약칭은 HNL이다. 1910년 개항했으며 대한항공, 아시아나항공, 하와이언항공 등이 취항한다.

공항에서 시내로

◎ 버스

캐리어 등 큰 짐을 가지고는 탈 수 없어 대부분의 여행객은 이용하지 않는다. 2층 출국장 19번, 20번 버스를 이용한다. 약 1시간 소요되며 요금은 성인 편도 $2.75이다.

◎ 셔틀

현지에서 가장 유명한 로버츠 하와이www.robertshawaii.com/airport-shuttle/ 셔틀 또는 여러 한인 공항 셔틀 업체 중 하나를 이용할 수 있다. 편도 $17, 왕복 $32 정도며 숙소 위치와 픽업 시간, 인원수에 따라 요금이 달라진다.

◎ 우버 Uber

운행하는 차량이 워낙 많아 쉽게 잡아탈 수 있다. 우버의 경우 핸드폰 앱으로 부르면 금세 탈 수 있으며 공항은 우버 전용 픽업 장소가 따로 마련돼 있다. 택시보다 저렴하고 섬 어디든 갈 수 있어 렌터카가 어려운 여행자들이 즐겨 이용한다. 택시는 호텔에 부탁해 콜로 불러 이용한다. 길에서 운행하는 택시를 잡아타는 것은 쉽지 않다. 포털사이트에 '하와이 한인 택시'를 검색해 후기들을 검색해 확인해 보고 한인 택시를 이용해도 좋다.

◎ 렌터카

시내까지는 약 30분 정도 걸리며 쭉 뻗은 길을 따라 운전하니 어렵지 않다. 와이키키 시내로 진입하면 차가 조금 많아지는데, 다들 안전하게 속도를 지켜 운전하니 긴장하지 않아도 된다.

오아후 시내 교통

◎ 더 버스 The Bus

오아후의 시내버스로 섬 구석구석을 여행하니 뚜벅이 여행자도 대부분의 관광지를 문제없이 찾아갈 수 있다. 공식 홈페이지와 구글맵 등으로 길을 검색하면 탑승 가능한 노선과 소요 시간을 알려 주며, 주요 노선들이 지나는 알라 모아나 정류장 등 주요 정류장에서도 시간표를 확인할 수 있다. 앞문으로 승차해 편도 요금($2.75, $1.25[6~17세])을 지불한다. 환승이 불가하니 편도권보다 1day pass($5.50/ 구입 일 00:00~익일 02:59까지 27시간 동안 무제한 사용 가능)를 구입하는 것이 경제적이다. $70로 매월 1일부터 말일까지 사용 가능한 월 정기권도 푸드랜드, 세븐일레븐 편의점, 알라 모아나 센터 내 새틀라이트 시청 Satellite City Hall 등에서 구입 가능하다. 탑승 시 지불하려면 거스름돈을 보통 주지 않기 때문에 정확한 금액을 맞추어 넣도록 한다. 서핑 보드같이 큰 짐을 가지고 탈 수 없으며, 버스 안에서 음식물 섭취와 흡연은 금지다. 하차 시 뒷문을 이용하며 미리 줄을 당겨 기사에게 안내하면 'Stop Requested'라는 안내등에 불이 켜진다. 정확한 노선표는 홈페이지를 확인하면 된다.

홈페이지 thebus.org
전화 080-848-4500

◎ 와이키키 트롤리 Waikiki Trolley

오아후섬의 곳곳을 돌아볼 수 있는 유용한 교통수단으로, 더 버스가 일반 시내버스라면 트롤리는 경치를 감상하고 좀 더 많은 명소들을 돌아볼 수 있도록 색으로 노선을 구분해 지역별, 테마별 여러 노선을 운행한다.

요금 $2(편도 1회), $45(1일권), $65(4일권), $75(7일권)
(1일권은 핑크 또는 옐로우 노선 1개 택일 또는 핑크와 다른 색 노선을 결합해 사용 가능하며, 4일, 7일권은 전 노선 사용 가능)

홈페이지 waikikitrolley.com

구매처 홈페이지와 T 갤러리아 쇼핑몰 Garage Level(전화 808-593-2822/시간 8:00~21:00[월~토], 8:00~20:00[일])을 비롯한 오아후 주요 호텔과 알라 모아나 트롤리 정류장 등

◎ 자동차 Car

호놀룰루 시내 안에서는 어디든 30분 남짓 걸린다. 또 노스 쇼어 꼭대기까지 쉬지 않고 달리면 1시간 정도로 운전이 피로하지는 않다. 다만 인기 해변에 정오 넘어 오후쯤 도착하면 주차할 자리가 그리 많지 않을 수 있어 오전 이동을 권하고, 해안가를 따라 명소들과 예쁜 해변들이 있어 종일 운전을 하는 경우가 많으니 체력을 안배해 운전하도록 한다. 유료 주차장 이용을 염두에 두고 동전과 소액 지폐를 준비하는 것도 좋다.

◎ 자전거 biki

오아후에서는 '바이키'라는 귀여운 이름의 자전거 대여 서비스를 하고 있다. 약 130여 개의 정류장에 비치된 하늘색 자전거를 결제 후 자유롭게 이용할 수 있다. 홈페이지에서 정류장을 검색해 신나게 타다 가까운 정류소에 반납하면 된다. 1달 동안 1회 30분씩 무제한으로 사용할 수 있는 이용권이 $15, 60분씩 이용하는 1달 이용권이 $25, 300분을 자유롭게 쓸 수 있는 이용권이 $20, 1회 사용은 $3.50이다.

홈페이지 gobiki.org

◎ 도보 By foot

책에서 구분해 놓은 각각의 지역 안에서도 와이키키를 제외하고는 도보로 이동하는 것이 쉽지 않다. 위치를 설명할 때 기준으로 삼는 지점은 와이키키 해변 정가운데 위치한 호놀룰루 경찰서 와이키키 지점(2425 Kalakaua Ave, Honolulu, HI 96815)이다.

와이키키

w a i k i k i

하와이에서 가장 번화한 곳. 하와이어로 '와이키키'는 '분출하는 신선한 물'이라는 뜻이다. 과연 청량한 하와이의 심장부에 걸맞는 이름이다. 대형 쇼핑몰에서 벗어나 몇 걸음만 내달리면 바다에 뛰어들 수 있고, 그러다 허

기가 져서 돌아서면 맛집들이 줄을 서서 찾아 달라 아우성인 듯한 기분이다. 하루에 백 보도 걷지 않고 원하는 것을 전부 다 할 수 있는, 늘어지고 싶은 휴가를 만끽하기 최적인 곳이다. 쇼핑 천국이자 맛집과 호텔의 집약지인 와이키키에만 머무른다면 특별히 교통수단을 이용하지 않아도 될 정도로, 이곳에는 부족함이란 없다.

Best Course

호놀룰루 국제공항

차로 25분

헤븐리 아일랜드 라이프스타일(점심)

도보 8분

와이키키 비치

E, 19, 20번 버스 타고 15분 또는 도보 17분

와이키키 아쿠아리움

E, 19, 20번 버스 타고 11분 또는 도보 20분

칼라카우아 애비뉴

도보 1분

마루카메 우동(저녁)

도보 5분

슬라이스 오브 와이키키(야식)

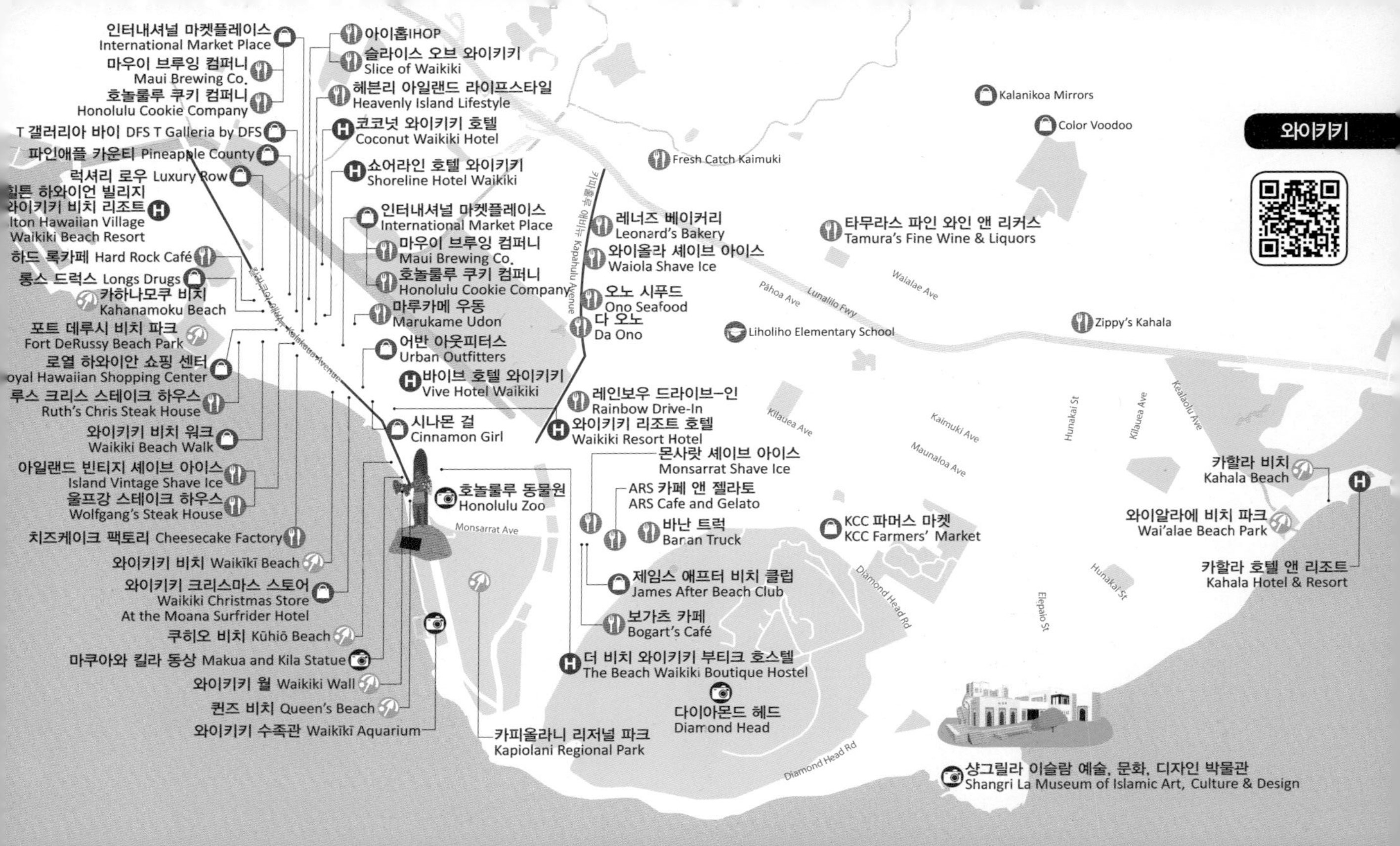
와이키키
인터내셔널 마켓플레이스 International Market Place
마우이 브루잉 컴퍼니 Maui Brewing Co.
호놀룰루 쿠키 컴퍼니 Honolulu Cookie Company
T 갤러리아 바이 DFS T Galleria by DFS
파인애플 카운티 Pineapple County
럭셔리 로우 Luxury Row
힐튼 하와이언 빌리지 와이키키 비치 리조트
Hilton Hawaiian Village Waikiki Beach Resort
하드 록카페 Hard Rock Café
롱스 드럭스 Longs Drugs
카하나모쿠 비치 Kahanamoku Beach
포트 데루시 비치 파크 Fort DeRussy Beach Park
로열 하와이안 쇼핑 센터 Royal Hawaiian Shopping Center
루스 크리스 스테이크 하우스 Ruth's Chris Steak House
와이키키 비치 워크 Waikiki Beach Walk
아일랜드 빈티지 셰이브 아이스 Island Vintage Shave Ice
울프강 스테이크 하우스 Wolfgang's Steak House
치즈케이크 팩토리 Cheesecake Factory
와이키키 비치 Waikīkī Beach
와이키키 크리스마스 스토어 Waikiki Christmas Store At the Moana Surfrider Hotel
쿠히오 비치 Kūhiō Beach
마쿠아와 킬라 동상 Makua and Kila Statue
와이키키 월 Waikiki Wall
퀸즈 비치 Queen's Beach
와이키키 수족관 Waikīkī Aquarium
아이홉IHOP
슬라이스 오브 와이키키 Slice of Waikiki
헤븐리 아일랜드 라이프스타일 Heavenly Island Lifestyle
코코넛 와이키키 호텔 Coconut Waikiki Hotel
쇼어라인 호텔 와이키키 Shoreline Hotel Waikiki
인터내셔널 마켓플레이스 International Market Place
마우이 브루잉 컴퍼니 Maui Brewing Co.
호놀룰루 쿠키 컴퍼니 Honolulu Cookie Company
마루카메 우동 Marukame Udon
어반 아웃피터스 Urban Outfitters
바이브 호텔 와이키키 Vive Hotel Waikiki
시나몬 걸 Cinnamon Girl
호놀룰루 동물원 Honolulu Zoo
Monsarrat Ave
카피올라니 리저널 파크 Kapiolani Regional Park
칼라카우아 애비뉴 Kalakaua Avenue
카파훌루 애비뉴 Kapahulu Avenue
레너즈 베이커리 Leonard's Bakery
와이올라 셰이브 아이스 Waiola Shave Ice
오노 시푸드 Ono Seafood
다 오노 Da Ono
레인보우 드라이브-인 Rainbow Drive-In
와이키키 리조트 호텔 Waikiki Resort Hotel
몬사랏 셰이브 아이스 Monsarrat Shave Ice
ARS 카페 앤 젤라토 ARS Cafe and Gelato
바난 트럭 Banan Truck
제임스 애프터 비치 클럽 James After Beach Club
보가츠 카페 Bogart's Café
더 비치 와이키키 부티크 호스텔 The Beach Waikiki Boutique Hostel
다이아몬드 헤드 Diamond Head
Diamond Head Rd
Fresh Catch Kaimuki
Liholiho Elementary School
Pāhoa Ave
Lunalilo Fwy
Waialae Ave
Kilauea Ave
Kaimuki Ave
Maunaloa Ave
KCC 파머스 마켓 KCC Farmers' Market
Elepaio St
Hunakai St
Kealaolu Ave
Kalanikoa Mirrors
Color Voodoo
타무라스 파인 와인 앤 리커스 Tamura's Fine Wine & Liquors
Zippy's Kahala
카할라 비치 Kahala Beach
와이알라에 비치 파크 Wai'alae Beach Park
카할라 호텔 앤 리조트 Kahala Hotel & Resort
샹그릴라 이슬람 예술, 문화, 디자인 박물관 Shangri La Museum of Islamic Art, Culture & Design

와이키키의 바다는 산책과 선탠, 포토 장소로 제격이다. 3.2km 길이로 쭉 뻗어 있는 와이키키의 해변은 여러 구역으로 나누어 다른 이름으로 불린다. 와이키키 이쪽 끝에서 저쪽 끝으로 바다를 따라 걸으며 내키는 풍경 앞에 서서 태닝과 해수욕을 즐겨 보자. 하지만 세계에서 가장 아름다운 바다에 너무나 눈이 높아진 하와이 사람들이 입을 모아 말하는 것은 와이키키 바다가 하와이에서 가장 별로라는 것이다. 섬의 수많은 에메랄드빛 해변들 때문에 상대적으로 이렇게 박한 평가를 받는 것이다. 그러나 아침 일찍 일어나 아무도 없을 때 서핑 보드를 들고 달려 나가거나 호텔에 그냥 들어가기 아쉬운 밤에 파도 소리를 들으며 걷기에 와이키키만한 곳이 또 있을까. 눈 감으면 선연한 하와이의 절경 중 하나는 때로는 고요하고 때로는 너무나 시끄러운 와이키키의 해변들이다.

카하나모쿠 비치 & 포트 데루시 비치 파크
Kahanamoku Beach & Fort DeRussy Beach Park

힐튼 하와이언 빌리지 와이키키 비치 리조트 바로 앞에 펼쳐진, 경계 없이 연결돼 있는 해변과 비치 파크다. 와이키키 최서단 해변이다. 서핑과 해수욕에 모두 적합한 넓은 모래 해변으로 피크닉 테이블과 그릴 시설도 완비돼 있다. 해변 이름은 현대 서핑의 선구자라 불리며 카누와 수영 실력도 상당했던, 하와이의 전설적인 서퍼, 듀크 파오아 카하나모쿠(1890~1968)에서 따왔다.

주소 2055 Kalia Rd, Honolulu, HI 96815

와이키키 비치
Waikiki Beach

와이키키 가장 중심에 있는 해변이다. 듀크 파오아 카하나모의 동상Duke Paoa Kahanamoku Statue이 세워져 있어 더욱 찾기가 쉽다. 가장 붐비고 바쁘지만 편의 시설이 모두 인접해 있다. 호놀룰루 경찰서도 여기 위치한다.

주소 Kalakaua Ave, Honolulu, HI 96815

쿠히오 비치 파크 & 와이키키 월
Kūhiō Beach & Waikiki Wall

하와이 왕국의 왕손 이름을 딴 해변으로, 이 자리가 쿠히오 왕자의 거주지였다고 한다. 1918년 왕자가 대중에게 해변을 개방해 그때부터 오아후에서 가장 인기가 많은 바다 중 하나가 됐다. 바다 안으로 약 37m까지 이어지는 두 콘크리트 벽 안에 있다 하여 '호수'라 불리기도 한다. 이 벽이 바로 와이키키 월인데, 쿠히오 비치 물을 잔잔하게 유지하는 역할과 포토 장소를 겸한다.

주소 2453 Kalakaua Ave, Honolulu, HI 96815

마쿠아와 킬라 동상 Makua and Kila Statue

쿠히오 비치에도 동상이 있다. 《해변에 사는 마쿠아Makua Lives on the Beach》라는 동화책에서 영감을 받아 만든 동상으로, 마쿠아와 킬라라는 몽크물범의 사이좋은 모습을 그리고 있다. 하와이 몽크물범은 멸종 위기의 하와이 제도의 고유종으로 무리를 짓지 않고 혼자 생활해 '수도사'라는 뜻의 '몽크monk'라 불린다.

퀸스 비치 & 카피올라니 리저널 파크
Queen's Beach & Kapiolani Regional Park

와이키키 끝자락에 자리한 와이키키 최동단 해변이다. 테니스 코트와 무대 등 여러 시설이 있는 대형 카피올라니 리저널 파크는 길 하나를 두고 피크닉하기 좋은 샌즈 수시 스테이트 레크리에이셔널 파크Sans Souci State Recreational Park와도 가깝다. 퀸스 비치는 해마다 약 9m의 대형 스크린을 설치하고 야외 영화관으로 변신하는 것으로도 유명하다. 2001년부터 시작된 선셋 온 더 비치www.sunsetonthebeach.net 행사는 비정기적으로 열리니 일정을 확인해 보자. 보통 5월 초여름에 서너회 상영한다.

주소 2685 Kalakaua Ave, Honolulu, HI 96815

Tip.

무기자차 선크림을 이용해 주세요

하와이의 바다 생태계를 보호하기 위해 친환경법이 새로 만들어졌다. 산호를 해하는 옥시벤존Oxybenzone과 옥티노세이트Octinoxate가 포함되지 않은 제품들만 사용할 수 있다. 하와이에서 판매하는 제품들은 거의 전부 해당 성분 '-free'라고 써 붙여 안내하고 있으며, 국외에서 가져온 제품들 중 유기자차 제품은 사용을 금하고 있으니 유의하자. 법안이 통과된 후 유예 기간이 있어 현재는 사용을 반려하고 있으며 2021년부터는 금지다. 유아용, 민감성 피부용으로 주로 만드는 무기자차 자외선 차단제는 순하면서도 효과도 확실하니 환경과 피부를 생각해 사용하도록 하자.

미국에서 두 번째로 역사가 오래된 수족관

와이키키 수족관 Waikīkī Aquarium

주소 2777 Kalakaua Avenue, Honolulu, HI 96815 **위치** ①와이키키 중심부에서 도보 15분 ②트롤리 그린 라인(Green Line) 타고 와이키키 아쿠아리움(Waikiki Aquarium) 정류장 하차 **시간** 9:00~16:30 **휴관** 호놀룰루 마라톤 일요일과 크리스마스 **요금** $12(성인), $8(하와이 주민), $5(65세 이상과 4~12세), 무료(3세 이하) **홈페이지** www.waikikiaquarium.org **전화** 808-923-9741

35개의 탱크와 400여 종의 바다 생물과 함께 1904년 세워진 곳으로, 미국에서 두 번째로 역사가 오랜 수족관이다. 하와이의 뛰어난 바다 생태계와 산호초의 아름다움을 전 세계에 보여 주기 위해, 또 여러 학자들과 과학자들을 초빙해 다양한 관련 연구를 진행하기 위해 세워졌다. 당시 방대한 전시 규모와 최첨단 기술로 큰 호평을 받기도 했다. 현재는 500종 이상의 바다 생물과 3,500여 종 이상의 표본을 전시하며 해마다 32만 명 이상의 방문자들에게 사랑받고 있다. 하와이대학교와 교류하며 다양한 프로젝트와 연구, 관리를 진행 중이며 특히 지구 온난화로 빠르게 사라지는 산호를 보호하기 위해 산호증식프로그램 등 하와이 태평양 일대의 환경에 중점을 두고 있다.

가족 여행자들에게 인기인 해변 옆 동물원

호놀룰루 동물원 Honolulu Zoo

주소 151 Kapahulu Ave, Honolulu, HI 96815 **위치** ①와이키키 중심부에서 도보 10분 ②트롤리 그린 라인(Green Line) 타고 호놀룰루 주/퀸 카피올라니 파크(Honolulu Zoo/Queen Kapiolani Park) 정류장 하차 **시간** 9:00~16:30 **휴원** 크리스마스 **요금** $19(13세 이상), $11(3~12세), 무료(3세 미만) **홈페이지** honoluluzoo.org **전화** 808-971-7171

아이와 함께 여행하는 가족 여행자들에게 특히 인기가 많다. 수족관과 가까워(도보 10분) 함께 구경하는 일정도 추천한다. 약 170m²의 넓은 퀸 카피올라니 공원 안에 위치해 1시간 남짓한 시간 동안 동물원을 돌아보고 공원에서 휴식을 취하거나 바로 앞 해변으로 달려 나가 바다를 즐겨도 좋아 알찬 하루를 보내기 좋은 일정이다. 동물원에는 약 380종의 1,700여 마리의 동물들이 살고 있는데, 이들의 안전과 건강을 위해 함부로 음식을 주거나 동물에게 소리를 지르거나 괴롭히거나 놀리는 행위 등이 일체 금지니 유의해 관람하도록 하자. 동물원은 동물들을 그저 구경하기 위해 만들어 놓은 곳이 아니라 멸종 위기인 동물들을 돌보고 동물들이 좀 더 잘 살아갈 수 있도록 다양한 연구를 하는 장소이기 때문임을 잊지 말자.

Tip.

트와일라잇 투어 Twilight Tour

매주 금, 토요일 저녁 17:30~19:30 동안에는 트와일라잇 투어가 진행된다. 고요하고 평화로운 밤 투어로 쉬거나 자고 있는 동물들을 구경하며 다양한 동물 지식을 배워 볼 수 있는 시간이다(성인 $20, 아동 $15).

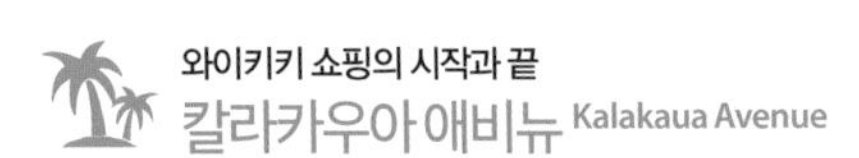

와이키키 쇼핑의 시작과 끝

칼라카우아 애비뉴 Kalakaua Avenue

주소 Kalakaua Ave, Honolulu, HI 96815 **위치** ①와이키키 중심부 ②트롤리 옐로우 라인(Yellow Line)

와이키키 쇼핑은 이 거리를 수없이 오르락내리락하는 것으로 정의할 수 있다. 오아후 대표 쇼핑몰들이 사이좋게 이웃해 자리하며, 각 쇼핑몰 안에는 세계적인 브랜드와 로컬 상점, 맛집과 쉼터, 공연 등이 있어 편의를 추구하는 쇼퍼라면 하루 종일 머물고 싶은 거리일 것이다.

로열 하와이안 쇼핑 센터 Royal Hawaiian Shopping Center

울프강 스테이크 하우스Wolfgang's Steak House와 치즈케이크 팩토리Cheesecake Factory를 비롯해 브런치로 유명한 아일랜드 빈티지 커피Island Vintage Coffee와 한국에도 지점이 있는 매콤한 아메리칸 차이니즈 퓨전 식당인, 창스PF Chang's도 입점돼 있는 맛집이 많은 곳이다. 100개 이상의 상점과 식당들이 있는 쇼핑몰이다.

주소 2201 Kalakaua Ave, Honolulu, HI 96815 **시간** 10:00~22:00 **홈페이지** www.royalhawaiiancenter.com **전화** 808-922-2299

와이키키 비치 워크 Waikiki Beach Walk

2층으로 된 쇼핑몰로 탁 트인 정원 등 푸른 분위기가 쇼핑을 더욱 즐겁게 한다. 요가 수업과 훌라 공연, 콘서트 등 다양한 행사를 늘 하고 있으니 곳곳에 세워진 안내 표지판을 유심히 읽어 보자. '음악을 만들다'라는 뜻의 하와이어 '카니카필라Kanikapila'라고 이름이 붙은 하와이 음악의 전설, 필립 쿠니아 '개비' 파히누이Pahinui의 동상과 기념 사진을 찍고, 입점돼 있는 식당들 중 한 곳에서 식사를 해보자. 루스 크리스 스테이크 하우스Ruth's Chris Steak House, 야드 하우스Yard House, 타오르미나Taormina, 로이스 와이키키Roy's Waikiki를 추천한다.

주소 227 Lewers St, Hono lulu, HI 96815 **시간** 10:00~22:00 **홈페이지** www.waikikibeachwalk.com **전화** 808-931-3591

와이키키 쇼핑 플라자 Waikiki Shopping Plaza

6층으로 구성된 건물에 쇼핑몰과 식당, 오피스가 입점해 있다. H&M과 룰루레몬Lululemon 등의 브랜드가 특히 인기가 많으며 따로 입구가 나 있는 빅토리아 시크릿과 세포라는 쇼퍼들의 필수 방문지다.

주소 2250 Kalakaua Ave, Honolulu, HI 96815 **시간** 9:30~22:00(주차장 6:30~) **홈페이지** waikikishoppingplaza.com **전화** 808-923-1191

• BEST Spot •

한 번 들어가면 나올 수 없는 속옷 전문점
빅토리아 시크릿 Victoria's Secret

전문가가 1:1로 사이즈 측정과 상품 추천, 피팅 도움까지 서비스로는 따라갈 곳이 없는 최고의 속옷 전문점이다. 다양한 체형과 라이프스타일에 맞춘 방대한 종류의 컬렉션들이 별도 건물 전체에 가득 차 있다. 좀 더 캐주얼하고 스포티한 핑크PINK 브랜드와 향수 등 보디 제품도 함께 구경해 보자.

주소 2230 Kalakaua Ave, Honolulu, HI HI 96815 **시간** 10:00~23:00 **홈페이지** sephora.com **전화** 808-923-3301

화장품 마니아들의 성지
세포라 Sephora

2019년 가을, 한국 상륙이 결정됐지만, 현지 매장 쇼핑의 묘미가 있으니 들러 보자. 스킨케어와 메이크업, 향수, 보디용품 등 화장품을 좋아한다면 반드시 찾아야 한다. 구매 대행 가격과 비교한 후 사고 싶은 것들을 미리 적어가도 시간이 꽤 걸리니 세포라 쇼핑을 마음 먹었다면 후기나 필수 쇼핑 목록 등을 검색해 보고 가는 것이 좋다.

주소 2250 Kalakaua Ave Suite 153, Honolulu, HI 96815 **시간** 10:00~23:00 **홈페이지** sephora.com **전화** 808-923-3301

T 갤러리아 바이 DFS T Galleria by DFS

3층 쇼핑몰로 다양한 브랜드가 입점돼 있다. 1, 2층은 일반 쇼핑, 3층은 면세 쇼핑을 즐길 수 있다. 쿠폰과 기념품 등 다양한 행사를 종종 1층에서 하고 있으며 온라인 면세보다 저렴한 가격으로 살 수 있는 제품들도 꽤 많다. 3층에서 구입한 제품은 출국일 공항에서 인도 받을 수 있다.

주소 330 Royal Hawaiian Ave, Honolulu, HI 96815 시간 9:30~23:00 홈페이지 www.dfs.com/en/hawaii 전화 808-931-2700

• BEST Spot •

온통 귀여운 것뿐인 곳
파인애플 카운티 Pineapple County

직접 제작한 귀여운 여성, 남성, 아동 의류와 가방, 각종 소품을 판매하는 파인애플 카운티가 T 갤러리아 길 건너편에 있으니 함께 들러 보자.

주소 342 Lewers St, Honolulu, HI 96815 **시간** 10:30~23:00(월~토), 10:30~22:00(일) **홈페이지** pineapplecounty.com **전화** 808-926-8245

인터내셔널 마켓플레이스 International MarketPlace

3.1 필립림, 크리스티앙 루부탱, 프리피플, 인터믹스, 조말론, 스튜어트 와이즈만 등 이곳에서만 살 수 있는 브랜드들을 따로 정리해 홈페이지에서 소개하니 효율적인 쇼핑을 위해 참고하면 좋다. 해산물 뷔페와 코나 커피 전문점 등 다이닝도 다양하게 마련돼 있다.

주소 2330 Kalakaua Ave, Honolulu, HI 96815 **시간** 10:00~22:00 **홈페이지** shopinternational market place.com **전화** 808-931-6105

• BEST Spot •

기념품으로도 주전부리로도 제격
호놀룰루 쿠키 컴퍼니 Honolulu Cookie Company

하와이에서 가장 인기 있는 기념품 중 하나로, 파인애플 모양을 한 쿠키가 대표 상품이다. 아주 달고 식감이 버터리하고 부드럽다. 민트색 패키징도 예뻐 선물로도 제격이다.

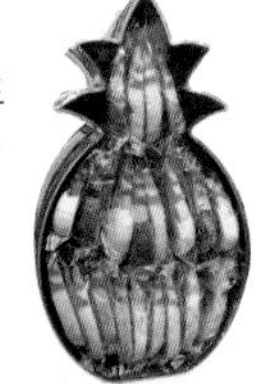

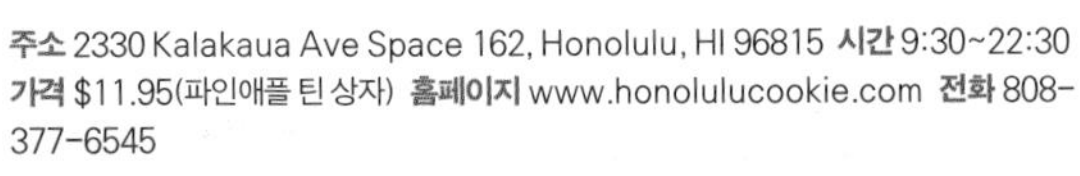

주소 2330 Kalakaua Ave Space 162, Honolulu, HI 96815 **시간** 9:30~22:30 **가격** $11.95(파인애플 틴 상자) **홈페이지** www.honolulucookie.com **전화** 808-377-6545

어반 아웃피터스 Urban Outfitters

힙하고 트렌디한 브랜드가 모두 모였다. 라이프 스타일 셀렉트 상점으로, 여러 브랜드들의 트렌디한 상품과 자체 개발 상품들을 선별해 판매하는 미국의 체인 상점이다. LP와 인테리어 소품, 서적 등 옷과 액세서리, 신발뿐 아니라 매우 다양한 상품들을 판매한다. 가장 트렌디한 것들을 쇼핑하고 싶다면 여기에서 해결하자.

주소 2424 Kalakaua Ave, Honolulu, HI 96815 **시간** 9:00~23:00
홈페이지 urbanoutfitters.com **전화** 808-922-7970

럭셔리 로우 Luxury Row

무려 3,119평의 부지에 샤넬, 구찌, 이브생로랑, 몽클레어, 미우미우, 보테가 베네타, 골든 구스 등 세계적인 브랜드들이 대형 상점들을 입주해 둔 명품 쇼핑가다.

주소 2100 Kalakaua Ave, Honolulu, HI 96815 **시간** 10:00~22:00 **홈페이지** www.luxuryrow.com **전화** 808-922-2246

시나몬 걸 Cinnamon Girl

하와이에 세 개의 상점을 가지고 있는 트로피컬하고 발랄한 분위기가 특징인 로컬 브랜드다. 여자아이와 여성복 전문점으로 하와이에서 20여 년 전 탄생했다. 호놀룰루 카할라 몰Kahala Mall과 마우이의 웨일러스 빌리지Whalers Village에도 지점이 있다.

주소 2424 Kalakaua Avenue, Suite 104, Honolulu, HI 96815 **시간** 9:00~22:30 **홈페이지** www.cinnamongirl.com **전화** 808-387-9924

롱스 드럭스 Longs Drugs

어마어마한 규모의 약국 겸 편의점으로, 하와이에 지점이 매우 많지만 이곳이 가장 큰 편이다. 24시간 운영한다는 것이 큰 장점이며 진통제, 소화제, 멀미약, 지사제, 근육통 연고, 보호대, 상처에 바르는 연고와 밴드 등 모든 종류의 상비약을 구비하고 있다. 처방전이 있으면 받을 수 있는 약들도 판매한다. 착한 가격의 드러그 스토어 화장품과 각종 영양제, 식품과 음료, 물놀이용품과 커피, 캔디 등 주전부리와 기념품도 있어 숙소와 가깝다면 ABC마트 못지않게 여행 중 여러 번 들르게 되는 유용한 곳이다.

주소 2155 Kalakaua Ave, Honolulu, HI 96815 **시간** 24시간 **홈페이지** longsrx.com **전화** 808-922-8790

 와이키키 크리스마스 스토어

Waikiki Christmas Store At the Moana Surfrider Hotel

일년 내내 성탄 분위기를 만끽할 수 있는 작은 상점이다. 30년 동안 이나 크리스마스 장식을 전문으로 만들어 온 곳으로, 하와이의 크리스마스 분위기를 미국 본토에 사는 가족과 친구들에게 전달하고 싶었던 하와이 토박이가 개점한 곳이다.

주소 2365 Kalakaua Ave, Honolulu, HI 96815 **시간** 9:00~22:00
홈페이지 santaspen.com **전화** 808-923-1225

Tip.

하와이 쇼핑 팁

• 하와이의 세일즈 택스

하와이 공산품에도 세금이 붙어, ABC마트 등에서 음료수 하나를 사더라도 가격표에 붙어 있는 금액에 약 4.25%의 세금이 추가된 금액을 지불해야 한다. 장을 많이 본다면 예상 가격보다 꽤 추가될 것을 알고 계산대로 향해야 한다.

• 하와이 세일 기간

블랙 프라이데이와 사이버 먼데이는 2014년부터 하와이에 도입된 신개념으로 특별히 연중 크게 세일을 하는 기간이 있다기보다는 늘 쇼핑을 장려하는 프로모션과 이벤트가 많다. 다른 지역에 비해 명품 가격과 택스 또한 저렴한 편이라 미국 사람들도 하와이에서 쇼핑을 즐긴다.

• 하와이의 슈퍼마켓

ABC 스토어ABC Store, 세이프웨이Safeway, 푸드랜드Foodland, 웨일러스Whalers, 푸드 팬트리Food Pantry 등 골목마다 쉽게 찾을 수 있어 오아후에서는 따로 지도에 표시하지 않아도 늘 만나는 슈퍼마켓이다. 다른 섬에서는 보이면 반드시 들어가 호텔보다 훨씬 싼 가격으로 물이나 간식거리를 살 수 있어 지도에 별표를 그려 놓고 아침 저녁으로 찾아가는 명소 아닌 명소이기도 하다. 같은 브랜드의 마켓이더라도 지점별로 구비해 놓은 품목과 가격이 조금씩 차이가 난다. 간단한 식사부터 기념품과 물놀이용품, 방수 카메라, 화장품까지 필요한 것들을 대량 구비할 수 있어 무척 유용하다.

어떤 입맛도 만족시켜 주는 록스피릿 충만한 곳

하드록카페 Hard Rock Café

주소 280 Beach Walk, Honolulu, HI 96815 **위치** 와이키키 중심에서 도보 10분 **시간** 7:00~23:00(일~목), 7:00~24:00(금, 토) **홈페이지** hardrockcafe.com **전화** 808-955-7383

일렉 기타들이 벽 하나를 장식하고 있는, 락앤롤 느낌이 물씬 나는 체인 브랜드로, 74개국에 레스토랑, 호텔, 카지노 등의 지점이 있다. 아침 식사부터 늦은 밤의 칵테일과 립아이 스테이크, 샐러드 등 못하는 메뉴가 없는 만능 맛집이다. 남녀노소 모두에게 인기가 있고 락앤롤을 테마로 한 다양한 굿즈도 1층 상점에서 판매한다. 뷰가 좋은 테라스 자리와 화려한 조명의 바 자리 모두 추천한다. 매우 넓지만 서비스가 빠르고 정확하다.

와이키키의 브런치 명소
헤븐리 아일랜드 라이프스타일 Heavenly Island Lifestyle

주소 342 Seaside Ave, Honolulu, HI 96815 **위치** 와이키키 중심에서 도보 7분 **시간** 6:30~23:00 **가격** $16.50(로코 모코), $12(아보카도 토스트와 렌틸콩 수프) **홈페이지** www.heavenly-waikiki.com **전화** 808-923-1100

'천국 같은 섬의 생활'이라는 상호명에 어울리는, 여유 넘치는 휴양지 섬의 느낌으로 가득한 식당이다. 부티크 호텔 쇼어라인Shoreline Hotel Waikiki 1층에 위치한 곳으로, 호텔 투숙객들은 할인 혜택을 받을 수 있다. 오픈하자마자 입장하지 않으면 늘 줄을 서야 하는 인기 만점 레스토랑이다. 에그 베네딕트, 로코 모코 등 건강하고 신선한 브런치 메뉴가 특히 인기가 많고 플레이팅도 예뻐 인스타그래머들의 카메라가 온종일 찰칵댄다.

Tip.

하와이에서 남은 음식은 무엇이든 싸 가세요!

팁 문화만큼 우리에게 생소한 하와이 식문화 중 하나는 식사 후 남은 음식을 전부 싸 가지고 가는 것이다. 워낙 양도 많고 포장 문화가 일반화 되어 있어 조금만 남아도 꺼내자마자 바로 먹을 수 있도록 솜씨 좋게 담아 주니 파이 한 입, 스테이크 두 조각이라도 자기 전에 출출할 것 같다면 싸 달라고 얘기하자.
"Could I have the rest to go, please?(남은 것 싸 갈 수 있나요?)"

오븐에서 갓 나온 따끈한 피자 한 조각

슬라이스 오브 와이키키 Slice of Waikiki

주소 2211 Kūhiō Ave, Honolulu, HI 96815 **위치** 와이키키 중심에서 도보 9분 **시간** 11:00~다음 날 1:00(일~목), 11:00~다음 날 1:30(금~토) **가격** $5(치즈 피자) **전화** 808-921-2468

주문과 동시에 얼굴만 한 피자 조각을 오븐에 넣어 구워 따끈하게 서빙하는 테이크아웃 전문점이다. 현지인들이 하와이 피자 1등으로 꼽는 곳으로, 앉을 자리 하나 없지만 줄을 서서 먹는다. 새벽까지 영업한다는 것도 큰 장점이다. 햄버거와 감자튀김 등 다른 메뉴도 맛있지만 역시 두 손으로 들고 먹어야 할 정도로 큼직한 슬라이스 피자가 최고다. 페퍼로니, 슈프림, 버섯 등 토핑 종류는 다양하지는 않으나 재료를 아낌없이 사용하며 오븐 피자의 정석을 제대로 보여 준다. 바삭하고 쫄깃한 도우 식감이 일품이다.

아이스크림 정말 잘하는 집

래퍼츠 하와이 Lappert's Hawaii

주소 2005 Kalia Road, Honolulu, HI 96815 **위치** ①와이키키 중심부에서 도보 21분 ②쿠히오 애비뉴 앤드 왈리나 스트리트(Kuhio Ave and Walina St.) 정류장에서 8, 19, 23, 42, E번 버스 타고 칼리아 로드+말루히아 스트리트(Kalia Rd.+Maluhia St.) 정류장 하차 후 도보 4분 **시간** 5:30~23:00 **가격** $4.85(싱글 스쿱) **홈페이지** www.lappertshawaii.com **전화** 808-943-0256

힐튼 하와이언 빌리지 와이키키 비치 리조트Hilton Hawaiian Village Waikiki Beach Resort 안에 위치한 곳으로, 1983년부터 하와이 명물로 자리 잡은 홈메이드 아이스크림 명가다. 카우아이섬의 하나페페 마을에서 처음 시작된 래퍼츠는 마카다미아를 시작으로 신선한 현지 식재료를 사용한 맛있는 수제 아이스크림을 계속해서 개발해 오고 있다. 커피와 마카다미아 땅콩을 사용한 다양한 베이커리류도 판매하며 카우아이와 마우이섬에도 지점이 있다.

가성비 좋은 한 끼

마루카메 우동 Marukame Udon

주소 2310 Kūhiō Ave #124, Honolulu, HI 96815 **위치** 와이키키 중심에서 도보 7분 **시간** 7:00~22:00 **가격** $3.75(부카케 우동) **홈페이지** www.facebook.com/marukameudon/ **전화** 808-931-6000

물가 비싼 하와이에서 부담 없이 든든하게 배를 채울 수 있다. 한국 사람들의 입에 이미 익숙한 우동이 주 메뉴로, 다양한 토핑을 얹은 메뉴들이 있고, 유부 초밥이나 각종 채소 튀김 등도 사이드 메뉴로 골라 담을 수 있다. 카페테리아처럼 줄을 서서 메인 메뉴를 주문하고 원하는 사이드 메뉴를 담아 계산하고 착석하는 방식이다. 식사 시간에는 줄을 꽤 길게 서야 할 정도로 인기가 많다. 오픈 시간쯤에 찾아가면 사람이 많지 않아 숙소에서 조식을 먹지 않는다면 추천한다. 우동 국물은 조금 짠 편이다.

Tip.

또 다른 조식 옵션 추천, 아이홉 IHOP

아이홉은 24시간 오픈한다는 점이 최대 장점인 인터내셔널 하우스 오브 팬케이크, 세계 팬케이크의 집이라는 거창한 이름의 미국식 다이너다. 오아후에 네 개 지점을 운영하고 있다.

주소 2211 Kūhiō Ave, Honolulu, HI 96815 **위치** 와이키키 중심에서 도보 10분 **시간** 24시간 **홈페이지** ihop.com **전화** 808-921-2400

마우이에서 온 로컬 맥주

마우이 브루잉 컴퍼니 Maui Brewing Co.

주소 2300 Kalakaua Ave, Honolulu, HI HI 96815, USA **위치** 와이키키 중심에서 도보 3분 **시간** 7:00~23:30(일~목), 7:00~24:00(금, 토) **가격** $16(나초), $14.50(치즈 버거), $6.75(비키니 블론드) **홈페이지** www.mbcrestaurants.com/waikiki/ **전화** 808-843-2739

36종의 크래프트, 스페셜티 맥주를 탭으로 판매하며 매일 라이브 공연도 선보인다. 15:30~17:30 해피 아워 시간에는 모든 맥주에서 $2 할인해 주니 낮맥도 즐겨 보자. 라거(비키니 블론드), 밀맥주(파인애플 마나), IPA(빅 스웰), 포터(코코넛 히와) 등 메뉴에 항상 올라 있는 여러 종류의 대표 맥주들이 있고, 알코올 함량과 시트러스향, 모카, 코코넛, 파인애플 등 다양한 맛을 자세히 설명해 놓아 처음 보는 맥주도 취향대로 주문해 도전해 볼 수 있다. 캔으로도 판매해 포장도 된다. 칵테일과 목테일(논 알콜 칵테일) 메뉴도 훌륭하다. 칼라마리, 하우스 프라이 등 맥주와 잘 어울리는 안주 메뉴도 추천한다. 건강한 샐러드나 버거 등 맥주가 아니더라도 식사하기에 좋은 요리도 많다.

세계 각지의 술과 식재료를 판매하는 포케 명가

타무라스 파인 와인 앤 리커스 Tamura's Fine Wine & Liquors

주소 3496 Waialae Ave, Honolulu, HI 96816 **위치** ①와이키키 중심에서 차로 10분 ②1, 9번 버스 타고 와이알라에 애비뉴+텐스 애비뉴(Waialae Ave+10th Ave) 정류장 하차 **시간** 9:30~21:00(월~토), 9:30~20:00(일)/ 포케: 10:30~20:45(월~금), 9:30~20:45(토), 9:30~19:45(일) **가격** $18.99/lb(소유 아히 포케) **홈페이지** www.tamurasfinewine.com **전화** 808-735-7100

현지에게 하와이 최고의 포케집을 물었을 때 "의외겠지만 여기가 정말 맛있어"라며 알려 준 비밀 장소다. 1920년대부터 신선한 포케와 맥주를 팔아 온 주류 전문점이다. 하지만 비밀이라기엔 이제 꽤 유명해져서 주차장은 만차고 내부도 늘 북적인다. 바다 내음 가득한 신선하고 맛 좋은 포케를 무게로 달아 포장하는데, 해초 소스, 간장 소스, 매콤한 소스 등 취향에 따라 여러 종류의 생선을 버무린 포케들을 골라 담아 보자. 소량으로 이것저것 담아 먹어 보는 것을 추천한다. 파스타, 소스, 크래커, 과자, 맥주, 와인 등 세계 각지에서 온 다양한 식품들도 판매하니 구경해 보자. 밥은 따로 판매하지 않는다.

Tip.

포케란?

원주민 어부들이 고기를 잡자마자 무엇이든 뿌려 바로 먹었던 것에서 유래해 지금까지 하와이를 대표하는 메뉴로 군림한 포케는 '덩어리로 자르다'라는 뜻의 하와이어다. 현재 참치와 연어가 가장 많이 사용되지만 처음에는 하와이의 현지 생선이자 하와이주state 생선인 후무후무누쿠누쿠아푸아Humuhumunukunukuapua'a로 만들었었다.

와이키키 맛집이 모두 모여 있는 맛동산 거리
카파훌루 애비뉴 Kapahulu Avenue

언뜻 보기에는 거주 단지의 넓은 대로지만 주차하려 줄을 서 있는 차들을 곳곳에서 볼 수 있다. 바로 카파훌루 대로에 위치한 오아후의 내노라 하는 식당들이다.

위치 트롤리 옐로우 라인(Yellow Line) 타고 아스톤 와이키키 비치 호텔(Aston Waikiki Beach Hotel) 정류장 하차

· 카파훌루 애비뉴 ·
INSIDE

빵순이 빵돌이들의 천국
레너즈 베이커리 Leonard's Bakery

하와이 여행 중 운이 없어 레너즈를 한 번도 못 가 본 사람은 있어도, 한 번만 오는 사람은 없다. 1952년 개점한 레너즈 베이커리는 쫄깃한 작은 도넛과 같은 포르투갈에서 건너온 말라사다malasada로 유명한데, 말라사다는 원래 참회의 화요일 축제에 먹던 것으로, 이제는 월, 화, 수, 목, 금, 토, 일 매일 먹어도 질리지 않는 스낵으로 유명하다. 너무 무겁지 않으면서도 쫄깃한 반죽이 특징으로, 하와이에 말라사다를 판매하는 곳은 많지만 핑크색 포장지에 투박하게 담아 주는 레너즈를 따라갈 맛은 없다. 오리지널과 시나몬, 새콤달콤한 리 힝li hing(리 힝: 짭짤한 말린 살구인 리 힝 무이Li Hing Mui에서 유래한 맛으로, 각종 디저트에 사용되는 하와이의 인기 식재료) 가루를 묻힌 세 가지 버전과 다양한 맛의 커스터드 속을 채운 퍼프들이 있는데, 오리지널이 제일 맛있다. 파인애플 턴 오버나 컵케이크 등 다른 베이커리류도 판매하며 말라사다와 좋은 짝꿍인 코나 커피도 추천한다.

주소 933 Kapahulu Ave, Honolulu, HI 96816 **위치** ①와이키키 중심에서 차로 7분 ②트롤리 옐로우 라인(Yellow Line) 타고 레너즈 베이커리(Leonard's Bakery) 정류장 하차 **시간** 5:30~22:00(일~목), 5:30~23:00(금~토) **가격** $1.30(말라사다), $1.65(말라사다 퍼프), $2.75(레드벨벳 컵케이크) **홈페이지** www.leonardshawaii.com **전화** 808-737-5591

대통령도 극찬한 빙수

와이올라 셰이브 아이스 Waiola Shave Ice

하와이 출신의 오바마 전 대통령이 즐겨 찾은 곳으로도 유명한 셰이브 아이스 가게다. 1940년도 식료품 가게로 시작해 맛으로 입소문을 타 지점을 확장하게 된 곳이다. 가장 인기 있는 메뉴는 무지갯빛 시럽을 알록달록 뿌린 레인보우 셰이브 아이스다. 사과, 망고, 살구, 블랙체리, 배, 포도, 코코넛 등 우리가 알고 있는 거의 모든 종류의 과일 맛의 시럽이 있고, 메로나 아이스크림과 루트비어, 풍선껌, 솜사탕, 마르게리타 등 창의적인 시럽으로 다양한 맛을 만들어 낸다. 모두 사탕수수 시럽으로 직접 만들며 팥은 매일 새로 끓이고 커스터드 푸딩과 쫀득한 떡은 일주일에 2번 직접 만들어 신선한 토핑으로 단골들을 사로잡는다. 와이올라 스트리트Waiola Street에도 지점이 있다.

주소 3113 Mokihana St, Honolulu, HI 96816 **위치** 와이키키 중심에서 차로 12분 **시간** 11:00~17:30(월~목), 11:00~18:00(금), 10:00~18:00(토~일) **가격** $2.50(스몰 컵) *현금 결제만 가능 **홈페이지** www.waiolashaveice.com **전화** 808-735-8886

신선한 포케 단일 메뉴로 승부

오노 시푸드 Ono Seafood

하와이어로 '맛있다'라는 뜻의 '오노'를 자신있게 상호명에 넣은 이 작은 가게는 포케로 승부를 본다. 냉동이 아닌 생참치로 만드는 포케는 비리지 않고 신선하며, 앉을 자리는 많지 않지만 운이 좋으면 파라솔이 드리워진 야외 벤치에 앉아 식사할 수 있다. 밥이 포함된 포케볼도 있어 한 끼 식사로 든든하다. 길 바로 건너편에는 다 오노 펍Da Ono Pub이라는 이름의 캐주얼한 식당이 있다. 편하게 먹고 갈 전통 하와이 요리와 맥주를 판매한다.

주소 747 Kapahulu Ave, Honolulu, HI 96816 **위치** 와이키키 중심에서 차로 6분 **시간** 9:00~18:00(화~토) **가격** $22/lb(아히 포케) **전화** 808-732-4806

Tip.

그 외 카파훌루 애비뉴 맛집

칠리 핫도그나 마히마히mahi mahi 생선요리, 바비큐 요리로 유명한 레인보우 드라이브-인Rainbow Drive-In(주소: 3308 Kanaina Ave, Honolulu, HI 96815)이나 파파이스Popeye's(주소: 645 Kapahulu Ave, Honolulu, HI 96815), 잭 인 더 박스Jack in the Box(주소: 633 Kapahulu Ave, Honolulu, HI 96815), 지피스Zippy's(주소: 601 Kapahulu Ave, Honolulu, HI 96815) 등의 패스트푸드점들도 카파훌루 애비뉴에 있다.

몬사랏 애비뉴 Monsarrat Avenue

카파훌루와 양대 산맥을 이루는 맛 거리다. 나무도 많고 와이키키 비치의 끝과 수족관을 지나 시작되기 때문에 산책하는 기분으로 쭉 걸어 올라가며 구경하기 좋다. 다이아몬드 헤드 하이킹 전후로 찾아오기 편한 위치라 함께 일정을 계획하는 것도 좋다.

위치 트롤리 옐로우 라인(Yellow Line) 레인보우 드라이브-인, 레너즈 베이커리(Rainbow Drive-in, Leonard's Bakery) 정류장 하차

· 몬사랏 애비뉴 ·
INSIDE

하와이 일등 아이스크림 트럭
바난 트럭 Banan Truck

신선하고 건강한 재료로 사람과 환경을 모두 위하겠다는 사명으로 2014년 네 명의 친구가 뜻을 모아 런칭했다. 하와이에서 자라는 바나나를 기본으로 만드는 유지방 없는 담백하고도 시원한 아이스크림을 개발해 판매해 맛이 깔끔하다. 농부들과 소비자 간의 중간 유통을 최소화하며 모든 식재료를 각각 어떤 농장에서 공급받는지 친절히 안내한다. 사이즈와 아이스크림 종류, 토핑 모두 따로 골라도 되고, 인기 있는 조합들을 만들어 놓은 메뉴 중 골라도 좋다. 하와이 총 다섯 개 지점이 있다.

주소 3212 Monsarrat Ave, Honolulu, HI 96815 **위치** ①와이키키 중심에서 도보 25분 또는 차로 3분 ②2, 23번 버스 타고 캠벨 애비뉴+몬사랏 애비뉴(Campbell Ave+Monsarrat Ave) 정류장 하차 **시간** 9:00~18:00 **가격** $8(컵), $13(보울) **홈페이지** www.bananbowls.com **전화** 808-563-0050

신선하고 시원한 아사이 보울

보가츠 카페 Bogart's Café

시원한 아사이 베이스에 그래놀라와 바나나, 딸기, 블루베리, 꿀을 올린 아사이 볼Acai Bowl로 유명한 브런치 식당이다. 일찍 열고 일찍 닫으니 아침과 브런치를 하러 찾아가자. 베이글과 로코 모코, 브렉퍼스트 부리토, 와플, 팬케이크 등 브런치와 아침 식사로 좋을 메뉴들이 무척 많다. 볶음밥도 있어 현지식이 입에 잘 맞지 않아도 맛있는 식사를 할 수 있다.

주소 3045 Monsarrat Ave, Honolulu, HI 96815 **위치** ①와이키키 중심에서 도보 21분 또는 차로 4분 ②2, 23번 버스 타고 캠벨 애비뉴+몬사랏 애비뉴(Campbell Ave+Monsarrat Ave) 정류장 하차 **시간** 7:00~17:00 **가격** $11(아사이 보울) *현금 결제만 가능 **홈페이지** www.bogartscafe.com **전화** 808-739-0999

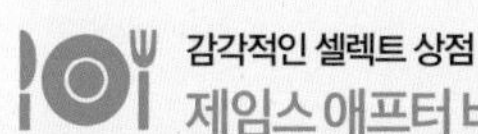

감각적인 셀렉트 상점

제임스 애프터 비치 클럽 James After Beach Club

서핑을 테마로 하는 상점으로, 다양한 의류와 소품들을 선별해 판매한다. 편하면서도 스타일리시한 옷과 소품이 많아 구매욕을 마구마구 자극한다. 알로하 프린트로 뒤덮인 하와이언 셔츠가 아닌 하와이 느낌 가득한 옷을 사고 싶었다면 이곳의 단순한 서프SURF 알파벳 프린트 티셔츠나 톤다운된 색의 후디, 서프 바지 등이 탐날 것이다. 커스텀 서핑 보드도 판매하며 아이들 옷과 컵, 엽서, 커피, 가방 등 액세서리와 소품류도 다양하게 선보인다.

주소 3045 Monsarrat Ave 8, Honolulu, HI 96815 **위치** 와이키키 중심에서 도보 21분 또는 차로 4분 ②2, 23번 버스 타고 캠벨 애비뉴+몬사랏 애비뉴(Campbell Ave+Monsarrat Ave) 정류장 하차 **시간** 10:00~17:00(월~토), 10:00~16:00(일) **홈페이지** www.james-hawaii.com **전화** 808-737-8982

Tip.

그 외 몬사랏 애비뉴 명소

타코가 맛있는 사우스 쇼어 그릴South Shore Grill(주소: 3114 Monsarrat Ave, Honolulu, HI 96815), 빈티지한 느낌의 인테리어가 멋진 갤러리 카페인 ARS 카페 앤 젤라토ARS Cafe and Gelato(주소: 3116 Monsarrat Ave, Honolulu, HI 96815)도 추천한다. 매월 다른 전시를 열며 직접 만드는 젤라토가 맛있다. 신선한 빙수 맛집 몬사랏 셰이브 아이스Monsarrat Shave Ice도 놓치지 말자. 몬사랏은 대표 맛집들이 거의 한데 모여 있어 찾기는 쉬우나 먹고 또 바로 옆집에 가서 먹기가 배불러 쉽지 않아 여러 번 찾게 되는 거리다.

오아후섬 남쪽 해안가를 감상하러 오르는 언덕

다이아몬드 헤드 Diamond Head

주소 Honoluluē, HI 96815 **위치** ①와이키키 중심에서 차로 10분 ②트롤리 그린 라인(Green Line) 타고 다이아몬드 헤드 서퍼 룩아웃(Diamond Head Surf Lookout) 정류장 하차 **시간** 6:00~18:00(마지막 입장 16:30) **요금** $5(자동차 1대당), $1(사람 1명당)

해발고도 231m에 위치한 언덕이다. 30만 년 전 용암이 태평양으로 흘러 들어가 대규모 증기 폭발을 야기하고 재와 초석회암 등이 하늘로 솟구쳤다가 응회구로 쌓아 올려진 것이 바로 이 다이아몬드 헤드다. 19세기 이곳의 비탈에서 다이아몬드를 발견했다고 착각한(사실은 아무 가치가 없는 방해석 크리스탈이었다) 영국 선원들이 붙인 이름이다. 융기선이 참치 등지느러미를 닮았다고 하여 하와이어로 '참치의 눈썹'이라는 뜻의 '레아히Lēʻahi'라는 별칭으로도 불린다. 십만 년 전 생성된 약 232m 분화구로 유명하며, 정상에 오르면 오아후 남쪽 해안가의 풍경이 한눈에 들어온다. 날씨가 너무 덥지만 않다면 한 시간 정도면 하이킹으로 올라가 볼 수 있어 하이킹 초보자도 부담 없이 도전해 볼 수 있다. 지하 터널과 가파른 계단도 있어 체력 상태가 아주 좋지 않다면 이보다 더 오래 걸려 오르게 될 테니 일정을 빠듯하게 계획하지 않도록 한다. 주차 공간이 넓지 않아 일찍 오지 않는 경우 다이아몬드 헤드 오르기 전에 주차를 하고 걸어 올라가야 한다.

토요일 아침 일찍 일어나야 하는 이유

KCC 파머스 마켓 KCC Farmers' Market

주소 4303 Diamond Head Rd, Honolulu, HI 96816 **위치** ①와이키키 중심에서 차로 6분 ②트롤리 그린 라인(Green Line) 타고 KCC 파머스 마켓(KCC Farmers' Market) 정류장 하차(토요일만 운행) **시간** 16:00~19:00(화), 7:30~11:00(토) **홈페이지** hfbf.org/farmers-markets/ **전화** 808-848-2074

하와이 여행자들이 주말에도 일찍 일어나 부지런을 떨어야 하는 이유! 다이아몬드 헤드를 토요일에 오르면 좋은 이유! 바로 카피올라니 커뮤니티 대학Kapiolani Community College 내 열리는 이 대형 시장 때문이다. KCC 마켓 구경을 하고 아침 식사를 한 후 하이킹을 하는 기분은 상쾌함 그 자체다. 오아후의 많은 유명 맛집들도 나오고, 하와이 곳곳의 농부들이 직접 재배한 다양한 농수산물을 가지고 나오며 시장 음식들 역시 지천이다. 아침 일찍 오는 경우 아직 손님맞이를 하지 않은 상인들은 잔돈이 많지 않으니 소액 화폐를 가지고 나오면 좋다. 무료로 넓은 주차 공간을 이용할 수 있으며, 주차장과 장터 사이에 작은 선인장 정원이 있어 이국적이고 푸르른 분위기를 한결 더한다.

한적하고 낭만적인 해변

와이알라에 비치 파크 & 카할라 비치 Wai'alae Beach Park & Kahala Beach

주소 4925 Kahala Ave, Honolulu, HI 96816 / 4999 Kahala Ave, Honolulu, HI 96816 **위치** 와이키키 중심에서 차로 11분 **시간** 5:00~22:00

KCC 파머스 마켓과 다이아몬드 헤드, 샹그릴라 이슬람 예술, 문화, 디자인 박물관과 가장 가까운 해변들로, 서로 나란히 위치한다. 잔잔한 파도와 고운 모래사장, 좁게 흐르는 작은 물줄기, 해안가 웨딩도 종종 열릴 정도로 로맨틱한 분위기가 특징이다. 주차 공간과 화장실, 피크닉 테이블과 야외 샤워 시설도 갖추고 있다.

Tip.

카할라에서 묵어도 좋아요!

바로 옆에 위치한 카할라 호텔 앤 리조트Kahala Hotel & Resort는 아란치노 앳 더 카할라Arancino at the Kahala와 호쿠스Hoku's, 두 곳의 고급스럽고 맛있는 식당으로 유명하다. 호젓하고 탁 트인 전망의 이곳에서 묵는 여행자들도 많다. 렌터카 허츠 사무소도 리조트 내 위치해 편리하다.

주소 5000 Kahala Ave, Honolulu, HI 96816 **위치** 와이키키 중심에서 차로 11분 **홈페이지** kahalaresort.com **전화** 808-739-8888

©David Franzen, 2006

화려함의 극치

샹그릴라 이슬람 예술, 문화, 디자인 박물관

Shangri La Museum of Islamic Art, Culture & Design

주소 4055 Pāpū Cir, Honolulu, HI 96816 **위치** 와이키키 중심에서 차로 8분 **시간** 9:00~13:30(수~토) **요금** $25(성인) **홈페이지** shangrilahawaii.org **전화** 808-734-1941

1937년 미국의 부유한 상속녀이자 자선 사업가 도리스 듀크Doris Duke(1912~1993)의 하와이 자택으로 지어졌다. 듀크의 북아프리카와 중동, 남부 아시아 여행에서 영감을 받아 이국적으로 꾸며졌으며 건물 설계는 인도, 이란, 모로코와 시리아의 영향을 받아 그 문양과 색감이 매우 화려하다. 현지에서 직접 공수한 소품들과 손으로 하나하나 깎아 만든 장식 등 건물 자체가 예술품이라 해도 될 정도로 아름답다. 관람은 홈페이지, 전화, 또는 호놀룰루 미술관Honolulu Museum of Art을 통해 예약 후 90분간(또는 호놀룰루 미술관에서 전용 셔틀을 타고 이동하는 경우 180분간) 진행되는 자세하고 꼼꼼한 가이드 투어를 받을 수 있으며(9:00, 10:30, 13:30), 다른 방법으로 개별적으로 박물관을 관람할 수는 없다.

©2014 Linny Morris, courtesy of the Doris Duke Foundation for Islamic Art

©David Franzen 2011

알라 모아나

Ala Moana

몸집은 크지만 사랑스러운 동네. 와이키키 옆, 어마어마한 쇼핑몰과 시작과 끝이 보이지 않을 정도로 시원하게 뻗어 있는 해안가, 단 두 곳으로 설명이 되는 동네다. 그리고 큼직한 볼거리와 놀거리 둘로도 충분하다. 아

니, 하루가 부족할 정도다. 알라 모아나가 좋은 이유는 둘이 아니라 셀 수 없이 많다. 배불리 바비큐를 구워 먹고 뒹굴 수 있는 넓디넓은 해변이 있어서, 매일 무료로 훌라 공연을 볼 수 있어서, 백화점 여럿이 모여 구성한 하나의 거대한 쇼핑몰을 발바닥이 팅팅 붓도록 신나게 쇼핑을 즐길 수 있어서, 알라 모아나가 좋은 나만의 이유를 찾아보자.

Best Course

탄탈루스 전망대

차로 21분

알라 모아나 센터(쇼핑)

도보 3분

마리포사(점심)

도보 3분

알라 모아나 센터 1층(훌라 공연)

56, 57, 60, 65번 버스로 10분 또는 도보 25분

솔트 앳 아워 카카아코(티타임)

19, 20, 42번 버스로 10분 또는 도보 14분

알라 모아나 리저널 파크(해수욕)

8, 9, 23, 42번 버스로 23분

와이키키 중심부(저녁)

알라 모아나

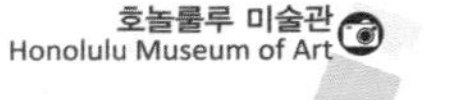

탄탈루스 전망대
Tantalus Lookout
푸우 우알라카 주립공원
Puu Ualakaa State Park
Auwaiolimu St
Prospect St
The Queen's Medical Center
Nehoa St
Manoa Rd
Sure Shot Cafe
호놀룰루 미술관
Honolulu Museum of Art
Lunalilo Fwy
S Beretania St
Taco Bell
Café Grace
S King St
Kapiolani Medical Center
for Women & Children
Metcalf St
President William
McKinley High School
솔트 앳 아워 카카아코
SALT At Our Kaka'ako
Ward Ave
어반 아일랜드 소사이어티 Urban Island Society
스토크 하우스 Stoke House
호놀룰루 비어웍스 Honolulu Beerworks
엣 던 At Dawn
오즈마 캘리포니아 OZMA California
줄루 앤 제퍼 Zulu & Zephyr
퍼스트 라이트 First Rite
히어 Here
카할라 Kahala
모닝 브루 Morning Brew
Doraku Izakaya and Sushi
Kapiolani Blvd
Nordstrom Rack
Ward Village Shops
McDonald's
Waiola Shave Ice
Ala Moana Blvd
알라 모아나 센터
Ala Moana Center
McCully St
알라 모아나 리저널 파크
Ala Moana Regional Park
마리포사
Mariposa
니만 마커스
Neiman Marcus
Kapiolani Blvd

알라 모아나 리저널 파크
Ala Moana Regional Park

대형 쇼핑몰인 알라 모아나 센터 바로 앞에 위치해 알라 모아나에 종일 머물며 쇼핑과 바다를 즐길 수 있다. 1950년대 만들어진 인공 해변으로, 약 405m²나 되는 부지에 약 805m 길이로 뻗은 해변이 있다. 주차 공간도 넓고 바비큐 그릴도 있어 하와이 동네 사람들이 주말이면 가장 많이 나와 즐기는 해변이기도 하다. 와이키키보다 언제나 덜 붐빈다. 멀리 나가면 산호초가 에워싸고 있어 물이 잔잔하고 파도가 높지 않으며 따라서 서퍼들보다는 수영과 패들보드를 즐기는 사람들에게 인기가 많다. 뾰족한 산호가 많지 않은 동쪽에서 수영하는 것이 좋다.

주소 1201 Ala Moana Blvd, Honolulu, HI 96814 **위치** ①8, 19, 20, 23, 42번 버스 타고 알라 모아나 블러+앳킨슨 드라이브((Ala Moana Bl+Atkinson Dr) 정류장 하차 ②트롤리 레드, 핑크, 퍼플 라인(Red, Pink, Purple Line) 타고 알라 모아나 센터(Ala Moana Center) 정류장 하차 **시간** 4:00~22:00 **전화** 808-768-4611

©Honolulu Museum of Art

훌륭한 아시아, 태평양 미술 컬렉션

호놀룰루 미술관 Honolulu Museum of Art

주소 900 South Beretania Street, Honolulu, HI 96814 위치 ①알라모아나 거리(Ala Moana Blvd), 트럼프 호텔, 하얏트 리전시 와이키키 호텔 등 셔틀 운행(홈페이지 참조) ②1, 2, 1L, 2L 버스 또는 JTB 'Oli 'Oli 트롤리 또는 트롤리 레드 라인(Red Line) 타고 호놀룰루 미술관(Honolulu Museum of Art) 정류장 또는 사우스 버테니아 스트리트+워드 애비뉴(S Beretania St+ Ward Ave) 정류장 하차 시간 10:00~16:30(화~일) 휴관 7월 4일, 추수감사절, 12월 25일 및 일부 공휴일 요금 $20(성인), 무료(18세 미만) 홈페이지 honolulumuseum.org 전화 808-532-8700

예술을 공부하고 보존하고 전시하고 만들면서 창의적인 경험을 하는 것을 목적으로 하는 공간이다. 미국 최대 규모의 아시아와 태평양 예술품 전시를 자랑한다. 1922년 설립돼 1927년 대중에게 최초 공개됐으며 현재 5만여 점 이상의 예술품이 전시돼 있다. 규모는 그리 크지 않지만 '미국의 작은 박물관들 중 최고'라는 평을 받는 곳으로, 고흐, 고갱, 모네, 피카소와 워홀을 비롯해 다양한 전통 아시아와 하와이 미술도 소장, 전시한다.

©Honolulu Museum of Art

하와이 힙스터들과 트렌드세터들이 사랑하는 동네

솔트 앳 아워 카카아코 SALT At Our Kaka'ako

주소 691 Auahi St, Honolulu, HI 96813 **위치** ①19, 20, 42번 버스 타고 알라 모아나 블러+코랄 스트리트(Ala Moana Bl+Coral St) 정류장 하차 ②와이키키 중심에서 차로 20분(주차장 있음) ③트롤리 레드 라인(Red Line) 타고 솔트 앳 아워 카카아코(Salt at Our Kaka'ako) 정류장 하차 **시간** 10:00~21:00(매장마다 영업시간 다름) **홈페이지** saltatkakaako.com

지금 오아후에서 가장 핫한 장소는 바로 솔트 앳 아워 카카아코다. 이 지역을 한때 메웠던 소금 호수에서 착안해 이름을 지은 솔트는 재능 있는 기업가들과 열정 넘치는 예술가들, 셰프들, 엔터테이너들의 집합소다. 2014년 신흥개발 지역으로 지정돼 빠르게 개발됐으며 2018년 올해의 쇼핑센터상SCOTY을 수상하기도 했다. 작은 상점들과 커피 잘하는 카페, 맥주집과 주스바, 타투숍, 초콜릿 전문점, 스포츠바 등 다양한 비즈니스들이 입점돼 있다. 주변에는 멋진 그래피티들이 가득해 스트리트 여행 사진을 찍기에 제격이다. 시내를 떠나지 않고 해변의 라이프 스타일을 그대로 즐기는 것을 모토로 하는 어반 아일랜드 소사이어티Urban Island Society에서는 남성, 여성복과 가구, 인테리어 소품, 서핑보드를 판매하며, 모던하고 쿨한 브랜드 스토크 하우스Stoke House에서는 비슬라Vissla를 비롯한 여러 독특한 디자인의 브랜드 의류와 액세서리를 선보인다. 양조 기법에 특별히 공을 들여 유니크한 수제 맥주를 만드는 호놀룰루 비어웍스Honolulu Beerworks, 엣 던At Dawn, 오즈마 캘리포니아OZMA California, 줄루 앤 제퍼Zulu & Zephyr, 퍼스트 라이트First Rite 등 생소하지만 멋진 브랜드들을 셀렉해 판매하는 여성 의류 전문 상점 히어Here, 1936년부터 하와이언 셔츠를 만들어 온 카할라Kahala, 하와이 커피를 신선하게 로스팅해 다양한 아침, 브런치 메뉴를 선보이는 커피숍 모닝 브루Morning Brew 등이 솔트SALT에서 추천하는 곳이다.

여러 백화점이 모여 있는 대형 쇼핑몰

알라 모아나 센터 Ala Moana Center

주소 1450 Ala Moana Blvd, Honolulu, HI 96814 **위치** ①8, 19, 20, 23, 42번 버스 타고 알라 모아나 블러+알라 모아나 센터(Ala Moana Bl+Ala Moana Center) 정류장 하차 ②트롤리 레드, 핑크, 퍼플 라인(Red, Pink, Purple Line) 타고 알라 모아나 센터(Ala Moana Center) 정류장 하차 **시간** 9:30~21:00(월~토), 10:00~19:00(일) *매장마다 영업시간 다름 **홈페이지** www.alamoanacenter.com **전화** 808-955-9517

미국 백화점 BIG 5인 니만 마커스Neiman Marcus, 메이시스Macy's, 블루밍데일스Bloomingdales, 삭스 피프스 애비뉴Sak's Fifth Avenue, 노드스트롬Nordstrom과 대형 마트 타겟Target이 모두 모여 있는 곳이다. 규모가 어마어마해서 주차장으로 들어가면 각 백화점과 가까운 위치를 화살표로 표시해 둘 정도다. 입장하면 인포메이션을 먼저 찾아 쇼핑몰 지도를 받아야 헤매지 않고 돌아볼 수 있다. 1959년 개점했을 때는 미국 최대 규모 쇼핑몰이었으며 현재는 미국에서 아홉 번째로 규모가 큰 쇼핑몰이자 세계에서 가장 실적이 좋은 쇼핑몰 중 하나로 늘 꼽힌다. 아베크롬비 앤 피치, 이솝, 올 세인츠, 애플, 반스 앤 노블 서점과 배스 앤 바디 웍스, 디즈니 스토어, 갭, 존 마스터스 오가닉 등 미국 현지 쇼핑에서 놓칠 수 없는 브랜드들이 모두 입점해 있으며 명품 브랜드들과 롱스 드럭스, 다양한 식음료 코너도 있다.

니만 마커스 Neiman Marcus

너무 커서 어디서 시작해서 어떻게 쇼핑을 해야 할지 모르겠다면 니만 마커스로 향하자. 오프화이트, 스튜어트 와이즈만, 더 로우 등 패셔니스타라면 열광할 브랜드들을 선별해 입점해 놓은 백화점으로, 알라 모아나 센터에서도 가장 세련되고 트렌디한 쇼핑을 즐길 수 있다. 또 니만 마커스 1층에서는 매일 훌라 공연을 한다. 노래와 악기, 무용과 여러 번의 의상 체인지 등 무료인 것에 비해 공연 퀄리티가 뛰어나 특별히 루아우 저녁이나 폴리네시아 문화 센터까지 가서 훌라 공연을 보지 않아도 될 정도다.

주소 Neiman Marcus Level Three, 1450 Ala Moana Blvd., Honolulu, HI 96814

분위기, 뷰, 맛 모두 훌륭한 맛집
마리포사 Mariposa

캐주얼한 식사도, 느긋하고 럭셔리한 브런치도 모두 좋은 곳이다. 스페인어로 '나비'라는 이름의 마리포사는 발랄하고도 우아한 분위기가 물씬 풍기는 니만 마커스의 대표적인 식당이다. 마리포사로 오르는 에스컬레이터 위로 수많은 나비들이 장식돼 있어 해가 좋은 날이면 특히 멋진 사진 배경이 된다. 신선한 식재료로 만드는 다양한 종류의 메뉴와 음료는 물론 겉은 바삭하고 속은 보드라운 식전 빵 팝오버도 인기다. 알라 모아나 비치 뷰가 아름다운 테라스 자리를 추천한다.

주소 Neiman Marcus Level Three, 1450 Ala Moana Blvd., Honolulu, HI 96814 **시간** 11:00~20:00 **가격** $5(마리포사 펀치), $18(새우 바비큐), $34(폭찹) **전화** 808-951-3420

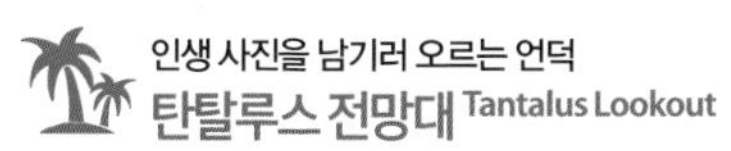

인생 사진을 남기러 오르는 언덕

탄탈루스 전망대 Tantalus Lookout

주소 Nutridge St, Honolulu, HI 96822 **위치** 와이키키 중심에서 차로 30분 **시간** 7:00~18:45 **홈페이지** dlnr.hawaii.gov/dsp/parks/oahu/puu-ualakaa-state-wayside/ **전화** 808-587-0300

하와이 시내와 바다를 한눈에 담아 보자. 오아후 여러 전망대 중 가장 인기가 많은 곳으로 일출을 보러 오기에도, 야경을 감상하기에도 좋아 아침저녁으로 붐빈다. 구불구불한 완만한 경사의 도로를 따라 올라가다보면 길게 늘어진 주차 행렬을 볼 수 있을 정도다. 푸우 우알라카 주립공원Puu Ualakaa State Park 내 위치하는데, 공원이 닫은 시간 넘어서도 공원 근처에서 야경을 감상하는 사람들이 많다. 밤이 늦으면 우범 지대가 되니 유의하도록 한다.

다운타운

Downtown

여의도 같은 마천루와 알로하 타워가 높게 세워진 항구로, 중국인 이민자들이 형성한 차이나타운과 하와이 왕국의 왕궁이 공존하는 이국적이고도 전통적인 다운타운이다. 바다를 등 뒤로 두고, 골목골목 새롭게 펼쳐지는 모습에 마음을 빼앗긴다. 낯선 도시에서 방향

을 잃고 헤매는 것을 좋아하는 여행자라면 한참을 걷고 싶은 그런 분위기다. 최근 새로운 핫 플레이스들이 계속해서 생겨나는 힙한 동네며 미식가들이 열광하는 맛집도 여럿 있어, 지칠만 하면 쉬었다 갈 자리도 많다.

Best Course

릴리하 베이커리(아침)

19, 20번 버스로 15분

이올라니궁

도보 2분

알리올라니 헤일

도보 11분

성 앤드류 성당

도보 5분

워싱턴 플레이스

도보 10분

더 피그 앤 더 레이디(점심)

도보 8분

알로하 타워 & 알로하 타워 마켓플레이스(쇼핑)

도보 6분

월마트 & 로스(쇼핑)

19번 버스로 18분,
40, 42, 51, 52, C번 버스로 23분

니코스 피어 38(저녁) or
스타 오브 호놀룰루(크루즈)

다운타운
Times Supermarket
N Vineyard Blvd
비숍 박물관
Bishop Museum
와이켈레 프리미엄 아웃렛
Waikele Premium Outlets
Palama Supermarket
N King St
Jollibee
Honolulu Community College
Dillingham Blvd
Kapalama Satellite City Hall
Ono Korean BBQ
Max's Restaurant, Cuisine of Philippines
릴리하 베이커리
Liliha Bakery
Bangkok Chef
니코스 피어 38
Nico's Pier 38
이터널 플레임 메모리얼
Eternal Flame Memorial
워싱턴 플레이스
Washington Place
성 앤드류 성당
The Cathedral of St. Andrew
차이나타운 컬처럴 플라자
Chinatown Cultural Plaza
하와이주 청사
Hawaii State Capitol
하와이 주립 미술관
Hawaii State Art Museum
로스 드레스 포 레스
Ross Dress For Less
이올라니궁
Iolani Palace
월마트
Wallmart
알리이올라니 헤일 &
카메하메하 대왕상
Ali'iolani Hale &
King Kamehameha
더 피그 앤 더 레이디
The Pig and The Lady
알로하 타워
Aloha Tower
스타 오브 호놀룰루 크루즈
Star of Honolulu
알로하 타워 마켓플레이스
Aloha Tower Marketplace

미국의 유일한 왕족 거주지

이올라니궁 Iolani Palace

주소 364 S King St, Honolulu, HI 96813 **위치** ①2, 13, E번 버스 티거 사우스 호텔 스트리트+알라케아 스트리트(S Hotel St+Alakea St) 정류장 하차 ②트롤리 레드 라인(Red Line) 타고 스테이트 캐피톨/이올라니 팰리스(State Capitol/Iolani Palace) 정류장 하차 **시간** 9:00~16:00(월~토) **홈페이지** iolanipalace.org **전화** 808-522-0822

1882년부터 1893년까지 하와이 왕국의 마지막 두 군주, 칼라카우아왕과 릴리우오칼라니 여왕이 거주하던 곳이다. 데이비드 칼라카우아왕이 세운 이 왕궁은 유럽 건축 양식들의 영향을 받은 것으로 하와이 왕국의 상징이자 하와이 왕국 최초의 전기 설비, 양변기, 내부 전화기 등이 설치된 건물이기도 하다. 하와이가 미국에 통합된 후 왕궁은 1968년까지 주청사로 쓰였고, 1978년 보수 공사를 거쳐 대중들에게 개방됐다. 공식 애플리케이션을 다운 받거나 오디오 가이드를 이용해 셀프 투어를 하거나 가이드 투어를 신청해 하와이에서 나는 코아 아카시아 나무로 만든 계단과 하와이 왕족들의 초상화 등을 볼 수 있다.

역사적인 명소

알리이올라니 헤일 & 카메하메하 대왕상 Ali'iolani Hale & King Kamehameha

주소 417 S King St, Honolulu, HI 96813 **위치** ①2, 13, E번 버스 타고 사우스 호텔 스트리트+알라케아 스트리트(S Hotel St+Alakea St) 정류장 하차 ②트롤리 레드 라인(Red Line) 타고 스테이트 캐피톨/이올라니 팰리스(State Capitol/Iolani Palace) 정류장 하차 **시간** 8:00~16:30(월~금) **전화** 808-539-4999

왕궁에서 나와 사우스 킹 스트리트South King Street를 따라 걸으면 역사 박물관과 현재도 사용 중인 법원이 위치한 주정부 청사 알리이올라니 헤일Ali'iolani Hale과 하와이 왕국의 초대왕 카메하메하 1세의King Kamehameha I 동상이 나타난다. 알리이올라니 헤일 1층에는 카메하메하 5세 사법 역사 센터가, 2층에는 하와이주 대법원 및 법원 행정처가 자리 잡고 있으며 내부를 돌아보지 않더라도 많은 여행자들이 왕의 동상 앞에 서서 기념사진은 꼭 찍고 간다.

Tip.

하와이 비지터스 뷰로 마커 Hawaii Visitors Bureau Marker

하와이 여행 중 종종 마주치게 되는 붉은 옷을 입은 멋진 전사 표지판을 유념하자. 하와이 관광청에 세워 둔 이 표지판은 역사적, 문화적 중요성을 띈 하와이 명소에 한한 것으로, 90여 년 전 첫 표지판이 세워졌고, 현재 300여 개의 전사 상징이 하와이 주요 섬에 꽂혀 있다.

엄숙하고 우아한 성공회 성당

성 앤드류 성당 The Cathedral of St. Andrew

주소 229 Queen Emma Square, Honolulu, HI 96813 **위치** ①2, 13, E번 버스 타고 사우스 호텔 스트리트+알라케아 스트리트(S Hotel St + Alakea St) 정류장 하차 ②트롤리 레드 라인(Red Line) 타고 스테이트 캐피톨/이올라니 팰리스(State Capitol/Iolani Palace) 정류장 하차 **홈페이지** thecathedralofstandrew.org **전화** 808-524-2822

하와이를 여행했던 유럽 탐험가들의 모습을 그려낸 정교한 1950년대의 스테인드글라스가 아름다운, 1867년부터 예배를 드리던 하와이 성공회 주교 성당이다. 카메하메하 4세의 명으로 영국인 건축가 두 명의 설계로 프랑스 고딕 양식으로 지어졌다. 영어와 하와이어로 정기 예배를 본다. 카테드랄cathedral 등급의 예배당은 하와이에는 단 네 개로 모두 호놀룰루에 위치한다.

1847년 세워진 왕족들이 거주하던 맨션

워싱턴 플레이스 Washington Place

주소 320 S Beretania St, Honolulu, HI 96813 **위치** ①2, 13, E번 버스 타고 사우스 호텔 스트리트+알라케아 스트리트(S Hotel St+Alakea St) 정류장 하차 ②트롤리 레드 라인(Red Line) 타고 스테이트 캐피톨/이올라니 팰리스(State Capitol/Iolani Palace) 정류장 하차 **시간** 투어 신청 후 입장(월~금) **홈페이지** www.washingtonplacefoundation.org **전화** 808-536-8040

19세기 그리스 부흥기 양식의 건물로, 하와이 주지사의 건물로 쓰이다 2007년 미국 역사 기념물로 지정됐다. 현재 주지사 건물은 2008년 새로 지어져 워싱턴 플레이스 바로 뒤에 위치한다. 릴리우오칼라니 여왕이 가택 연금을 당했던 곳으로, 여왕은 이곳에서 남은 여생을 보내고 1917년 세상을 떠났다. 내부는 홈페이지를 통해 매주 목요일 10시에 열리는 투어 또는 개별 투어를 신청해 돌아볼 수 있다. 해마다 크리스마스에 오픈 하우스 투어도 진행한다.

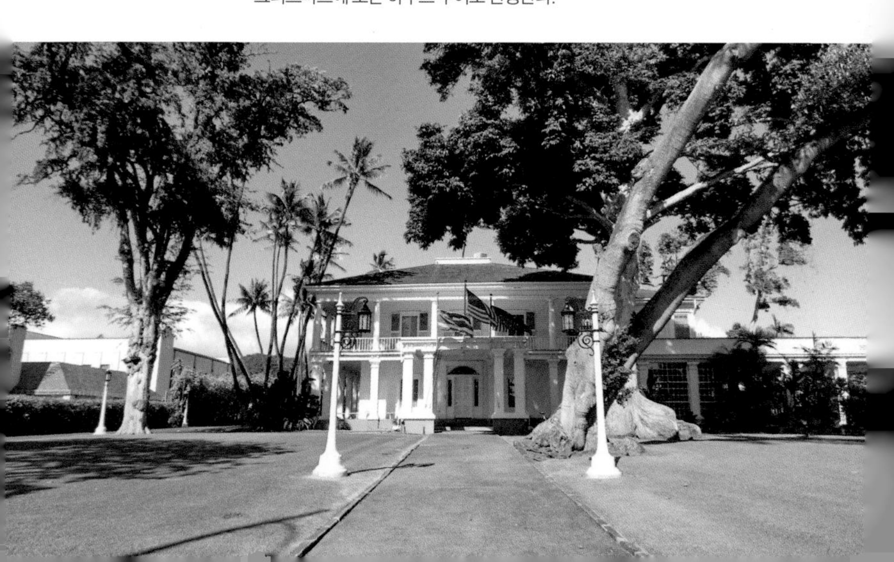

하와이에서 쌀국수가 먹고 싶을 땐

더 피그 앤 더 레이디 The Pig and The Lady

주소 83 N King St, Honolulu, HI 96817, USA 위치 2, 13, 19, 42번 버스 타고 노스 호텔 스트리트+스미스 스트리트(N Hotel St+Smith St) 정류장 하차 시간 월: 11:00~15:00/ 화~토: 11:00~15:00, 17:30~21:30 가격 $18(포 프렌치 딥 반미) 홈페이지 thepigandthelady.com 전화 808-585-8255

반미와 쌀국수 등 여느 베트남 식당에서 볼 수 있는 메뉴들과 글로벌하게 퓨전으로 내놓는 커리와 딥dip, 해산물과 비건 메뉴도, 베트남식 커피 모두 추천할 만하다. 이곳의 바게트가 특히 겉은 바삭하고 속은 촉촉하고 부드러워 샌드위치류가 인기가 많다. 친절한 서비스도 단골들을 모으는 비결이다. 가격대가 조금 있는 편이지만 독보적인 맛으로 다운타운까지 오는 수고를 하게 만든다. 아이들을 위한 메뉴도 따로 있으며 포장도 가능하다. KCC 파머스 마켓에도 부스를 설치해 매주 손님들을 만난다.

여러 상점과 식당이 모여 있는 하와이 속 작은 중국

차이나타운 컬처럴 플라자 Chinatown Cultural Plaza

주소 100 N Beretania St, Honolulu, HI 96813 위치 ①11, 19, 20, 42, 43, 51, 98A 버스 타고 노스 버테니아 스트리트+옵 스미스 스트리트(N Beretania St+Opp Smith St) 정류장 하차 시간 6:00~19:00(월~토), 6:00~17:00(일) *상점마다 영업시간 다름 전화 808-521-4934

12세 때 하와이에 와서 자본주의의 힘을 깨달았다는 쑨원의 동상이 세워져 있는 오아후 차이나타운의 중심지 역할을 하는 곳이다. 레전드 시푸드 레스토랑Legend Seafood Restaurant이나 리 호 푹Lee Ho Fuk, 타이 판 딤섬Tai Pan Dim Sum 등 여러 중식당들이 이곳에 모여 있다. 또 엔 버레타니아 거리N Beretania St.를 건너면 나타나는 마우나케아 마켓플레이스Maunakea Marketplace는 깔끔하고 가격도 저렴해 많은 사람들이 식재료를 사러 오는 중국 시장이다. 이 일대 전체가 마치 작은 중국 마을처럼 조성돼 있어 와이키키 시내와 아주 다른 분위기를 풍기는 이국적인 모습에 많은 여행객들이 매력을 느낀다.

미국을 대표하는 체인 할인상점

월마트 Wallmart

주소 1032 Fort Street Mall, Honolulu, HI 96813 **위치** 2, 13번 버스 타고 사우스 호텔 스트리트+베델 스트리트(S Hotel St+Bethel St) 정류장 하차 **시간** 5:00~22:00(일~목), 5:00~23:00(금~토) **홈페이지** walmart.com **전화** 808-489-9836

없는 것 없이 전부 다 판다고 할 정도로 어마어마한 규모의 상점이다. 생필품부터 옷, 식자재, 간식, 장난감 등 오래 여행하는 사람이거나 슈퍼마켓에서 판매하는 과자 등으로 기념품을 사고 싶은 사람들에게 추천한다. 할인 행사도 잦고 여러 개를 묶어서 사면 특히 가격이 저렴하다. $20 이상을 구입하면 영수증 제시 시 주차장도 무료로 사용할 수 있다. 하와이 전역에 여러 지점이 있다.

착한 가격 옷 쇼핑

로스 드레스 포 레스 Ross Dress For Less

주소 1045 Fort Street Mall, Honolulu, HI 96813 **위치** 2, 13번 버스 타고 사우스 호텔 스트리트+베델 스트리트(S Hotel St+Bethel St) 정류장 하차 **시간** 7:00~21:00(월~목), 6:00~21:00(금), 6:00~20:00(토), 7:00~20:00(일) **홈페이지** rossstores.com **전화** 808-524-8550

미국 서른 개 이상의 주에서 1,200개 이상의 매장을 운영하고 있는, 미국에서 두 번째로 큰 할인 전문 매장 체인이다. 매의 눈과 빠른 손이 있다면 이월된 브랜드 의류를 말도 안 되는 가격에 득템할 수 있다. 신발과 화장품 등 의류 외 품목도 다양하고 특히 여행 캐리어를 좋은 가격에 살 수 있는 곳으로 유명하다. 월마트와 마찬가지로 하와이 전역에 여러 지점이 있다. 지점마다 재고가 아주 달라 보일 때마다 들어가 구경하는 재미가 있다.

세 개의 갤러리로 구성된 미술관

하와이 주립 미술관 Hawaii State Art Museum

주소 250 South Hotel St Second Floor, Honolulu, HI 96813 **위치** ①2, 13, E번 버스 타고 사우스 호텔 스트리트+알라케아 스트리트(S Hotel St+Alakea St) 정류장 하차 ②트롤리 레드 라인(Red Line) 타고 스테이트 캐피톨/이올라니 팰리스(State Capitol/Iolani Palace) 정류장 하차 **시간** 월~토: 10:00~16:00/ 매달 첫 주 금요일: 10:00~16:00, 18:00~21:00 **휴관** 공휴일 **요금** 무료 **홈페이지** hisam.hawaii.gov **전화** 808-586-0900, 808-586-9959

호텔과 YMCA 건물, 군 본부 등으로 사용되던 하와이주 지구 건물 No. 1 Capitol District 2층에 위치한다. 주민들을 위한 문화 공간으로 다양한 행사와 이벤트가 열리며 입장료도 무료라 다운타운 여행 중에 들러볼 만하다. 현지 예술가들과 공예가들의 작품을 판매하는 갤러리 숍도 있으며 월~금요일 아침과 점심 식사를 하기 좋은 박물관 카페도 추천한다. 다양한 주제의 미술 전시를 선보이며 특히 하와이 현지 예술가들의 현대 미술 전시에 중점을 두고 있다.

주정부의 주요 업무를 보는 곳
하와이주 청사 Hawaii State Capitol

주소 415 S Beretania St, Honolulu, HI 96813 **위치** ①2, 13, E번 버스 타고 사우스 버테니아 스트리트+펀치볼 스트리트(S Beretania St+Punchbowl St) 정류장 하차 ②트롤리 레드 라인(Red Line) 타고 스테이트 캐피톨/이올라니 팰리스(State Capitol/Iolani Palace) 정류장 하차 **홈페이지** www.capitol.hawaii.gov

1969년부터 이올라니궁을 대신해 사용되기 시작했다. 미국 연방정부와 의회가 선물한 자유와 민주주의를 상징하는 리버티 벨Liberty Bell이 버레타니아 스트리트Beretania Street 쪽 입구에 위치하며, 768개의 검은 대리석 비석들로 이루어진 한국 전쟁과 베트남 전쟁 참전 용사들을 기리는 추모비Korean and Vietnam War Memorial 구역이 따로 마련돼 있다.

Tip.

이터널 플레임 메모리얼 Eternal Flame Memorial

하와이주 청사 길 건너편 버레타니아 스트리트에 위치한 조용하고 엄숙한 분위기의 명소로, 1941년 12월 7일 있었던 진주만 공습을 기리는 군사 기념비도 보고 가자. 참전했던 하와이 주민들을 기리며 1944년 조성됐으며 이때부터 단 한 차례도 꺼지지 않고 계속해서 불길을 태우고 있다.

주소 356-, 420 S Beretania St, Honolulu, HI 96813 **위치** ①2, 13, E번 버스 타고 사우스 버테니아 스트리트+펀치볼 스트리트(S Beretania St+Punchbowl St) 정류장 하차 ②트롤리 레드 라인(Red Line) 타고 스테이트 캐피톨/이올라니 팰리스(State Capitol/Iolani Palace) 정류장 하차

로맨틱한 포토 장소

알로하 타워 Aloha Tower

주소 155 Ala Moana Blvd, Honolulu, HI 96813 위치 ①2, 3, 19번 버스 타고 사우스 호텔 스트리트+비숍 스트리트(S Hotel St+Bishop St) 정류장 하차 ②트롤리 레드 라인(Red line) 타고 차이나타운(Chinatown) 정류장 하차 시간 9:00~17:00 홈페이지 alohatower.com 전화 808-544-1453

1926년 당시로써는 천문학적인 금액이었던 16만 달러의 공사비를 들여 세운 하와이 고딕 양식 등대로, 현재까지도 호놀룰루 항구의 9번 항에서 밤마다 조명을 밝게 비추는 역할을 하고 있다. 호놀룰루로 입항하는 수많은 이민자들을 가장 먼저 맞이해 주던 아이콘이기도 하다. 10층 높이(56m)의 큰 키에 깃대(12m)까지 더해져 하와이에서 가장 키가 큰 건축물 중 하나로 꼽힌다. 전망대에 올라 항구와 시내의 풍경을 감상할 수 있다.

Tip.

낭만적인 스타 오브 호놀룰루 크루즈 Star of Honolulu

하와이 최대 규모의 일몰 디너 크루즈인 스타 오브 호놀룰루는 호놀룰루 8번 항에서 출항해 다이아몬드 헤드까지 저녁 식사를 먹으며 아름다운 석양을 감상하는 크루즈 프로그램을 선보인다. 잊지 못할 낭만적인 하와이에서의 저녁을 맞고자 하는 연인들이 오아후 여행 중 꼭 타 보는 배로, 금요일 밤에는 1시간 더 물 위에 머무르며 불꽃놀이까지 감상할 수 있다.

주소 Pier 8, Aloha Tower Marketplace, 1 Aloha Tower Dr, Honolulu, HI 96813 위치 2, 3, 19번 버스 타고 사우스 호텔 스트리트 비숍 스트리트(S Hotel St+Bishop St) 정류장 하차 요금 퍼시픽 스타 선셋 뷔페 & 쇼 크루즈: $97(성인), $58(아동) 홈페이지 www.starofhonolulu.com 전화 808-983-7730

알로하 타워가 위치한 다목적 공간

알로하 타워 마켓플레이스 Aloha Tower Marketplace

주소 1 Aloha Tower Dr, Honolulu, HI 96813 위치 ①2, 3, 19번 버스 타고 사우스 호텔 스트리트+비숍 스트리트((S Hotel St+Bishop St) 정류장 하차 ②트롤리 레드 라인(Red line) 타고 차이나타운(Chinatown) 정류장 하차 시간 9:00~21:00(월~토), 9:00~18:00(일) *상점마다 영업시간 다름 홈페이지 alohatower.com 전화 808-544-1453

2050년까지 하와이가 살고 일하고 놀기에 지속 가능한 섬이 되도록 하는 목표를 담아 조성했다. 알로하 타워를 중심으로 항구 주변과 다운타운에서 시간을 보내고 마켓플레이스에서의 쇼핑을 즐기도록 하는 것이 목표이나 바람만큼 활성화되지는 않아 꽤 한산한 편이다. 2, 3층은 로프트로 거주민이 이용하고, 1층에는 후터스Hooters나 올드 스파게티 팩토리The Old Spaghetti Factory와 같은 식당들과 반스 앤 노블 컬리지 스토어Barnes & Noble College Store 등 여러 상점들이 입점돼 있다. 하와이 태평양 대학Hawaii Pacific University 재학생들은 거주 혜택을 누릴 수 있어 젊고 활기찬 분위기가 풍긴다.

백종원이 추천한 하와이 최고 포케집
니코스 피어 38 Nico's Pier 38

주소 1129 N Nimitz Hwy, Honolulu, HI 96817 **위치** ①19, 20번 버스 타고 니미쓰 하이웨이+알라카와 스트리트(Nimitz Hwy +Alakawa St) 정류장 하차 ②트롤리 퍼플 라인(Purple Line) 타고 피셔 서티에잇 피싱 빌리지(Pier 38 Fishing Village) 정류장 하차 **시간** 6:30~21:00(월~토), 10:00~21:00(일) **가격** $18.50(참치구이), $19(홍합 찜) **홈페이지** nicospier38.com **전화** 808-540-1377

2004년 개점해 하와이에서 잡히는 신선한 생선들을 이용한 다양한 해산물 요리를 선보이는 식당이다. 본인의 이름을 걸고 장사하는 니코가 직접 아침마다 전문가들과 함께 그날 쓸 생선을 하나하나 고른다. 프랑스인 셰프 니코는 프랑스와 하와이 요리법을 모두 사용한다. 생선 시장과 바도 갖추고 있어 식사 시간이 아닐 때 와서 간단히 맥주나 와인을 한잔해도 좋고, 포장 메뉴도 따로 판매한다. 〈스트리트 푸드 파이터〉라는 프로그램에서 요리 연구가 백종원이 이곳의 참치와 포케를 먹고 극찬하기도 하여 나날이 한국 여행자들에게 인기가 높아지고 있다.

쫄깃한 도넛과 각종 제빵류가 있는 대형 베이커리

릴리하 베이커리 Liliha Bakery

주소 580 N Nimitz Hwy, Honolulu, HI 96817, USA **위치** ①19번 버스 타고 릴리하 스트리트+쿠아키니 스트리트(Liliha St+Kuakini St) 정류장 하차 ②트롤리 레드 라인(Red line) 타고 차이나타운(Chinatown) 정류장 하차 **시간** 6:00~22:00(일~목), 6:00~22:00(금~토) **홈페이지** www.lilihabakery.com **전화** 808-537-2488

1950년대부터 영업해 온 대형 다이너 겸 빵집으로 퍼프puff(다양한 맛의 커스터드 크림을 채워 넣은 슈크림빵)와 포이 모찌 도넛poi mochi donut으로 유명하다. 매일 신선한 빵을 판매하기 위해 새벽 2시면 오븐을 켜고 바쁘게 빵 반죽을 넣는다. 들어서면 예스러운 인테리어가 세월을 짐작케 하는데, 오픈 시간부터 아침에 먹을 빵을 사러 오는 동네 사람들로 바쁘다. 바나나 팬케이크, 수프 등 아침, 브런치 메뉴 종류가 다양하고 맛있다. 알라 모아나 센터 등 오아후에 네 개 지점이 있다.

하와이 문화를 더욱 깊게 알 수 있는 곳

비숍 박물관 Bishop Museum

주소 1525 Bernice St, Honolulu, HI 96817 **위치** ①와이키키 중심부에서 차로 20분(주차는 차 1대당 $5) ②쿠히오 애비뉴(Kūhiō Avenue) 정류장에서 스쿨 스트리트/미들 스트리트(School St./Middle St.)행 2번 버스 타고 1시간 ③트롤리 퍼플 라인(Purple Line) 타고 비숍 뮤지엄(Bishop Museum) 하차 **시간** 9:00~17:00 **휴관** 부활절, 12월 25일 **요금** $24.95(성인), $21.95(65세 이상), $16.95(4~17세), 무료(4세 미만) **홈페이지** www.bishopmuseum.org **전화** 808-847-3511

1889년 찰스 리드 비숍Charles Reed Bishop이라는 사람이 세상을 떠난 부인, 베르니스 파우아히 비숍 공주를 기리기 위해 세웠다. 공주의 개인 소장품과 하와이 관련한 다양한 전시품을 선보인다. 하와이 신들과 전설, 믿음과 고대 생활을 보여 주는 1층 카이 아케아Kai Ākea와 사람들의 일상생활을 보여 주는 와오 카나카Wao Kanaka, 하와이 주요 역사를 배우는 신들의 공간 와오 라니Wao Lani까지 총 3층으로 이루어진 하와이안 홀Hawaiian Hall과 문화적인 보물과 예술품, 퍼시픽Pacific 사람들의 고고학과 전통, 언어를 알려 주는 2층으로 된 퍼시픽 홀Pacific Hall, 19세기 하와이 미술품 전시관과 왕족 컬렉션, 하와이 고유종들이 모여 있는 정원, 과학 어드벤처 센터 등으로 이루어져 매우 다양하고 풍부한 전시를 볼 수 있다. 환상적인 밤하늘을 감상할 수 있는 천문대도 있다. 일반 입장권 소유자에 한해 $2.95 추가 요금을 지불하고 입장 가능하다.

Hawaiian Hall interior ©Bishop Museum

Bishop Museum Interior of Hawaiian Hall_Sperm whale shot_©Travis Okimoto

©Jesse Stephen

중가 브랜드부터 명품까지 할인 쇼핑

와이켈레 프리미엄 아웃렛 Waikele Premium Outlets

주소 94-790 Lumiaina St, Waipahu, HI 96797 **위치** ①와이키키 중심에서 차로 40분 ②하와이 현지 한인 여행사인 '가자 하와이(gajahawaii.com) 등을 이용해(왕복 $10) 유료 셔틀 서비스 이용(업체별로 정차하는 호텔이나 와이키키 명소가 상이하니 숙소와 가장 가까운 곳을 알아보고 이용하면 좋다) **시간** 9:00~21:00(월~토), 10:00~18:00(일) *매장별 영업시간 다름 **홈페이지** www.premiumoutlets.com/outlet/waikele **전화** 808-676-5656

명품보다는 캘빈 클라인Calvin Klein, 케이트 스페이드Kate Spade, 토리 버치Tory Burch, 게스Guess, 아디다스Adidas, 마이클 코어스Michael Kors, 코치Coach, 랄프 로렌Ralph Lauren과 같은 중가 미국 브랜드들을 저렴하게 살 수 있는 아웃렛으로 유명하다. 특히 코치는 미국 아웃렛에서 한 번 쇼핑하고 나면 한국에서는 절대 살 수 없을 정도로 가격 차이가 엄청나다. 와이키키 시내 중심에서 출도착하는 셔틀이 있어 뚜벅이 여행자도 쉽게 다녀올 수 있고, 여러 호텔에서 차량을 연계해 주기도 한다. 아웃렛 인포메이션 센터에서 배부하는 쿠폰을 이용하면 더욱 저렴하게 쇼핑할 수 있다.

©Hawaii Tourism Authority, Tor Johnson

진주만

Pearl Harbor

19세기 이전 진주조개 수확지였기에 이렇게 우아한 이름을 갖게 된 진주만은 미국의 유일한 국가 사적지로 지정된 해군 기지로, 제2차 세계대전 중 1941년 12월 7일 일본군의 갑작스러운 공습으로 2천여 명이 넘는 사망자와 수백 명의 부상자를 비롯해 큰 피해를 입었다. 이 공습은 미국이 제2차 세계대전에 참전하게 된 계기가 되어 일본의 패착으로 귀결됐다. 아름다운 땅에서

벌어졌던 처참했던 일을 잊지 않고 희생자들을 기리고자 박물관과 기념관이 조성돼 있다.

주소 1 Arizona Memorial Pl, Honolulu, HI 96818 **위치** ①20, 42번 버스 타고 애리조나 메모리얼(Arizona Memorial) 정류장 또는 A번 버스 카메하메하 하이웨이+칼랄로아 스트리트(Kamehameha Hwy+Kalaloa St) 정류장 하차 ②트롤리 퍼플 라인(Purple Line) 타고 펄 하버(Pearl Harbor) 정류장 하차 **홈페이지** pearlharborhistoricsites.org **전화** 808-422-3399

Best Course

KCC 파머스 마켓(아침)

도보 5분 + 트레킹 시간

다이아몬드 헤드(트레킹)

2, 23번 버스 타고 12분

몬사랏 애비뉴(브런치)

차로 27분

와이켈레 프리미엄 아웃렛

51번 버스로 46분 또는 차로 16분

진주만

42번 버스로 1시간 또는 차로 24분

와이키키 중심부

도보 5분

치즈케이크 팩토리(저녁)

USS 보우핀 잠수함 박물관 & 공원
USS Bowfin Submarine Museum & Park
진주만 비지터 센터
Pearl Harbor Historic Sites Visitor Center
USS 애리조나 기념관
USS Arizona Memorial
USS 오클라호마 기념관
USS Oklahoma Memorial
전함 미주리호 기념관
Battleship Missouri Memorial
진주만 항공 우주 박물관
Pearl Harbor Aviation Museum

태평양 위를 날았던 모든 항공기들을 볼 수 있는 곳

진주만 항공 우주 박물관 Pearl Harbor Aviation Museum

시간 9:00~17:00 **휴관** 추수 감사절, 크리스마스, 1월 1일 **요금** $25(성인), $12(4~12세) **홈페이지** www.pearlharboraviationmuseum.org **전화** 808-423-1341

1999년 개관한 비영리 박물관으로, 태평양 항공사 70년을 다룬다. 그중 진주만 공습과 제2차 세계대전과 관련한 항공기 전시가 주가 된다. 200여 명이 입장 가능한 극장에서 공습 생존자들의 인터뷰를 비롯한 짧은 안내 영상을 본 다음 전시관으로 들어서면 50여 대의 항공기를 볼 수 있다. 전쟁 중 남은 총알 자국과 폭발물 크레이터 등이 고스란히 보존돼 있어 당시의 참상을 짐작케 한다. 360도 시뮬레이터로 직접 항공기를 운행하는 기분을 느껴 볼 수도 있고, 박물관이 위치한 군사기지 포드섬Ford Island도 셔틀로 다녀올 수 있다. 보안 이유로 가방을 소지하고 돌아볼 수 없어 입장 전 보증금($5)을 내고 소지품을 맡겨야 한다. 박물관을 전부 돌아보는 데에는 약 1~2시간 정도 소요된다. 한국어를 포함한 무료 오디오 가이드를 제공한다.

진주만 공습 중 가장 피해가 컸던 선박을 기리며

USS 애리조나 기념관 USS Arizona Memorial

시간 7:00~17:00 **요금** 무료(기념관), $1.50(보트, 미리 예약해야 탑승 가능. 홈페이지에서 2달 전부터 예약 가능) *진주만 비지터 센터에서 매일 1,300 장의 티켓을 판매하기도 하여 일찍 가면 예약 없이 표 구매 가능(하루 약 4천 명 방문) **홈페이지** www.nps.gov/valr **전화** 808-422-3399

공습 때 가장 많은 사상자를 낸 USS 애리조나. 사상자의 절반 이상이 USS 애리조나에 올라 있던 선원들이었다. 공습 당일, 약 800kg의 폭탄이 떨어져 이 대형 선박이 현재 위치에 가라앉게 만들었다. 기념관은 배를 이동하지 않고 그 위치 그대로 보존해 조성됐다. 진주만 공습에 대한 소개 영상을 상영하는 진주만 비지터 센터Pearl Harbor Visitor Center에서 출항하는 보트를 타고 기념관으로 이동해 돌아보게 되며 2019년 기을까지 보수 공사를 진행해 재개관했다. 모두 돌아보는 데에는 약 75분이 소요된다.

©Hawaii Tourism Authority, Tor Johnson

해수면 아래에서도 치열했던 전쟁의 흔적

USS 보우핀 잠수함 박물관 & 공원 USS Bowfin Submarine Museum & Park

시간 7:00~17:00 휴관 추수 감사절, 성탄절, 1월 1일 요금 $15(일반), $7(4~12세) *4세 이하는 안전 이유로 출입 금지, 한국어 포함 무료 오디오 가이드 제공 홈페이지 www.bowfin.org

'진주만 어벤저Pearl Harbor Avenger'라는 이름으로도 불렸던 이 잠수함은 제2차 세계대전에 사용된 288개의 미국 잠수함 중 하나로 현재 내부에 들어가 돌아볼 수 있도록 대중에게 개방했다. 바다 아래에서 일어났던 전쟁에 관련한 전시를 볼 수 있으며 전쟁 중 목숨을 잃은 잠수함 선원들을 기리는 기념비도 볼 수 있다. 선원들이 잠을 자던 곳과 엔진 룸 등이 잘 보존돼 있다. 전부 돌아보는 데에는 약 1시간 정도 소요된다.

제2차 세계대전의 종전을 가장 처음 맞이한 곳

전함 미주리호 기념관 Battleship Missouri Memorial

시간 8:00~16:00 **휴관** 추수 감사절, 성탄절, 1월 1일 **요금** $29(마이티 모 패스[일반 입장권]) **홈페이지** www.ussmissouri.org **전화** 808-455-1600

1945년 9월 2일, 맥아더 장군이 일본의 항복을 받아들이고 제2차 세계대전이 실실적으로 종료된 곳은 바로 이 전함 위였다. 현재 진주만의 배틀십 로우Battleship Row에 위치한 이 기념관은 살아 있는 박물관으로, 50여 년간 세 번의 전쟁에 참전한 6만 톤 무게의 거대한 전함의 역사를 알리고 있다. 노이는 약 20층, 길이는 축구장 세 개만 한 전함에 올라 종전에 대한 기록을 살펴보고 맥아더 장군이 올랐던 항복의 갑판에도 서 볼 수 있다. 투어를 신청해 제한 구역에도 들어가 볼 수 있다. 모두 돌아보는 데에는 약 2~3시간 소요된다.

ⒸHawaii Tourism Authority, Tor Johnson

전쟁에 희생된 목숨들을 위로하는 곳

USS 오클라호마 기념관 USS Oklahoma Memorial

시간 8:00~16:00(하절기 8:00~17:00)

12분 안에 3만 5천 톤에 육박하는 이 거대한 전함을 가라앉힌 진주만 공습에서 목숨을 잃은 429명의 USS 오클라호마 선원들을 기리는 기념관이다. 공습 이틀 후 가까스로 구출된 32명을 제외하고 수많은 목숨이 쓰러졌다. 2007년 12월 7일 개관했으며, USS 애리조나 기념관 비지터 센터 위쪽에 위치한 셔틀 티켓을 구매해 찾을 수 있다. 꼼꼼히 기념관을 돌아보는 데에는 약 1시간이 소요된다.

Tip.
진주만 패스포트(모든 진주만 볼거리 입장 가능): $72(성인), $35(4~12세)

이스트 쇼어

East Shore

하와이 카이와 윈드워드 등의 지역으로 이루어진 길고 구불구불한 오아후섬 동쪽 해안가다. 오아후에서 가장 인기 있는 명소들이 모여 있지만 워낙 방대해 교통 체증은 느낄 수 없다. 부지런하게 일찍 일어나면 시원하게 바

닷길을 달려 원하는 해변을 독차지할 수 있다. 아침 햇살이 지평선에 닿는 순간의 반짝임은 어디에도 견줄 수 없으니 부지런히 동쪽으로 달려 보자. 바다뿐 아니라 맛집과 볼거리도 곳곳에 있어 지루할 틈 없이 보고, 먹고, 쉴 수 있다. 하와이에서 우리가 바라는 모든 낭만을 충족시키는 곳이니, 특별한 일정이 없다면 우선 동쪽 해안가로 달려가라.

Best Course

하나우마 베이

차로 7분 〉 45분

할로나 블로우홀 전망대

차로 50분

쿠알로아 랜치(점심)

차로 30분

카일루아 비치 파크

차로 23분

보도인 사원

차로 38분

코코 마리나 센터(저녁)

Tip.

금요일 밤이라면 힐튼 호텔의 불꽃놀이를 놓치지 말자.

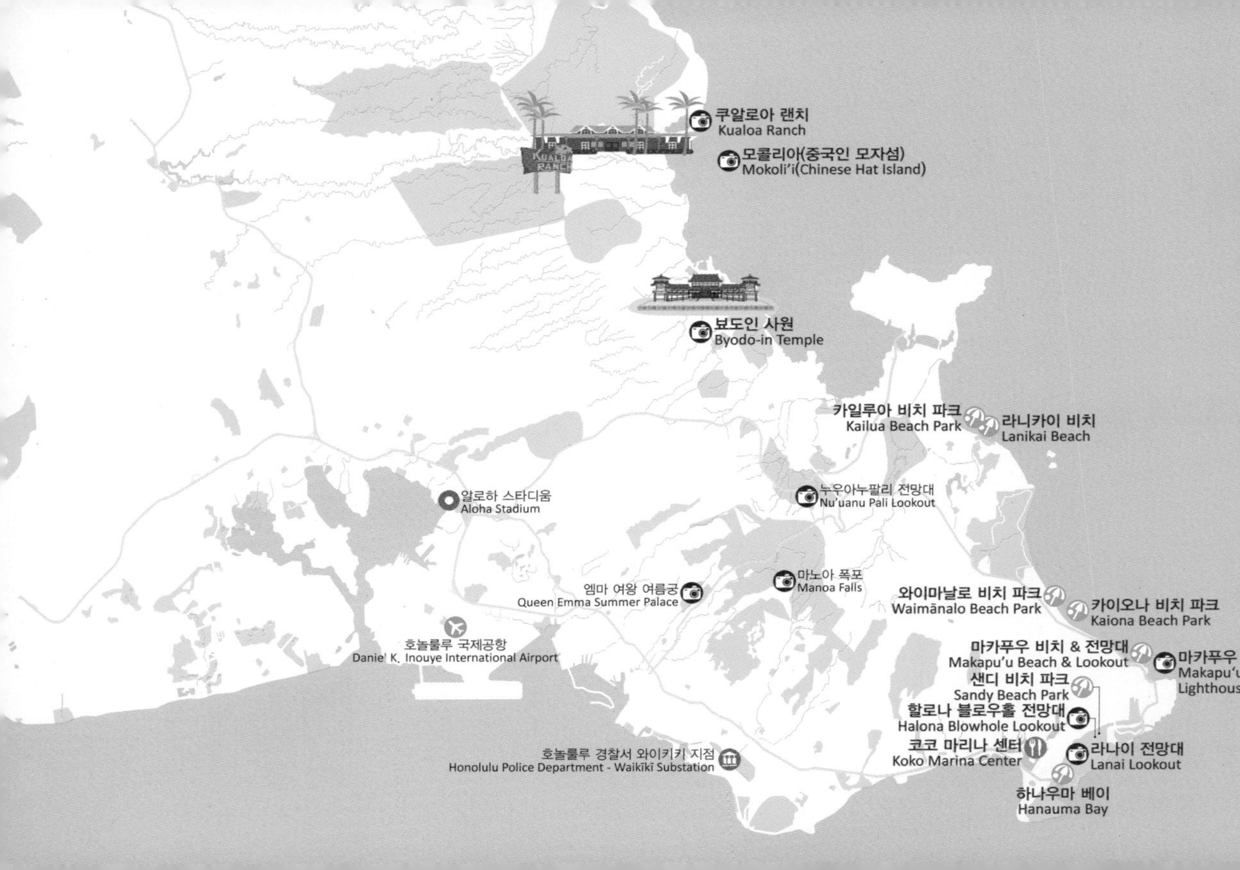

쿠알로아 랜치
Kualoa Ranch
모콜리아(중국인 모자섬)
Mokoli'i(Chinese Hat Island)
뵤도인 사원
Byodo-in Temple
카일루아 비치 파크
Kailua Beach Park
라니카이 비치
Lanikai Beach
알로하 스타디움
Aloha Stadium
누우아누팔리 전망대
Nu'uanu Pali Lookout
마노아 폭포
Manoa Falls
엠마 여왕 여름궁
Queen Emma Summer Palace
와이마날로 비치 파크
Waimānalo Beach Park
카이오나 비치 파크
Kaiona Beach Park
호놀룰루 국제공항
Daniel K. Inouye International Airport
마카푸우 비치 & 전망대
Makapu'u Beach & Lookout
마카푸우 포인트 등대
Makapu'u Point
Lighthouse Trail
샌디 비치 파크
Sandy Beach Park
할로나 블로우홀 전망대
Halona Blowhole Lookout
호놀룰루 경찰서 와이키키 지점
Honolulu Police Department - Waikīkī Substation
코코 마리나 센터
Koko Marina Center
라나이 전망대
Lanai Lookout
하나우마 베이
Hanauma Bay

차를 타고 5분만 이동하면 전혀 다른 분위기의 해변들을 만날 수 있는 무한 매력의 오아후 동쪽 해안가. 72번 도로를 따라 달리면서 마음이 내키는 대로 차를 세우고 내려 바다와 시간을 보내는 것만큼 알차고 행복한 날이 없을 것이다.

하나우마 베이
Hanauma Bay

산호초 사이로 수영하며 열대 물고기를 구경할 수 있는 멋진 스노클링 포인트다. 하와이에서 스노클링을 할 수 있는 곳이 많지 않아 맑고 수면 얕은 하나우마 베이는 여행자들에게 가장 인기가 많은 해변 중 하나다. 그만큼 새벽같이 일어나 아침 개장 시간에 맞춰 와야 원하는 곳에 자리를 잡고 붐비고 시끄럽지 않은 하나우마를 즐길 수 있다. 너무 많은 인원이 몰리면 입장을 제한하기 때문에 대기했다가 입장하는 경우도 있어 여러모로 일찍 찾을 것을 추천한다. 베이에 도착하면 가장 먼저 해야 하는 것은 교육 비디오 시청이다. 1년 안에 다시 올 예정이면 이름 등 정보를 남기고, 재방문 때는 이 영상을 다시 보지 않아도 된다. 해양생물 보호 구역인 하나우마 베이의 해양 생태계와 보존의 중요성 등에 대해 간단히 배우는 영상을 보고 나면 베이로 내려갈 수 있다. 길지 않은 거리지만 경사가 있어 미니 트램을 운행한다.

주소 7455 Kalaniana'ole Hwy, Honolulu, HI 96825 **위치** ① 와이키키 중심에서 차로 25분 ②1번 버스 타고 22번 버스타고 하나우마 베이 내추럴 파크(Hanauma Bay Nature Park) 정류장 하차 ③트롤리 블루 라인(Blue Line)은 하차는 불가며 5분 동안 사진만 찍고 다시 출발 ④여름 시즌에 와이키키 왕복 셔틀 운행(홈페이지 참조/ $25[13세 이상], $22[3~12세]) **시간** 6:00~18:00(수~월) **요금** $7.50(입장료), 무료(12세 이하), $1(트램 하행), $1.25(상행), $1(주차장) **홈페이지** hanaumabaystatepark.com **전화** 808-396-4229

Tip.

라나이 전망대 Lanai Lookout

맑은 날이면 이웃 섬 라나이가 보인다는 전망대. 하나우마 베이에서 얼마 떨어지지 않아 신나게 물놀이를 즐기고 조금만 이동하면 멋진 파노라마 절경을 감상하기 좋은 포인트니 들러 보자. 층층이 각기 다른 색으로 쌓여 있는 절벽에 밀려와 부딪혀 부서지는 파도의 모습이 멋져 연이어 셔터를 누르게 된다.

주소 8102 Kalaniana'ole Hwy, Honolulu, HI 96825 **위치** 하나우마 베이에서 차로 6분 또는 도보 25분 **전화** 808-373-8013

샌디 비치 파크
Sandy Beach Park

1953년 영화 〈지상에서 영원으로Here to Eternity〉의 촬영지이자 모델 한혜진이 셀프 화보 촬영했던 곳, 오바마 전 대통령이 휴가 때 해수욕을 즐겼던 곳인 샌디 비치는 바다를 진정으로 좋아하는 사람이라면 하와이 최고의 해변으로 꼽을 만한 곳이다. 푸르고 푸른, 맑은 물빛과 대리석처럼 반들한 고운 모래 사장과 높은 파도가 대조적인 아름다움을 이룬다. 격한 파도에 뛰어드는 실력 있는 서퍼들도 자주 찾는다.

주소 8801 Kalaniana'ole Hwy, Honolulu, HI 96825 **위치** ①22번 버스 타고 칼라니아나올레 하이웨이+샌디 비치(Kalanianaole Hwy+Sandy Beach) 정류장 하차 ②와이키키 중심에서 차로 25분 ③트롤리 블루 라인(Blue Line) 하차 불가, 사진 촬영만 가능 **시간** 8:00~22:00 **전화** 808-373-8013

Tip.

할로나 블로우홀 전망대 Holona Blowhole Lookout

샌디 비치 파크 가는 길에 만날 수 있는 장관이다. 용암과 파도의 침식 작용으로 자연스레 형성된 구멍을 통해 최대 5m 높이로 솟구치는 바닷물을 볼 수 있다.

주소 8483 HI-72, Honolulu, HI 96825 **위치** ①샌디 비치 파크에서 도보 9분 또는 차로 3분 ②트롤리 블루 리인(Blue Line)

와이마날로 비치 파크
Waimānalo Beach Park

5km가 넘는 긴 해변으로, 여름에는 잔잔한 바다와 곱고 넓은 모래사장을 즐기러 오는 사람들에게, 겨울에는 높은 파도를 즐기는 서퍼들에게 사랑받는다. 바비큐 그릴과 샤워장, 화장실 등 시설도 완비돼 있고, 10개의 캠핑장과 3개의 야구장 등 레저와 스포츠를 좋아하는 활동적인 여행자라면 와이마날로에서 신나게 뛰어 보자. 물론 책 한 권을 들고 종일 누워 태닝을 하거나 이른 아침의 고요한 바다 풍경을 감상하러 오는 사람들에게도 추천한다.

주소 41-741 Kalaniana'ole Hwy, Waimanalo, HI 96795 **위치** ①23, 57번 버스 타고 나키니 스트리트+알라 코아 스트리트(Nakini St+Ala KOA St) 정류장 하차 ②와이키키 중심에서 차로 30분 **시간** 7:00~18:00 **전화** 808-259-9106

카일루아 비치 파크
Kailua Beach Park

미국 최고의 해변으로 꼽힌 천국 같은 곳이다. 일조량과 수질, 모래의 품질 등 50여 개의 요소를 기준으로 삼고 해마다 미국 최고의 해변 10개를 선정하는 닥터 비치Dr. Beach가 2019년 최고의 해변으로 꼽은 것이 바로 여기, 카일루아 비치 파크다. 물감을 풀어놓은 듯 그라데이션되는 에메랄드빛 바다가 감탄만을 자아낸다.

주소 526 Kawailoa Rd, Kailua, HI 96734 **위치** ①67번 버스 타고 워나오 로드+아와케아 로드(Wanaao Rd+Awakea Rd) 정류장 하차 ②와이키키 중심에서 차로 40분 **시간** 5:00~22:00 **전화** 808-266-7652

라니카이 비치
Lanikai Beach

하와이어로는 '천국 같은 바다'라는 이름의 이 해변은 카일루아 바로 옆, 이스트 쇼어의 부촌에 위치한다. 곱고 밝은 모래사장과 청록빛 물이 특징으로, 해변으로 내려가는 길에서 보이는 모습도 무척 예쁘다. 주차 공간이 협소해 카일루아나 주변 공영주차장에 차를 대고 걸어오는 사람들, 자전거로 이 일대를 여행하는 사람들이 많다.

주소 Kailua, HI 96734 **위치** ①70, 671번 버스 타고 모쿨루아 드라이브+옵 캐레풀루 드라이브(Mokulua Dr+Opp Kaelepulu Dr) 정류장 하차 ②와이키키 중심에서 차로 40분 **전화** 808-261-2727

마카푸우 비치 & 전망대
Makapu'u Beach & Lookout

토끼섬Rabbit Island이 보이는 작은 해변과 전망대다. 일출이 예쁘기로 소문나 아침 일찍 부지런히 찾아오는 사람들도 많다.

주소 Kalaniana'ole Hwy, Waimanalo, HI 96795 **위치** ① 22번 버스 타고 시 라이프 파크(Sea Life Park) 정류장 하차 ② 와이키키 중심에서 차로 25분 **전화** 808-464-0840

카이오나 비치 파크
Kaiona Beach Park

여행자들보다는 하와이 주민들이 즐겨 찾는 작은 해변이다. 상대적으로 조용하고 맑아 바다를 독점하고 싶은 기분이 든다면 평일에 이곳을 찾아가자. 솜사탕 같은 구름 아래 끝없이 펼쳐져 있는 청색 바다를 보고 있노라면 더 바랄 것이 없어진다.

주소 Kalaniana'ole Hwy, Waimanalo, HI 96795 **위치** ① 67, 69번 버스 타고 칼라니아나올레 하이웨이+카이오나 비치(Kalanianaole Hwy+Kaiona Beach) 정류장 하차 ②와이키키 중심에서 차로 30분 **시간** 5:00~22:00 **전화** 808-979-1194

Tip.

하이킹도 좋아요!

1909년에 세워진 마카푸우 포인트 등대Makapu'u Point Lighthouse Trail에도 올라 보자. 하이킹 루트도 표지판으로 잘 안내가 되어 있어 바다보다 산이 더 좋은 사람이라면 마카푸우에서 출발해 펠레의 의자Pele's Chair를 지나 샌디 비치 파크 방향으로 이어지는 하이킹 루트를 따라가 보자.

* 펠레의 의자: 하와이어로는 '닭의 절벽'이라는 뜻의 카팔리오카모아Kapaliokamoa라고도 불리는 펠레의 의자는 하와이 화산의 여신 펠레가 앉았다 간 곳이라 부르는 바다 위로 솟아 있는 용암 바위를 말한다.

©Hawaii Tourism Authority (HTA), Tor Johnson

하루 종일 놀아도 부족한 곳
쿠알로아 랜치 Kualoa Ranch

주소 49-560 Kamehameha Hwy, Kaneohe, HI 96744 **위치** ①55, 60번 버스 타고 카메하메하 하이웨이+옵 쿠알로아 랜치(Kamehameha Hwy+Opp Kualoa Ranch) 정류장 하차 ②와이키키 중심에서 차로 40분 ③여러 호텔 앞 정류장에서 왕복 버스 픽업 진행(요금: $15/ 랜치 프로그램 예약 시: $10) **시간** 7:30~18:30 **홈페이지** www.kualoa.com, blog.naver.com/kualoaranch **전화** 800-231-732, 808-237-7321

바다에서 뛰노는 것 말고 역동적이고 활기찬 하와이스러운 하루를 보내고 싶다면 쿠알로아 랜치로 가자. 8대째 하와이 토박이인 게릿 P. 저드 박사 가문 소유의 대규모 목장인 쿠알로아는 1850년 약 1,619헥타르나 되는 부지에 목장을 열었다. 아름다운 생태계를 개발 없이 그대로 보존하는 것을 목표로 다양한 레크리이션과 땅 위, 물 위에서의 프로그램을 운영한다. 쿠알로아는 고대 하와이인들이 오아후섬에서 가장 성스러운 땅으로 여겼던 곳으로, 그 신비롭고도 울창한 자연의 매력에 견줄 곳이 없어 〈쥬라기 공원〉, 〈쥬만지〉, 〈고질라〉 등 50여 편의 영화와 TV 드라마를 이곳에서 촬영하기도 했다. 대표적인 랜치의 프로그램들로는 2시간 카약 어드벤처(성인: $109.95/ 아동: $89.95), 1시간 ATV 투어($87.95), 승마 체험(1시간: $87.95/ 2시간: $134.95), 인근 작은 섬의 해변에서 워터 레저를 즐기는 시크릿 아일랜드 비치 액티비티(성인: $47.95/ 아동: $36.95), 정글 지프 투어(성인: $47.95/ 아동: $36.95), 영화와 TV 로케이션 투어 90분(성인: $47.95/ 아동: $36.95), 짚라인($165.95) 등이 있다. 여러 인기 프로그램을 묶어 이용 가능한 패키지 상품들도 다양하게 준비돼 있다. 하와이 여행의 필수 코스로 자리 잡은 지 오래며 인기가 많아 2~3주 전에는 홈페이지, 전화를 통해 예약을 하는 것을 추천한다. 한국 블로그도 따로 있어 여러 프로그램의 자세한 후기와 사진을 보고 궁금한 점은 질문도 할 수 있다. 랜치에서 직접 기르는 여러 식재료를 이용한 맛있는 음식도 판매해 식사도 따로 준비할 필요 없이 랜치에서 할 수 있다.

Tip.

중국인 모자섬 Chinese Hat Island

원래 이름은 모콜리이Mokoli'i지만 모두가 중국인 모자섬이라고 부르는, 중국인이 썼을 법한 모자 모양으로 생긴 귀여운 섬이다. 재미난 이름 때문인지 유명한 포토 장소가 되어 모자섬 앞에서 기념사진을 찍는다. 쿠알로아 랜치 높은 언덕 쪽에서 특히 잘 보인다.

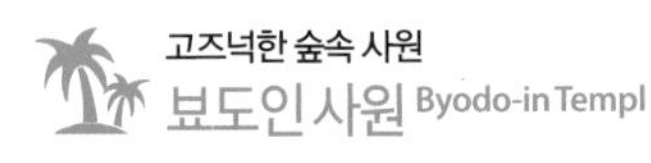

고즈넉한 숲속 사원
보도인 사원 Byodo-in Templ

주소 47-200 Kahekili Hwy, Kaneohe, HI 96744 위치 ①65번 버스 타고 휘 아이와 스트리트+휘알라이아하 플레이스(Hui IWA St+Hui Alaiaha Pl) 정류장 하차 ②와이키키 중심에서 차로 35분 시간 8:30~17:00 요금 $45(13~64세), $4(65세 이상), $2(2~12세) *현금만 가능 홈페이지 www.byodo-in.com 전화 808-239-8811

1968년, 일본인의 하와이 이주 100주년을 기념해 교토에 있는 900년 된 사원을 그대로 옮겨 놓은 곳이다. 높이 9m 부처상과 여러 정원, 연못이 위치한 밸리 오브 더 템플스Valley of the Temples 부지 내에 위치하며 이곳이 매우 넓고 주차 공간도 넓어 산책하는 기분으로 일대를 돌아보기에 좋다. 바다 구경을 하며 드라이브를 하다 꽃과 나무 내음을 맡고 숨을 돌리기 좋은 곳이다. 사원 안을 돌아보려면 신발을 벗어야 하고, 미리 요청해 가이드 투어로 돌아볼 수도 있다.

보트들이 정박돼 있는 한적한 맛집 모임터
코코 마리나 센터 Koko Marina Center

주소 7192 Kalaniana'ole Hwy A-143, Honolulu, HI 96825 **위치** ①22번 버스 타고 카라니아나올레 하이웨이+포트록 로드(Kalanianaole Hwy+Portlock Rd) 정류장 하차 ②와이키키 중심에서 차로 20분 ③트롤리 블루 라인(Blue Line) 타고 코코 마리나 센터(Koko Marina Center) 정류장 하차 **시간** 7:00~22:00 *매장마다 영업시간 다름 **홈페이지** kokomarinacenter.com

시원한 생맥주가 맛있기로 유명한 빅아일랜드의 로컬 맥주 브랜드인 코나 브루잉 컴퍼니Kona Brewing Company, 쫄깃한 찹쌀떡이 들어간 아이스크림을 판매하는 버비스 홈메이드 아이스 크림 앤 디저트Bubbies Homemade Ice Cream & Desserts, 그리고 소피스 고메 하와이안 피자리아Sophie's Gourmet Hawaiian Pizzeria 유명 셰프 로이 야마구치의 하와이 요리 전문 식당인 더 오리지널 로이스 인 하와이 카이The Original Roy's in Hawaii Kai 등이 모여 있다. 세이프 웨이와 월 그린스 같은 대형 마트도 있고 영화관도 있다. 하나우마 베이와 샌디 비치 파크를 갈 때 식사나 간단한 쇼핑을 하러 들르기 좋은 위치에 있다.

노스 쇼어

North Shore

와이키키 시내에서 가장 멀지만 가장 자주 가고 싶은 동네는 아마 노스 쇼어가 아닐까. 오동통한 새우들이 지글지글 익는 푸드 트럭들이 줄지어 서 있고, 파도의 고저가 다양한, 일출부터 일몰까지 들어가 나오고 싶지 않은 숨

©The Polynesian Cultural Center

막히듯 아름다운 해변들은 열 손가락으로 셀 수 없을 정도로 많다. 아쉬움을 물기와 함께 탈탈 털고 해변에서 벗어나 아기자기하고 알록달록한 할레이바 마을을 구경하고 파인애플 향 가득한 돌 플랜테이션까지 봐야 오아후의 북부를 확실히 여행했다 할 수 있다.

Best Course

헤븐리 아일랜드 라이프스타일(아침)

차로 40분

돌 플랜테이션

차로 10분 또는 52번 버스로 22분

지오반니 푸드 트럭(점심)

차로 2분 또는 도보로 15분

폴리네시아 문화 센터

차로 20분 또는 60번 버스로 35분

노스 쇼어 해변

차로 37분

타무라스 파인 와인 앤 리커스(저녁)

노스 쇼어

카웰라 베이 Kawela Bay

푸미스 카후쿠 슈림프 Fumi's Kahuku Shrimp

로미스 카후쿠 프론스 슈림프 헛 Romy's Kahuku Prawns Shrimp Hut

선셋 비치 파크 Sunset Beach Park

페이머스 카후쿠 슈림프 트럭 Famous Kahuku Shrimp Truck

지오반니스 알로하 슈림프 Giovanni's Aloha Shrimp

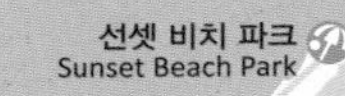

푸푸케아 비치 파크 Pūpūkea Beach Park

와이메아 베이 비치 파크 Waimea Bay Beach Park

폴리네시아 문화센터 Polynesian Cultural Center

코콜롤리오 비치 파크 Kokololio Beach Park

라니아케아 비치(터틀 비치) Laniakea Beach

할레이바 알리이 비치 파크 Hale'iwa Ali'i Beach Park

카이아카 베이 비치 파크 Kaiaka Bay Beach Park

더 그로잉 케이키 The Growing Keiki

말리아스 하와이언 셰이브 아이스 Malia's Hawaiian Shave Ice

제인스 심플리 슈림프 Zane's Simply Shrimp

테디스 비거 버거스 Teddy's Bigger Burgers

지오반니스 슈림프 트럭 Giovanni's Shrimp Truck

호노스 슈림프 트럭 Hono's Shrimp Truck

마쓰모토스 셰이브 아이스 Matsumoto's Shave Ice

할레이바 스토어 롯츠 Haleiwa Store Lots

돌 플랜테이션 Dole Plantation

바다거북이들이 한가롭게 낮잠을 자는 평온한 바다, 서프 보드가 파도에 철썩 부딪히는 소리와 아이들의 웃음소리가 끊이지 않는 바다가 노스 쇼어의 바다다. 양립하기 어려울 듯한 평화로움과 스릴이 함께한다.

라니아케아 비치(터틀 비치) Laniakea Beach

ⓒIsland of Hawaii Visitors Bureau (IHVB), Tyler Schmitt

하와이어로 '호누honu'라 부르는 푸른 바다거북이를 정말 쉽게 볼 수 있어서 '터틀 비치'라고도 부르지만 하와이의 바다거북이들은 멸종 위기인 종들이 대부분이며 함부로 이들을 만지거나 먹이를 주거나 하는 행동은 일체 금지돼 있어 사진도 멀리서 찍어야 한다.

주소 574, 61-574 Pohaku Loa Way, Haleiwa, HI 96712 **위치** ①와이키키 중심에서 차로 약 50분 ②60번 버스 타고 카메하메하 하이웨이+옵 포하쿠 노아 웨이(Kamehameha Hwy+Opp Pohaku Loa Way) 정류장 하차

카웰라 베이 Kawela Bay

거북이와 물개들이 서식하는 곳으로 역시 보호받고 있어 함부로 가까이 가거나 만져서는 안되는, 조심스럽게 하와이의 신비로운 바다 생태계를 관찰하며 해수욕을 즐기는 곳이다. 거의 항상 관련 보호 단체 직원이 해변에 상주하고 있으며 거북이와 물개에 대한 질문에 친절히 대답해 준다.

주소 Kahuku, HI 96731 **위치** ①와이키키 중심에서 차로 약 70분 ②60번 버스 타고 터틀 베이 리조트(Turtle Bay Resort) 정류장 하차

선셋 비치 파크
Sunset Beach Park

이름은 선셋이지만 아침 일찍 찾아도, 한낮에 와도 좋다. 하지만 과연 일몰을 보러 오기에 제격인 낭만적인 해변이다. 차를 세우고 울창한 나무를 헤치고 나타나는 해변의 파노라마는 절경이다. 주차장과 화장실도 가까이에 있어 편리하며 서핑하기에도 파도가 좋다.

주소 59-144 Kamehameha Hwy, Haleiwa, HI 96712 **위치** 60번 버스 타고 카메하메하 하이웨이+선셋 비치(Kamehameha Hwy+Sunset Beach) 정류장 하차

와이메아 베이 비치 파크
Waimea Bay Beach Park

돌고래와 거북이를 종종 볼 수 있는 해변으로, 인생 사진을 건질 수 있는 다이빙 포인트 바위로도 유명하다. 동네 주민들에게도 인기가 좋아 주말에는 특히 붐비기 때문에 평일에 찾을 것을 추천한다. 여름에는 낮은 파도, 겨울에는 높은 파도가 있어 서퍼들이 좋아하는 해변이기도 하다.

주소 61-31 Kamehameha Hwy, Haleiwa, HI 96712 **위치** ①와이키키 중심에서 차로 약 55분 ② 60번 버스 타고 카메하메하 하이웨이+와이네아 벨리(Kamehameha Hwy+Waimea Valley) 정류장 하차 **시간** 17:00~22:00

할레이바 알리이 비치 파크
Hale'iwa Ali'i Beach Park

비치 발리볼 코트와 피크닉 테이블이 있어 친구들끼리, 가족 단위로 많이 오는 해변 공원이다. 노스 쇼어 일대에서 가장 유명한 셰이브 아이스 가게 마쓰모토를 비롯해 쇼핑과 맛집이 여럿 몰려 있는 일대에 위치해 다양한 편의 시설과 가까워 좋다.

주소 66-167 Haleiwa Rd, Haleiwa, HI 96712 **위치** ①와이키키 중심에서 차로 약 50분 ②40, 51, 52, 60번 버스 타고 카메하메하 하이웨이+옵 할레이바 비치(Kamehameha Hwy+Opp Haleiwa Beach) 정류장 하차 **시간** 6:00~20:00 **전화** 808-637-5051

카이아카 베이 비치 파크
Kaiaka Bay Beach Park

할레이바 알리이 비치 파크 바로 옆에 위치한 약 21헥타르의 넓은 부지에 자리한 해변 공원이다. 바위의 형상과 색이 독특하고 피크닉 테이블과 안전 요원 등 시설도 갖추고 있다. 하와이어로 '그늘이 드리운 바다'라는 뜻의 이름을 하고 있는 카이아카는 워낙 넓어서 길을 잃기도 좋고 인적이 드문 편이다.

주소 66-449 Haleiwa Rd, Haleiwa, HI 96712 **위치** ①와이키키 중심에서 차로 약 50분 ②483번 버스 타고 할레이와 로드+할레이와 파이어 스테이션(Haleiwa Rd+Haleiwa Fire Station) 정류장 하차 **시간** 6:45~18:45 **전화** 808-637-4480

코콜롤리오 비치 파크
Kokololio Beach Park

잠시 차를 세우고 물장구를 치고 싶은 작은 해변이다. 자잘한 파도가 계속해서 밀려와 부기 보드boogie board 하나 가지고 뛰어들기 좋다. 모래도 보드랍고 폴리네시아 문화 센터가 바로 옆에 있어 센터 방문 전후로 물놀이하기 부담 없는 위치라 더욱 좋다.

주소 Hauula, HI 96717 **위치** ①와이키키 중심에서 차로 약 55분 ②60번 버스 타고 카메하메하 하이웨이+코콜롤리오 비치 파크(Kamehameha Hwy+Kokololio Beach Park) 정류장 하차

푸푸케아 비치 파크
Pūpūkea Beach Park

거북이와 열대어 등을 볼 수 있어 스노클링하기에 제격인 곳. 선셋과 와이메아 비치 사이에 위치한다. 크고 작은 바위가 곳곳에 위치하니 조심하도록 하자. 아쿠아 슈즈를 신으면 푸푸케아를 돌아보는 것이 더욱 수월하다.

주소 59-727 Kamehameha Hwy, Haleiwa, HI 96712 **위치** ①와이키키 중심에서 차로 약 55분 ②60번 버스 타고 카메하메하 하이웨이+푸울라 로드(Kamehameha Hwy+Puula Rd) 정류장 하차 **시간** 6:30~22:00 **전화** 808-638-7213

©The Polynesian Cultural Center

©The Polynesian Cultural Center

하와이 전통 문화를 배워 보자

폴리네시아 문화 센터 Polynesian Cultural Center

주소 55-370 Kamehameha Hwy, Laie, HI 96762 **위치** ①60번 버스 타고 카메하메하 하이웨이+옵 폴리네시안 컬쳐 센터(Kamehameha Hwy+Opp Polynesian Cultural Center) 정류장 하차 ②와이키키 중심에서 차로 1시간 ③센터에서 와이키키와 센터를 오가는 미니 버스 운행(최소 3일 전 예약/ 와이키키 지정 정류소 픽업: $26, 호텔 픽업: $36) **시간** 12:00~21:00(월~토) **요금** 수퍼 앰배서더 루아우 패키지: $242.95(성인), $194.36(4~11세) *6개 마을 프라이빗 투어와 루아우 뷔페와 공연, 저녁 공연 특별 좌석 등의 혜택 포함/ 기본 패키지: $89.95(성인), $71.96(4~11세) *입장과 공연, 저녁이 포함. 다양한 티켓 옵션은 홈페이지 참조. 10일 전에 예약하면 15% 할인 **홈페이지** www.polynesia.com **전화** 808-367-7060

총 면적 17만 m^2 부지에 자리한 살아 숨 쉬는 문화 박물관이다. 1963년 10월 12일 개관한 폴리네시아 문화 센터는 하와이를 비롯해 피지Fiji, 통가Tonga, 사모아Samoa, 아오테아로아Aotearoa(뉴질랜드 마오리), 타이티Tahiti 총 6개의 폴리네시아 섬 국가들을 각각의 마을로 조성해 전통 문화를 알리는 곳이다. 다양한 행사와 이벤트, 공연 등을 관람하고 참여할 수 있다. 전통 놀이나 훌라 춤을 배워 보거나 아이맥스 영화를 감상, 파라다이스 공연을 관람할 수 있으며, 매일 오후 5시에는 하와이 전통 공연과 저녁 식사를 겸하는 루아우Luau를 진행한다.

©The Polynesian Cultural Center

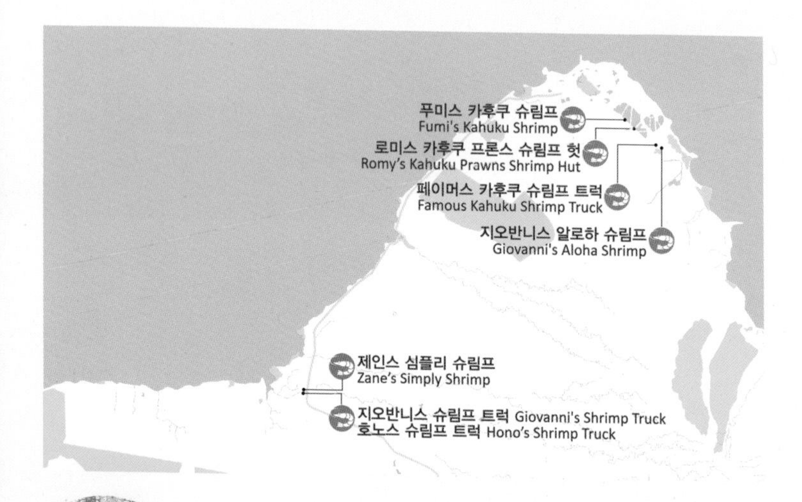

노스 쇼어에서 딱 한 시간만 보낼 수 있다면, 바다로 뛰어들지도, 힙하고 감각적인 할레이바를 거닐지도 않을 것이다. 새우 트럭으로 곧바로 가서 뜨겁게 막 요리한 갈릭 슈림프를 손가락 쪽쪽 빨며 한 그릇 싹 비울 것이다. 너무 맛있어서 달콤하기까지 한 오동통한 하와이 새우는, 그 어떤 고급 레스토랑에서 맛보는 것보다도 푸드 트럭에서 손가락이 데일라 호호 불어 가며 껍질을 까서 바로 먹는 것이 제일 맛있다.

가장 유명한 지오반니스 슈림프 트럭Giovanni's Shrimp Truck(주소: 66-472 Kamehameha Hwy, Haleiwa, HI 96712, giovannisshrimptruck.com/ 시간: 10:30~17:00/ 전화: 808-293-1839)은 서쪽의 할레이바와 동쪽의 카후쿠Kahuku(주소: 56-505 Kamehameha Hwy, Kahuku, HI 96731/ 시간: 10:30~18:30)에 모두 트럭이 있어 노스 쇼어 어느 바닷가로 놀러 가도 들르기 좋다.

카후쿠 쪽의 지오반니스는 '지오반니스 알로하 슈림프Giovanni's Aloha Shrimp'라 부르는데, 이 일대에 여러 다른 새우 트럭들이 함께 운영하고 있어 자리가 없으면 옆 가게에서 먹어도 좋다. 고집 있게 일등 맛집에서 꼭 먹어 보겠다는 사람들이 더 많기에 늘 지오반니스 앞의 줄이 가장 길다. 지오반니스에서 좀 더 북쪽으로 올라가면 차례대로 페이머스 카후쿠 슈림프 트럭Famous Kahuku Shrimp Truck, 로미스 카후쿠 프론스 슈림프 헛Romy's Kahuku Prawns Shrimp Hut, 푸미스 카후쿠 슈림프Fumi's Kahuku Shrimp가 나타난다. 하와이 사람들이 가장 많이 추천하는 곳은 푸미스 카후쿠 슈림프다. 슈림프 트럭들은 보통 마늘과 레몬 오일 소스로 요리하는 갈릭을 기본 메뉴로 하고, 코코넛과 매콤한 핫소스 등 다양한 입맛에 맞춘 메뉴를 갖추고 있다. 여러 명이 가서 여러 개 주문해 나누어 먹는 것을 추천한다. 할레이바 쪽에는 무한도전 촬영 때 방문해 유명해진 호노스 슈림프 트럭Hono's Shrimp Truck과 제인스 심플리 슈림프Zane's Simply Shrimp가 지오반니스와 함께 영업한다.

위치 카후쿠 새우 트럭: ①와이키키 중심에서 차로 1시간 ②60번 버스 타고 카메하메하 하이웨이+카후쿠 슈가 밀(Kamehameha Hwy+Kahuku Sugar Mill) 정류장 하차/ 할레이바: ①와이키키 중심에서 차로 45분 ②52, 60번 버스 타고 카메하메하 하이웨이+옵 파알라아 로드(Kamehameha Hwy+Opp Paalaa Rd) 정류장 하차 **가격** $14(스캠피[Scampi, 갈릭, 레몬, 오일, 버터])

노스 쇼어 셰이브 아이스 맛집

마쓰모토 셰이브 아이스 Matsumoto Shave Ice

주소 66-087 Kamehameha Hwy, Haleiwa, HI 96712 위치 ①와이키키 중심에서 차로 약 50분 ②40, 51, 52, 60번 버스 타고 카메하메하 하이웨이+에메슨 로드(Kamehameha Hwy+Emerson Rd) 정류장 하차 시간 9:00~18:00 가격 $3(스몰) 홈페이지 matsumotoshaveice.com 전화 808-637-4827

길게 줄을 서 있는 것으로 멀리서부터 알아볼 수 있는 셰이브 아이스 가게. 노스 쇼어의 명소가 된 지 꽤 오래라 다양한 기념품만을 판매하는 기념품 상점과 함께 운영한다. 크기를 고르고 다양한 토핑과 추가 옵션을 선택해 내가 원하는 대로 만들어 먹는데, 시럽 종류가 다양하고 팥과 연유, 아이스크림 조합이 우리의 빙수와 비슷해 한국 여행자들 입맛에 잘 맞는다. 근처의 말리아스 하와이언 셰이브 아이스 Malia's Hawaiian Shave Ice도 맛있다(주소: 66-57 Kamehameha Hwy, Haleiwa, HI 96712). "남들이 전부 가는 그런 곳은 싫어!"라고 외치는 개성 강한 사람이라면 이쪽이 더 마음에 들 수도 있다.

Tip.

마쓰모토 셰이브 아이스가 위치한 할레이바Haleiwa 일대는 예술가들이 여럿 모여 사는 작은 공동체로, 거리를 돌아다니면 빈티지한 상점과 공예품 상점, 갤러리 등을 쉽게 볼 수 있다.

노스 쇼어에는 이걸 먹으러 와요

테디스 비거 버거스 Teddy's Bigger Burgers

주소 66-111 Kamehameha Hwy, Haleiwa, HI 96712 위치 ①와이키키 중심에서 차로 약 50분 ②40, 51, 52, 60번 버스 타고 카메하메하 하이웨이+에메슨 로드(Kamehameha Hwy+Emerson Rd) 정류장 하차 시간 10:00~21:00 가격 $7.99(테디스 클래식 버거 싱글) 홈페이지 www.teddysbb.com 전화 808-637-8454

하와이에서 탄생한 패스트푸드 체인으로, 하와이에 여러 지점이 있으나 노스 쇼어 여행자들에게 특히 사랑받는다. 아무래도 긴 시간 운전해서 노스 쇼어까지 찾아가 실컷 물장구를 치고 나면 더욱 입맛이 돌기 때문이 아닐까? 신선한 야채와 잘 구운 패티가 맛있는 햄버거뿐 아니라 샌드위치와 감자튀김, 아이스크림도 추천한다. 캐주얼하고 흥겨운 분위기가 특징이다. 한국어 메뉴판도 있다.

셰이브 아이스 한 그릇 먹고 돌아보기 좋은 쇼핑몰

할레이바 스토어 롯츠 Haleiwa Store Lots

주소 66-111 Kamehameha Hwy, Haleiwa, HI 96712 **위치** ①와이키키 중심에서 차로 약 50분 ②52번 버스 타고 카메하메하 하이웨이+에메슨 로드(Kamehameha Hwy+Emerson Rd) 정류장 하차 **시간** 10:00~18:00 **홈페이지** haleiwastorelots.com **전화** 808-523-8320

마쓰모토스 셰이프 아이스와 테디스 비거 버거가 위치한 곳은 바로 할레이바의 작은 쇼핑 단지다. 여성 비치웨어를 전문으로 하는 구아바 숍Guava Shop, 웨일러스 슈퍼마켓, 남성복 전문점 카할라-할레이바 Kahala-Haleiwa, 하와이언 셔츠 전문점 말리부 셔츠Malibu Shirts와 수영복 전문점 스플래시!Splash!, 마우이 다이버스 주얼리Maui Diver's Jewelry 상점과 아일랜드 빈티지 커피Island Vintage Coffee 등 여러 식당과 카페, 과일 가게 등이 입점해 있다.

사랑스러운 하와이 유아복 브랜드

더 그로잉 케이키 The Growing Keiki

주소 66-051 Kamehameha Hwy, Haleiwa, HI 96712 **위치** ①와이키키 중심에서 차로 약 50분 ②52번 버스 타고 카메하메하 하이웨이+에메슨 로드(Kamehameha Hwy+Emerson Rd) 정류장 하차 **시간** 10:00~18:00 **홈페이지** thegrowingkeiki.com **전화** 808-637-4544

하와이어로 '케이키'는 '아이'라는 뜻으로, 자라나는 아이라는 귀여운 이름의 로컬 아동복 전문 브랜드가 할레이바에 유일한 지점을 두고 있다. 1930년대 지어진 오래된 건물을 그대로 사용해 30년 넘게 성업해 왔다. 하와이 브랜드답게 서핑이나 바다를 테마로 한 시원한 디자인이 돋보이며 빈티지한 느낌이 물씬 나는데, 옷과 패션 소품들 모두 아기자기하고 귀엽다. 하와이 프린트 제품들도 많이 보이고 동화책이나 나무를 깎아 만든 장난감도 판매한다.

파인애플 천국에 오신 것을 환영합니다

돌 플랜테이션 Dole Plantation

주소 64-1550 Kamehameha Hwy, Wahiawa, HI 96786 **위치** ①와이키키 중심에서 차로 40분 ②52번 버스 타고 카메하메하 하이웨이+돌&헬레마노 플랜테이션(Kamehameha Hwy+Dole&Helemano Plantations) 정류장 하차 **시간** 9:30~17:00 **요금** 파인애플 익스프레스 트레인 투어: $11.50(성인), $9.50(4~12세)/ 플랜테이션 정원 투어: $7(성인), $6.25(4~12세)/ 파인애플 정원 미로: $8(성인), $6(4~12세) *1개 이상 콤보 이용하면 할인 **홈페이지** www.doleplantation.com **전화** 808-621-8408

와이키키에서 노스 쇼어로 이동하는 날, 조금 더 부지런히 움직여 돌 플랜테이션을 들러 보자. 하와이 경제의 큰 축을 담당했었던 파인애플 농장을 대중에게 개방했다. 돌 플랜테이션의 역사와 현재, 미래를 설명하는 20분 남짓의 영어 오디오 가이드 투어 열차가 대표적인 구경거리고, 이것을 타고 넓은 부지를 곳곳이 돌아보며 현재 재배하는 파인애플과 각종 열대 과일, 카카오와 커피 등을 모두 구경할 수 있다. 넓고 푸른 정원과 세계에서 가장 큰 야외 미로가 있는데, 미로 곳곳을 찾아 퍼즐 등 액티비티를 하도록 조성해 두어 아이들이 특히 좋아한다. 파인애플을 주재료로 하는 다양한 먹거리도 판매하며 큰 기념품 상점도 있다. 유지방을 넣지 않고 생 파인애플을 아낌없이 사용한 파인애플 아이스크림 디저트류가 특히 맛있으니 꼭 먹어 보자.

*돌Dole은 1851년 하와이 왕국에서 창립한 회사로 미국을 대표하는 대기업으로 발전했으나 2012년 일본 이토추Itochu에게 포장 상품과 아시아 식재료 영업권을 매각했다.

리워드 Leeward

상대적으로 조명을 덜 받는 오아후의 서남부 해안가는 그래서 더 좋다. 거울처럼 반질한 모래사장에 하루의 첫 발자국을 남기고, 맑은 파도에 몸을 실으면 물방울이 튕기는 소리까지 다 들릴 듯한 고요함, 평온함으로 가득한 동네. 이올라니 디즈니 리조트와 스파가 있어 디즈니 마니아들과 어린아이와 여행하는 가족 여행자들이 일부러 숙소를 잡는 지역이다. 코올리나 비치와 골프 클럽을 중점으로 여행하며 바쁜 시내와 쇼핑 일대를 피해 하와이의 바다와 녹음만을 만끽하고 싶다면 리워드가 제격이다.

• 리워드의 바다 •

코 올리나 비치 파크 Ko'Olina Beach Park

조개 모양의 인공 라군을 조성한 해변 공원으로, 네 개의 석호로 이루어져 있다. 석호 1은 포시즌스와 아울라니 리조트, 2와 4는 대중 개방, 3은 메리어트 호텔 앞 석호에 해당한다. 주차 공간도 마련돼 있고 야자수가 드리워 주는 그늘과 얕고 잔잔한 물이 있어 안전하고도 즐거운 물놀이에 안성맞춤이다. 메리어트, 디즈니 리조트와 포시즌스 리조트가 가까워 신혼부부와 가족 여행객들이 특히 많이 찾는다.

주소 92-100 Waipahe Pl, Kapolei, HI 96707 **위치** 와이키키 중심에서 차로 40분 **시간** 6:00~22:00

 카헤 포인트 비치 파크 Kahe Point Beach Park

주변에 발전소가 위치해 일렉트로닉 비치라고도 불린다. 발전소 덕분에 수온도 상대적으로 높아 다양한 해양 생물들을 볼 수 있다. 해변은 그리 크지는 않지만 스노클링을 하기에 좋아 동네 사람들이 스노클 수경과 오리발을 들고 주말에 놀러 나온다. 수심은 4~10m 정도로 물이 깨끗해 시야가 넓다. 부기 보드를 타기에도 적합한, 적당한 파도가 있는 해변이다.

주소 92-301 Farrington Hwy, Kapolei, HI 96707 **위치** ①와이키키 중심에서 차로 35분 **시간** 6:00~22:00 **전화** 808-696-4481

 웻앤와일드 하와이 Wet'n'Wild Hawaii

워터 슬라이드, 웨이브 풀 등 다양한 놀거리가 구비된 워터 파크. 자연과 어우러져 해수욕하는 것도 좋지만 더욱 스릴 넘치는 물놀이를 원한다면 웻앤와일드 하와이가 있다. 놀이기구는 난이도에 따라 3단계로 구분돼 있어 어린아이들도 탈 수 있는 슬라이드와 가볍게 즐길 수 있는 미니 골프부터 익스트림 레벨의 볼케이노 익스프레스, 토네이도와 같은 경사가 심하고 길이도 긴 슬라이드까지 다양하게 운행한다. 영화 상영 이벤트와 각종 행사도 종종 있다.

주소 400 Farrington Hwy, Kapolei, HI 96707 **위치** ①와이키키 중심부에서 차로 30분 **요금** $49.99(일반), $37.99(2세 이상~신장 106cm 이하, 65세 이상) *차량과 입장권, 식사 등 포함인 패키지 상품 판매: 시즌과 요일별로 상이하니 홈페이지 참조(10:30~15:30/ 16:00/ 17:00/ 21:00) **홈페이지** www.wetnwildhawaii.com **전화** 808-674-9283

오아후 추천 숙소

먼저 섬에서 가 보고 싶은 곳들과 교통수단을 선택한다. 렌트를 할 예정이라면 주차 시설이 있는지, 유료인지를 알아보고, 아니라면 버스와 트롤리 등 정류장과 가까운 곳을 선택한다. 브런치, 야식, ABC마트, 스타벅스, 잠바 주스 등 자주 방문하게 될 곳들이 있다면 도보로 이동 가능한 지역이면 더욱 좋다. 리조트 피 resort fee의 여부와 비용도 반드시 알아보자.
참고로 각 지역의 숙소의 모든 요금은 취재 당시 호텔 공식 홈페이지에서 진행하는 최저가로 성수기/비성수기 여부와 프로모션 등 여러 변수에 따라 변동 가능하다.

위치와 편의성, 뷰까지 만점인 3성급 호텔

와이키키 리조트 호텔
Waikiki Resort Hotel

주소 2460 Koa Ave, Honolulu, HI 96815 **위치** 트롤리 모든 라인 타고 듀크 카하나모쿠 스테츄(Duke Kahanamoku Statue) 정류장 하차 **가격** $171~(스탠다드룸) **홈페이지** www.waikikiresort.com **전화** 808-922-4911

서핑 보드를 든 사람들이 아침 일찍부터 나와 배회하는, 활기 넘치는 와이키키 중심부에 위치한 3성 호텔이다. 대한항공 파일럿, 승무원들이 묵는 호텔로도 유명하다. 호텔 앞에는 '한국 교포들의 마음'이라는 글귀가 한반도 모양의 비석에 새겨져 있다. 아무 계획 없이 호텔 밖으로 나와 제자리에서 한 바퀴 빙그르르 돌면 맛집과 쇼핑몰과 ABC 마트와 바다가 눈앞에 펼쳐진다. 몇 걸음만 떼면 원하는 모든 것이 있지만 나가기 싫을 정도로 집처럼 편안한 객실도 있다. 275개의 객실과 스위트로 구성된 와이키키 리조트 호텔은 24시간 비즈니스 센터, 야외 수영장, 자체 상점과 유료 전용 주차장, 한식당 서울 정 Seoul Jung을 비롯한 식당과 바도 갖추고 있다. 객실은 눈이 편안한 뉴트럴한 톤으로 꾸몄고, 전망 좋은 쾌적한 테라스도 널찍하게 딸려 있다.

누구나 편하고 즐겁게 묵을 4성급 고급 리조트

힐튼 하와이안 빌리지 와이키키 비치 리조트

Hilton Hawaiian Village Waikiki Beach Resort

주소 2005 Kalia Rd, Honolulu, HI 96815 **위치** 트롤리 핑크 라인(Pink Line) 타고 힐튼 와이키키 비치 호텔(Hilton Waikiki Beach Hotel) 정류장 하차 **가격** US$335~(약 ₩394,548) **홈페이지** hilton.co.kr/hotel/hawaii/hilton-hawaiian-village-waikiki-beach-resort# **전화** 808-949-4321

호텔 이름에 마을이라는 단어가 들어갈 정도로, 하나의 작은 마을처럼 쇼핑과 식도락까지 넘치게 즐길 수 있다. 다섯 개의 동, 다섯 개의 수영장과 스파, 20여 개의 레스토랑과 바, 루아우가 있으며 24시간 오픈하는 비즈니스 센터, 피트니스 센터, 다양한 액티비티와 투어 프로그램, 한국인 컨시어지 데스크까지. 시설과 객실의 안락함, 위치의 편리함과 다섯 발자국이면 만나는 넓고 맑은 해변, 금요일마다 쏘아 올려 오아후의 밤을 화려하게 수놓는 자체 불꽃놀이까지, 하와이 여행자들에게 가장 먼저 추천하고 싶은 호텔이다.

Tip.

프라이데이 나이트 FRIDAY NIGHT

매주 금요일, 15분 동안 펼쳐지는 환상적인 불꽃놀이를 보러 오아후 여행자들은 모두 힐튼의 앞바다로 모여든다. 힐튼 투숙객들은 객실에서 보는 것이 가장 편하고 잘 보일 것이다. 호텔 내 트로픽스 바 앤 그릴Tropics Bar & Grill의 테라스 자리서 보는 뷰도 좋다. 시간은 하계/동계에 따라 20시 또는 19시 45분에 시작하니 늦지 않게 찾아가도록 한다.

길만 건너면 와이키키 해변인 3성급 호텔

바이브 호텔 와이키키
Vive Hotel Waikiki

주소 2426 Kūhiō Ave, Honolulu, HI 96815 **위치** 트롤리 모든 라인 타고 듀크 카하나모쿠 스테츄(Duke Kahanamoku Statue) 정류장 하차 **가격** $157.50(코스모폴리탄 퀸), $188.10(라이프 스타일 주니어 스위트 오션뷰) **홈페이지** www.vivehotelwaikiki.com **전화** 808-687-2000

와이키키 해변과는 딱 세 블록 떨어져 있다. 하지만 바다로 가는 길에 들러 보고 싶은 맛집과 상점들이 계속 나타나 세 블록을 걷는 데 한참이 걸리는, 훌륭한 위치의 3성 호텔이다. 하늘로 시원하게 쭉 뻗은 늘씬한 건물로 들어서 로비를 마주하면 알록달록한 인테리어에서 하와이 감성을 진하게 느낄 수 있다. 부티크 스타일로 꾸민 객실은 오션뷰, 마운틴 뷰로 나뉘며 깔끔하고 아늑하다. 발랄한 로비와 대조되는 모노톤의 인테리어가 숙면을 돕는다. 책이 놓인, 거실living room이라 부르는 로비층 공동 공간도 편안하다. 아침에는 이곳에 코나 커피와 신선한 과일과 함께하는 푸짐한 뷔페가 차려진다. 한편에는 예쁜 소품들과 기념품들을 선별해 판매하는 작은 상점 올리나 기프트 숍Olina Gift Shop도 운영한다.

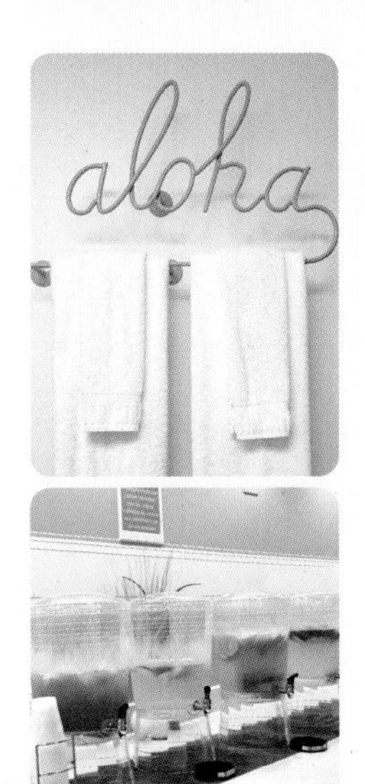

쾌적한 객실, 푸르고 푸르 뷰가 인기인 3성급 호텔

코코넛 와이키키 호텔
Coconut Waikiki Hotel

주소 450 Lewers St, Honolulu, HI 96815 **위치** 트롤리 모든 라인 타고 티 갤러리아 하와이(T Galleria Hawaii) 정류장 하차 **가격** $199(시티 뷰 퀸) **홈페이지** coconutwaikikihotel.com **전화** 808-923-8828

와이키키를 가운데 두고 한쪽에는 바다가, 다른 한쪽에는 알라 와이 공원Ala Wai Park이 펼쳐져 있다 할 수 있을 정도로 넓은 녹지대가 펼쳐져 있는데, 코코넛 와이키키 호텔은 이 공원의 환상적인 뷰를 제대로 감상할 수 있는 위치에 있다. 새벽부터 조깅을 하는 사람들과 골프를 치는 사람들, 벤치에 앉아 작은 피크닉을 여는 사람들 등 저마다 평온한 이 공원을 즐기는 방법이 다르다. 실컷 놀고 들어와 젖은 수영복을 테라스에 말리며 따사로운 햇살과 함께 알라 와이 공원을 내려다보는 코코넛에서의 찰나는 기억에 오래 남을 것이다. 팝콘과 카드놀이, 보드 게임 등이 항시 준비돼 있는 로비층에는 언제나 투숙객들이 모여 있다. 일정 온도를 유지하는 야외 풀과 피트니스 센터, 세탁실도 마련돼 있으며 장을 봐서 사용 가능한 바비큐 그릴도 있다. 오래 머물수록 코코넛 호텔의 장점들을 더욱 많이 취할 수 있다.

알로하 느낌 가득한 발랄하고 컬러풀한 3성급 호텔

쇼어라인 호텔 와이키키
Shoreline Hotel Waikiki

주소 342 Seaside Ave, Honolulu, HI 96815 **위치** 트롤리 모든 라인 타고 티 갤러리아 하와이(T Galleria Hawaii) 정류장 하차 **가격** $144(원 퀸 베드) **홈페이지** shorelinehotelwaikiki.com **전화** 808-931-2444

강렬한 네온 컬러로 꾸민 발랄한 콘셉트의 부티크 호텔. 자연과 네온의 조화nature meets neon을 콘셉트로 한 쇼어 라인에 머무는 내내 기분은 최고 상승 곡선을 그릴 수밖에 없다. 품 넓은 하와이안 셔츠를 걸치고 칵테일을 마시며 훌라를 추는 기분으로 내내 머물 수 있는 들뜬 분위기가 호텔 구석구석 맴돌기 때문이다. 친절하고 다정한 직원들의 서비스도 한몫한다. 체크인을 하는 1층에는 로컬 브랜드와 협업해 다양한 디자인 상품들을 판매하고 주전부리 먹거리를 비치해 놓았다. 간단한 보드 게임을 비치해 놓은 라운지 공간도 편안하고 즐겁다. 객실마다 하와이섬들을 부조로 만들어 채도 높은 원색의 벽에 부착해 놓았고, 1층에는 오아후 최고의 브런치 레스토랑 헤븐리가 있다. 재미있는 디자인의 큼직한 튜브가 동동 떠 있는 옥상 풀은 반드시 가 봐야 할 쇼어 라인의 베스트 포토 장소다. 시간대를 잘 맞춰 가면 모두가 와이키키 해변에 나가 있을 때 독점할 수 있다.

오아후 서부 해안가에서 동심 충전이 가능한 4성급 호텔

아울라니 디즈니 리조트 앤 스파
Aulani, A Disney Resort & Spa

주소 92-1185 Ali'inui Dr, Kapolei, HI 96707 **위치** 와이키키 도심에서 차로 40분 **가격** $494(스탠다드 뷰) **홈페이지** www.disneyaulani.com **전화** 866-443-4763

하와이의 아름다운 자연과 전통 문화에서 영감을 받아 월트 디즈니가 심혈을 기울여 세운 리조트. 가족 여행자들과 디즈니 마니아들이 꼭 묵어 보려고 하는 호텔로 와이키키와 거리가 조금 있지만 오히려 그 점이 더욱 장점이 되어 한적한 코올리나 해안가를 독점해 즐기고 리조트 내 워낙 편의 시설이 다양하고 잘 마련돼 있어 불편함을 느낄 새가 없다. 16개의 스위트를 포함하는 351개 객실로 이루어져 있고 481개의 빌라, 2개의 레스토랑, 3개의 라운지, 스파, 피트니스 센터, 비치 하우스 키즈 클럽, 워터 슬라이드, 수영장 등 호텔 곳곳을 옮겨 다니며 하루 종일 놀다 보면 며칠이 금방 갈 정도다. 역시 모든 것은 디즈니를 테마로 디자인돼 있어 곳곳에서 귀엽고 사랑스러운 디즈니 캐릭터를 찾아볼 수 있다.

착한 가격과 다양한 프로그램이 있는 호스텔

더 비치 와이키키 부티크 호스텔
The Beach Waikiki Boutique Hostel

주소 2569 Cartwright Rd, Honolulu, HI 96815 **위치** 트롤리 옐로우라인(Yellow Line) 타고 아스톤 와이키키 비치 호텔(Aston Waikiki Beach Hotel) 정류장 하차 **가격** $36(8인 도미토리), $41(4인 도미토리) **홈페이지** www.thebeachwaikikihostel.com **전화** 808-922-9190

와이키키 해변에서 반 블록 떨어져 있어 거의 바다 위에서 잠을 잔다고 해도 과언이 아닌 환상적인 위치를 자랑한다. 와이키키 일대는 고급 호텔들이 거의 독점하다시피 하고 있는데, 이 자리에 이렇게 깔끔하고 가격이 착한 호스텔이 있다니 믿을 수 없을 정도다. 그만큼 인기도 많으니 서둘러 예약하자. 호텔에 비해 주차료도 저렴해 하루 $12이며 자전거, 서핑 보드, 스노클링 장비도 대여해 준다. 옥상 라운지에서는 종종 무료 피자 파티를 열기도 하고, 투숙객들은 콘티넨털 아침 식사와 무선 인터넷을 무료로 즐길 수 있다. 매일 하이킹과 주요 명소 투어를 진행해, 일주일 머무르며 모든 투어에 참여하면 오아후의 가장 특별한 모습들을 모두 만날 수 있을 것이다.

M a u i

마우이

지상 낙원의 신비함과 자연미를 무한 발산하는 섬

오아후의 인기를 조금씩 빼앗아 가고 있는, 나날이 더 많은 사랑을 받고 있는 마우이. 또 비행기를 타고 어디를 가야 하나, 귀찮음이 살짝 밀려올까 싶어도 이겨 내고 찾아가 볼 가치가 있다. 포기할 수 없는 최소한의 쇼핑과 식도락의 편의성, 우리가 지상 낙원에 기대하는 신비로움과 무한한 자연미를 모두 갖추었다. 구석구석 여행해도 떠날 때 가장 진한 아쉬움이 남는 이 섬을 찾는 모든 자, 반드시 사랑에 빠질 것이라 자신한다.

마우이 가는 길

한국에서는 직항이 없어 호놀룰루 공항을 통해 이동해야 한다. 마우이에는 주요 공항인 카훌루이 공항Kahului Airport(OGG)과 카팔루아 공항Kapalua Airport(JHM), 하나 공항Hana Airport(HNM)이 있다. 카훌루이 공항으로 취항하는 항공편이 가장 많아 보통 호놀룰루-카훌루이 비행편으로 이동한다. 숙소가 카팔루아와 더 가까운 경우 카팔루아 취항 시간에 맞추어 이동하기도 한다. 비행 시간은 25분이다. 호놀룰루 공항에서 주내선 전용 터미널inter-island을 통해 체크인하고 탑승하면 되는데, 국제선 이용보다 훨씬 더 절차가 빠르게 진행된다. 주내선의 경우 비행기가 아주 높이까지 오르지 않아 바다와 섬을 구경하며 비행할 수 있어 창가 뷰가 훌륭하다.

공항에서 시내로

우버Uber와 리프트Lyft와 같은 라이드쉐어Rideshare 업체들을 이용하거나 셔틀 업체, 호텔 픽업 또는 렌터카로 이동한다.

◎ 셔틀

로버츠하와이(www.robertshawaii.com/airport-shuttle/maui/)와 스피디셔틀(www.speedishuttle.com/maui-airport-shuttles)이 있으며 요금은 와일레아Wailea 쪽은 1인당 $20~, 라하이나Lahaina와 카아나팔리Ka'anapali 쪽은 1인당 $30~, 카팔루아Kapalua 쪽은 1인당 $35~ 정도다.

◎ 렌터카

오아후에서와 마찬가지로 공항에 내리면 렌터카 픽업 안내 표지판을 따라가 해당 렌터카 업체 셔틀을 타고 차량을 픽업하면 된다. 리턴 역시 예약 시 지정한 곳으로(마우이를 떠날 때 이용하는 공항으로 지정하는 것이 가장 편리) 반납한다.

마우이 시내 교통

배차 간격이 길기는 하지만 마우이섬 중부와 서부 주요 지역들을 순환하는 버스 노선들이 13개 있다. 모두 로버츠하와이에서 운행한다. 전 노선 모두 1회 탑승료는 $2이고, 서핑 보드나 인화 물질은 가지고 탈 수 없다. 음식물 섭취와 흡연도(전자담배 포함) 금지다. 55세 이상은 $1, 2세 이하는 무료며, 1일권은 $4로 모두 기사에게 구입 가능하다. 홈페이지에서 전 노선 스케줄을 확인할 수 있다.
마우이 버스 www.mauibus.org

마우이 동부

East Maui

호리병같이 생긴 마우이섬은 카훌루이 공항이 위치한 병목처럼 생긴 섬 중부를 기준으로 할레아칼라 국립공원이 위치한 좀 더 큰 동부와 고급 리조트와 호텔들이 모여 있는 서부로 나뉜다. 부지런히 움직여 산 위에 올라 일출을 감상하고 광활한 정글 같은 하나 마을 가는 길을 신나게 달릴 수 있는 아름다운 동부를 먼저 여행해 보자. 손때 묻지 않은 울창한

꽃과 나무, 끝이 보이지 않는 해안 도로가 탐험욕을 마구 자극한다.

Tip.
마우이 동부는 하루만에 전부 볼 수 없는 명소 두 곳이 위치한다. 그것은 할레아칼라 국립공원과 하나 마을 가는 길이다. 이 두 명소를 각각 하루씩 담당해 즐길 수 있도록 두 가지 코스를 제안한다.

Best Course

- Day1 -

할레아칼라 국립공원(일출)
차로 36분
↓
그랜마스 커피하우스(아침)
차로 56분
↓
마케나 비치(해수욕)
차로 31분
↓
마우이 트로피컬 플랜테이션(점심)
차로 19분
↓
레오다스 키친 앤 파이 숍(간식)
차로 12분
↓
라하이나 프런트 스트리트(쇼핑)
도보 3분
↓
파이아 피시 마켓(저녁)

- Day2 -

하나 마을(점심)
차로 약 3시간+
↓
후키파 비치(해수욕)
차로 약 3시간+
↓
마케나 비치(해수욕)
차로 31분
↓
마마스 피시 하우스(저녁)

마우이 동부
웨스트 마우이 삼림보호구역
West Maui Forest Reserve
카훌루이 공항
Kahului Airport
이아오 밸리 주립공원
Iao Valley State Park
호오키파 비치 파크
Ho'okipa Beach Park
마마스 피시 하우스
Mama's Fish House
울루라니스 하와이언 셰이브 아이스
Ululani's Hawaiian Shave Ice
파이아 피시 마켓
Paia Fish Market
플랫브레드 컴퍼니
Flatbread Company
쌍둥이 폭포
Twin Falls
하나 마을 가는 길
하나 마을 가는 길
하나 공항
Hana Airport
하나 마을
Hana Town
안다스 마우이 앳 와일레아 리조트 - 에이 컨셉 바이 하얏트
Andaz Maui at Wailea Resort - A Concept by Hyatt
쿠라 보태니컬 가든스
Kura Botanical Gardens
더 숍스 앳 와일레아
The Shops at Wailea
카마올레 비치 파크 III
Kamaole Beach Park III
케케아 파크
Keokea Park
그랜마스 커피하우스
Grandma's Coffeehouse
할레아칼라 국립공원
Haleakalā National Park
와일레아 비치
Wailea Beach
포시즌스 앳 와일레아
Four Seasons at Wailea
포올레나레나 비치 파크
Po'olenalena Beach Park
말루아카 비치
Maluaka Beach
마케나 비치
Makena Beach
몰로키니
Molokini
와일루아 폭포
Wailua Falls

호오키파 비치 파크
Ho'okipa Beach Park

윈드 서퍼들과 서핑족이 즐겨 찾는 광활한 해변. 마우이에서 가장 예쁘고 맛있는 동네인 파이아Paia와 가까워 접근성이 좋다. 모래가 유독 곱고 하얗고, 피크닉 장소도 마련돼 있다. 가끔 바다 거북이가 모래사장으로 올라와 휴식을 취하는 모습도 볼 수 있다. 해가 너무 더운 시간을 피해 아주 이른 아침 혹은 오후 너다섯 시에 오면 거북이를 만날 확률이 높다.

주소 179 Hana Hwy, Paia, HI 96779

©Hawaii Tourism Authority (HTA) Tor Johnson

마케나 비치
Makena Beach

마우이섬은 아쉽게도 도로가 섬을 한 바퀴 돌아볼 수 있도록 조성돼 있지 않은데, 하나 마을 쪽이 아니라 섬 중간을 종단하는 길을 따라 쭉 내려오면 만날 수 있는 최남단 해변 중 하나가 바로 마케나 비치다. 샛노란 안전 요원 자리가 그림 엽서처럼 예쁘고 비치 발리볼 네트도 있어 통통 볼을 튀기는 경쾌한 소리도 이따금씩 들려온다. 파도가 꽤 거센 편이다.

주소 6600 Makena Alanui, Kihei, HI 96753

말루아카 비치
Maluaka Beach

주차장과 야외 샤워, 화장실이 있고 거북이과 열대어도 종종 보여 스노클링도 가능하다. 모래도 곱고 물색도 아름다워 석양을 보러 늦은 오후에 찾아오는 사람들도 많은 낭만적인 해변이다.

주소 5400 Makena Alanui, Kihei, HI 96753 시간 7:30~19:30

포올레나레나 비치 파크
Po'olenalena Beach Park

와일레아-마케나 지역에는 작은 해변들이 나란히 위치해 어디가 어디인지 사실 이름을 잘 알지 못하고 찾아가는 경우가 많은데, 포올레나레나도 그런 작은 해변 중 하나다. 마케나와 말루아카 비치도 매우 가까워 세 곳 중 가장 한적하거나 마음에 드는 곳에 자리를 잡고 시간을 보내는 것을 추천한다.

주소 Kihei, HI 96753

카마올레 비치 파크 III
Kamaole Beach Park III

피크닉 테이블과 놀이터가 있는 카마올레 비치 파크는 키헤이Kihei 동네 해안가를 따라 I, II, III 세 곳이나 있다. 그중 세 번째 카마올레 비치 파크가 가장 인기가 좋고, 세 곳 모두 나란히 위치하며 수면도 낮고 파도도 잔잔해 어린아이들도 물놀이하기에 적합하다.

주소 S Kihei Rd, Kihei, HI 96753 **시간** 7:00~20:00

와일레아 비치
Wailea Beach

황금빛 모래가 빛나는 예쁜 해변. 무료 주차 시설과 깨끗한 화장실이 있으며 주변에 여러 호텔과 리조트가 있다. 적당한 파도가 있어 해수욕과 스노클링을 하기에도 즐겁다. 식당과 편의 시설이 주변에 있어 주말에는 꽤 붐비는 편이다.

주소 Kihei, HI 96753 **시간** 7:00~20:00

©Hawaii Tourism Authority (HTA)

환상적인 일출을 보러 오르는 휴화산

할레아칼라 국립공원 Haleakalā National Park

주소 30000 Haleakala Hwy, Kula, HI 96790(정상 출입구 Haleakalā National Park Summit Entrance) **위치** ①라하이나에서 1시간 20분 ②파이아에서 50분 **시간** 24시간 **요금** $1(차량 예약금), $25(차 1대 당), $12(1인당) 무료(15세 이하) *모두 3일간 유효 **홈페이지** www.recreation.gov/ticket/facility/253731 **전화** 877-444-6777, 808-572-4400

지름이 무려 34km로 세계에서 가장 큰 휴화산인 할레아칼라가 마지막으로 대분화를 일으켰던 것은 250여 년 전으로 그 후 긴 휴식기에 들어가 쉬고 있다. 해발고도 3,005m가 최정상인 할레아칼라는 마우이에서 가장 높은 봉우리로, 일출의 장관으로 유명하다. 이름이 하와이어로 '태양의 집'일 정도로 어둠을 밀어내며 산등성이와 구름 카펫 사이로 모습을 드러내는 빨간 해의 모습은 감동적이다. 일출을 보러 갈 때 유의할 점은 산 정상은 기온이 매우 낮아 겨울옷을 준비해야 한다는 점과 숙소에서 보통 새벽 서너 시에는 출발을 해야 일출 포인트까지 올라갈 수 있다는 것(정상 구역은 해발고도 2,134m부터 시작되며 이 높이까지 올라가면 제한된 주차 구역을 이용할 수 있다), 또 날씨가 궂으면 해를 볼 수 없다는 것이다. 마우이 사람들도 열 번 오르면 두세 번 볼 수 있다고 할 정도로 환상적인 일출을 만날 가능성은 많지 않다. 비가 세차게 오면 일출을 못 보는 것은 물론이고 구불구불 산을 오르는 새벽 길이 매우 위험하니 날씨가 궂으면 과감히 포기하도록 한다. 또 워낙 아침에 공원을 찾는 사람들이 많아 새벽 3~7시 동안 입장하는 차에 한해 주차 자리를 미리 신청해 예약 내역과 신분증을 제시한 후 입장해야 한다. 홈페이지 또는 전화로 방문일 60일 전부터 예약할 수 있다. 미리 예약을 하지 못할 경우 이틀 전 현지 시각 7:00 HSTHawaii Standard Time에 소량의 티켓이 풀리니 시간을 맞춰 막바지 예약을 해도 좋다. 예약 없이 방문했다가 차를 돌려 입장하지 못하는 경우가 꽤 많으니 반드시 예약하도록 한다.

Tip.

일출과 일몰 시간 확인

일몰은 예약 없이 방문할 수 있다. 일출에 버금가게 아름답고 그날의 날씨를 확실히 알고 낮 시간에 운전할 수 있다는 장점이 있어 일몰을 보러 올라가는 것도 좋다. 마우이에 있는 동안 반드시 일출이 보고 싶다면 예약금이 $1로 크지 않아 머무는 일정 모두 예약을 걸어 놓고 날씨가 좋은 날 방문하는 여행자들도 있다.

홈페이지 www.nps.gov/hale/planyourvisit/sunrise-and-sunset.htm

마우이 맛집들은 여기에 다 모여 있다

파이아 마을 Paia

주소 134 Hana Hwy, Paia, HI 96779 위치 ①마우이 카훌루이 공항에서 차로 13분 ②35번 버스 타고 파이아 타운/퍼블릭 파킹(Paia Town/Public Parking[to Haiku]) 정류장 하차

볼거리, 먹거리 가득한 파이아 마을이다. 마우이에서 최근 가장 트렌디한 동네로, 맛집이 많아 여행 중 식도락을 중시하는 사람이라면 마우이에서 가장 마음에 드는 곳이 될 것이다. 하나 하이웨이 Hana Hwy에 차를 세워 놓고 대로를 따라 쭉 걸으며 양옆으로 펼쳐지는 상점들과 동네 맛집들을 돌아 보자. 뒤에 소개한 가장 유명한 식당 두 곳 외에도 플랫브레드 컴퍼니Flatbread Company(주소: 89 Hana Hwy, Paia, HI 96779/ 시간: 11:00~21:30[월~목], 11:00~22:00[금~일]/ 홈페이지: flatbreadcompany.com)와 울루라니스 하와이언 셰이브 아이스Ululani's Hawaiian Shave Ice(주소: 115 Hana Hwy #D, Paia, HI 96779/ 시간: 10:30~20:00/ 홈페이지: ululanishawaiianshaveice.com)도 추천한다. 알록달록한 페인트칠을 한 건물들이 어깨를 나란히 하고 있는 모습이 예뻐 로컬 패션 브랜드와 카페를 구경하며 걷는 시간이 즐겁다. 카훌루이 공항과 가깝고 섬의 동부, 서부로 이동하는 것이 용이한 가운데 위치해 숙소를 이 곳에 잡는 것도 추천한다.

마마스 피시 하우스 Mama's Fish House

마우이에서 특별한 식사를 하고 싶다면 마우이 사람들이 제일 먼저 추천하는 곳이다. 여행자들의 플랫폼 트립 어드바이저에서 미국 TOP 10 파인 다이닝 레스토랑으로, 레스토랑 예약 플랫폼인 오픈 테이블에서 '미국에서 두 번째로 인기 있는 식당'으로 뽑힌 바 있는 마마스 피시 하우스는 신선한 식재료와 최상의 서비스, 환상적인 해변가 뷰로 멋진 식사 경험을 선사한다. 가격대가 높고 주말이나 저녁에는 예약을 해야 대기 없이 착석할 수 있지만 그만큼 맛있다. 하와이가 막 미국 주로 편입됐을 때, 마우이에 제대로 된 마을이 형성되지 않았을 때 섬에 정착한 부부가 일군 식당으로, 손맛이 좋았던 아내의 레시피를 여전히 사용한다. 간이 센 미국 음식과 판이하게 다르고 신선한 해산물 재료의 고유한 맛을 잘 살려서 담백하고 든든하다. 해산물 외에도 스테이크 메뉴가 있으며 칵테일과 디저트도 맛있다.

주소 799 Poho Pl, Paia, HI 96779 **위치** 35번 버스 타고 하나 하이웨이/쿠아우 마트(Hana Hwy./Kuau Mart) 정류장 하차 **시간** 11:00~21:00 **가격** $58(참치구이), $58(카우아이에서 잡은 오파 생선구이), $69(부야베이스) **홈페이지** www.mamasfishhouse.com **전화** 808-579-8488

파이아 피시 마켓 Paia Fish Market

파이아 피시 마켓은 원래 마우이의 어민들이 모여 살던 동네다. 1989년부터 마우이에서 가장 신선한 생선을 잡아 팔던 시장이 지금은 파이아 최고의 해산물 식당이 됐다. 갓 잡은 생선을 튀겨 감자와 함께 내놓는 피시 앤 칩스가 유명하고, 케사디아, 차우더 수프, 파히타와 파스타 등 다양한 메뉴가 있는데, 대부분 새우나 오징어 등 해산물을 주재료로 사용한다. 키헤이(주소: 1913 S Kihei Rd, Kihei, HI 96753)와 라하이나(주소: 632 Front St, Lahaina, HI 96761)에도 지점이 있다.

주소 799 Poho Pl, Paia, HI 96779 **위치** 35번 버스 타고 파이아 타운/찰리스(Paia Town/Charley's) 정류장 하차 **시간** 11:00~21:30 **가격** $13.95(피시 앤 칩스), $12.95(칼라마리와 감자튀김) **홈페이지** paiafishmarket.com **전화** 808-579-8030

로컬들이 아침 식사를 하러 오는 곳

그랜마스 커피하우스 Grandma's Coffeehouse

주소 9232 Kula Hwy, Kula, HI 96790 **위치** 39번 버스 타고 쿨라 하이웨이/쿨라 하스피탈(Kula Hwy./Kula Hospital) 정류장 하차 **시간** 7:00~17:00 **가격** $3.20(베이글과 크림치즈), $2(핫초콜릿) **홈페이지** grandmascoffee.com **전화** 808-878-2140

파이아 마을 등 마우이섬의 가장 날씬한 중심부를 지나 키헤이 쪽으로 내려오는 길, 잠깐 쉬어 가기 딱 좋은 위치에 자리한 작은 카페다. 할레아칼라 국립공원을 보고 내려와 아침을 먹으러 오기에도 좋아 오픈 시간부터 바쁜 곳이다. 고소한 오트밀과 도톰한 팬케이크 등 아침 메뉴는 다양하고 맛있으며, 집에서 만들어 서빙하는 듯한 분위기가 정겹고 소박하다. 할레아칼라산에서 자라는 커피 나무에서 딴 콩으로 로스팅한 유기농 커피 맛도 일품이다. 대부분의 숙소와 거리가 꽤 있지만 일부러 찾아오는 수고를 하고 싶을 정도로 좋다. 숲속에 자리한 것만 같은 푸르른 주변 분위기도 이곳의 매력에 한몫한다.

Tip.

카페에 화장실이 없어 길 건너편의 케오케아 파크Keokoa Park 내 화장실을 이용해야 하는데, 한 바퀴 돌아보기 좋다.

마우이 필수 드라이빙 코스

하나 마을 가는 길 Road to Hana Town

활동적인 여행자가 마우이에서 꼭 해야 할 것이 두 개 있다면 하나는 할레아칼라 국립공원의 일출을 보는 것, 또 하나는 하나 마을 가는 길을 달리는 것이다. 일 년에 50만 명이 달리는 길인데, 표지판이 제대로 세워져 있지 않다. 하지만 그저 쭉 뻗은 길을 계속 달리면 돼 방향이 헷갈리지는 않는데, 워낙 길이 구불거리고 좁아서 운전 초보자가 달리기에는 쉽지 않은 코스다.

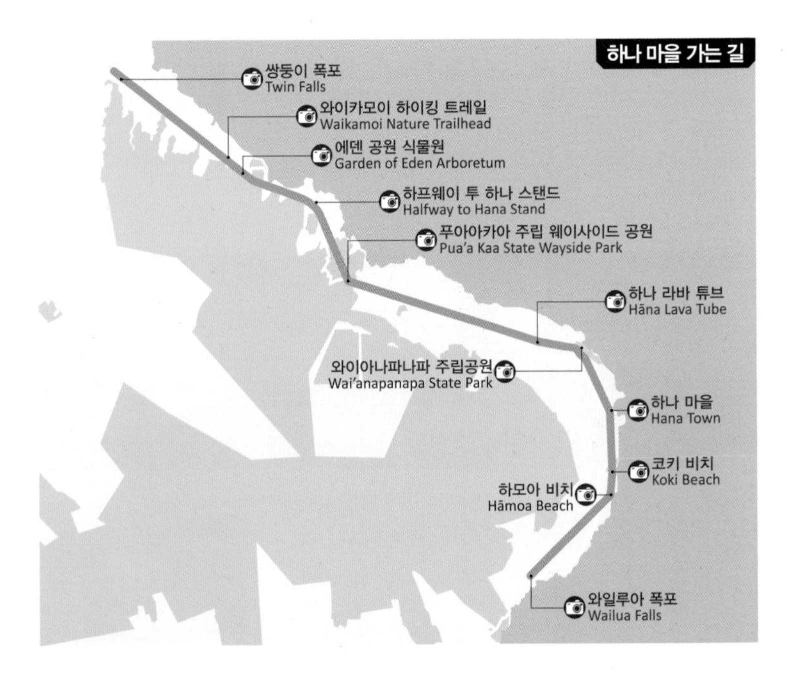

Tip.

하나 마을 가는 길 유의 사항

• **마일 마커Mile Marker 확인하기**

마일 마커는 운전자가 얼마만큼 왔는지 가늠할 수 있도록 안내하는 표지판으로, 파이아 마을에서 출발하는 것을 기준으로(0 마일)해, 마일 마커 2번에는 쌍둥이 폭포Twin Falls가, 와이카모이 하이킹 트레일Waikamoi Nature Trailhead이 옆에 있는 에덴 공원 식물원Garden of Eden Arboretum이 10번, 신선하고 달콤한 바나나 빵을 파는 하프웨이 투 하나 스탠드Halfway to Hana Stand(하나 마을 가는 길 반쯤 오면 나타난다)가 17번, 22번에는 푸아아카아 주립 웨이사이드 공원 Pua'a Kaa State Wayside Park, 지하 용암으로 만들어진 동굴 트레일 하나 라바 튜브Hāna Lava Tube가 31번, 가장 인기 있는 하나 로드의 명소 와이아나파나파 주립공원 Wai'anapanapa State Park이 32번, 그리고 최종 목적지 하나 마을Hana Town이 34번이다. 하나 마을에서 조금 더 남쪽으로 내려가면 와일루아 폭포Wailua Falls(45번)와 코키 비치Koki Beach(51번), 또는 하모아 비치Hamoa Beach(50번)에서 쉬다가 다시 왔던 길로 돌아가면 여정이 마무리 된다.

쌍둥이 폭포 → 와이카모이 하이킹 트레일 → 에덴 공원 식물원 → 하프웨이 투 하나 스탠드 → 와이아나파나파 주립공원 → 하나 마을 → 와일루아 폭포 → 하모아 비치 → 코키 비치

ⓒHawaii Tourism AuthorityTor Johnson

• **일찍 다녀오자**

해가 지면 가로등이 거의 없는 길을 달려 돌아오기가 어려워 아침 일찍 출발해 하나에서 조금 쉬고 다시 돌아오는 것을 추천한다. 편도로 쉬지 않고 달리면 약 3시간 정도 걸리는 거리며, 마우이섬 남부 도로는 렌터카 운행 금지 구역으로, 왔던 길을 그대로 다시 돌아가야 하는데 밤에는 위험하다. 하나 마을 주변에 예쁜 해변도 많고 쫓기며 운전하는 것이 내키지 않는다면 하나에 숙소를 잡고 1박으로 여유 있게 다녀와도 좋다.

• **양보**

하와이는 워낙 양보 운전이 생활화돼 있어 경적을 울릴 일이 거의 없지만 길이 좁고 구불구불한 하나 로드에서는 특히 양보 운전에 신경 쓰고 먼저 길에 진입하는 차에게 양보하자. 600개 이상의 커브를 돌아야 하고 50개가 넘는 일차선 다리가 있어서 서행하며 안전 운전하는 것은 선택이 아닌 필수다. 특히 일차선 다리를 건널 때는 먼저 다리에 올라선 차량이 지나간 후 다리를 건너도록 한다.

• **주유는 자주**

출발할 때 풀 탱크로 시작해서 중간중간 주유소가 보일 때 채워 넣자. 내비게이션으로 주유소를 검색해 넣을 만한 위치를 파악해 두고 출발하는 것이 좋다.

마우이 서부

West Maui

광활하고 전원적인 동부와 다른, 고급 리조트와 쇼핑몰이 밀집돼 있는 서부지만 여전히 오아후에 비하면 고요하다. 전용 수영장이 무척 잘돼 있고 여행자 대비 바다 비율이

오아후와 현저하게 차이가 나, 어떤 해변을 찾아도 사람 많다는 생각은 할 수 없을 정도로 한적하다. 하이킹과 드라이브, 정글과 계곡이 가득한 멋진 마우이의 대자연은 잠시 미루고, 맛있는 현지 음식과 바다, 호캉스와 이따금의 쇼핑으로 점철된, 완전한 몸과 마음의 쉼을 바란다면 마우이 서부를 떠나지 말자.

Best Course

슬래피 케익스(아침)

차로 6분 또는 28번 버스로 21분

카아나팔리 비치(해수욕)

도보 8분

웨일러스 빌리지(쇼핑)

도보 2분

몽키포드

차로 13분

DT 플레밍 파크(물놀이)

차로 19분

나칼렐레 블로우홀(드라이브)

숙소 및 휴식(저녁)

Tip.

라나이 또는 몰로키니 당일치기 투어 또는 라나이 1박의 일정도 추천. 위의 서부 일정을 마치고 마우이에서의 남은 일정은 인근 섬 여행도 고려해 보자.

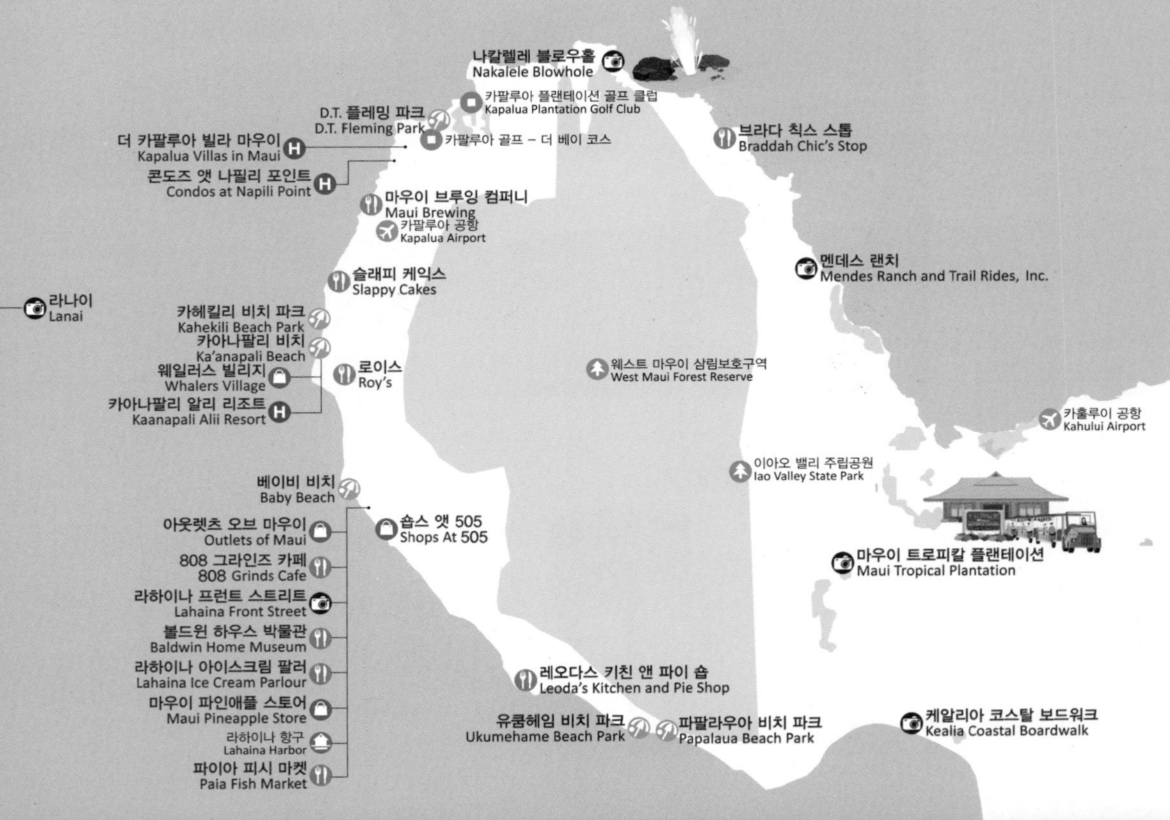
나칼렐레 블로우홀
Nakalele Blowhole
카팔루아 플랜테이션 골프 클럽
Kapalua Plantation Golf Club
D.T. 플레밍 파크
D.T. Fleming Park
카팔루아 골프 – 더 베이 코스
더 카팔루아 빌라 마우이
Kapalua Villas in Maui
콘도즈 앳 나필리 포인트
Condos at Napili Point
브라다 칙스 스톱
Braddah Chic's Stop
마우이 브루잉 컴퍼니
Maui Brewing
카팔루아 공항
Kapalua Airport
멘데스 랜치
Mendes Ranch and Trail Rides, Inc.
슬래피 케익스
Slappy Cakes
라나이
Lanai
카헤킬리 비치 파크
Kahekili Beach Park
카아나팔리 비치
Ka'anapali Beach
웨일러스 빌리지
Whalers Village
로이스
Roy's
카아나팔리 알리 리조트
Kaanapali Alii Resort
웨스트 마우이 삼림보호구역
West Maui Forest Reserve
카훌루이 공항
Kahului Airport
이아오 밸리 주립공원
Iao Valley State Park
베이비 비치
Baby Beach
숍스 앳 505
Shops At 505
아웃렛츠 오브 마우이
Outlets of Maui
808 그라인즈 카페
808 Grinds Cafe
마우이 트로피칼 플랜테이션
Maui Tropical Plantation
라하이나 프런트 스트리트
Lahaina Front Street
볼드윈 하우스 박물관
Baldwin Home Museum
라하이나 아이스크림 팔러
Lahaina Ice Cream Parlour
레오다스 키친 앤 파이 숍
Leoda's Kitchen and Pie Shop
마우이 파인애플 스토어
Maui Pineapple Store
유쿰헤임 비치 파크
Ukumehame Beach Park
파팔라우아 비치 파크
Papalaua Beach Park
케알리아 코스탈 보드워크
Kealia Coastal Boardwalk
라하이나 항구
Lahaina Harbor
파이아 피시 마켓
Paia Fish Market

D.T. 플레밍 파크
D.T. Fleming Park

바비큐 그릴이 설치돼 있어 피크닉을 하러 오기에도 좋은 해변 공원이다. 안전 요원이 상주하고 놀이터와 화장실 등 편의 시설도 잘 구비돼 있다.

주소 Lower Honoapiilani Rd, Lahaina, HI 96761

카아나팔리 비치
Ka'anapali Beach

콘도와 리조트가 즐비하게 늘어선 카아나팔리 지역의 대표적인 해변으로 숙소와 편의 시설, 쇼핑몰, 골프장이 모두 가까이 위치해 물놀이를 하다가 식사를 하거나 숙소에 들르거나 하기가 무척 용이해 접근성이 백점이다.

주소 Lahaina, HI 96761

베이비 비치
Baby Beach

스노클링 초보자에게 추천하는 얕은 수심과 고운 모래의 해변. 베이비 비치라는 이름답게 어린아이들도 안전하게 놀 수 있어 가족 여행자들에게 특히 인기가 좋다. 물이 얕아서 모래와 바다가 그라데이션처럼 섞이는 모습이 무척 예쁘다.

주소 51 Puunoa Pl, Lahaina, HI 96761

카헤킬리 비치 파크
Kahekili Beach Park

마우이 왕국의 마지막 왕이었던 카헤킬리 누이 아후마누Kahekili Nui Ahumanu를 기리는 동판이 있는 해변으로 산책로가 해변 옆으로 조성돼 있다. 바비큐 그릴과 샤워 시설, 화장실도 마련돼 있다.

주소 65 Kai Ala Dr, Lahaina, HI 96761

유쿰헤임 비치 파크 & 파팔라우아 비치 파크
Ukumehame Beach Park & Papalaua Beach Park

나란히 위치한 두 해변은 마우이 서부 최남단 쪽에 있는 해변들로 번화한 라하이나, 카아나팔리, 카팔루아와 같은 리조트 타운과 조금 거리가 있어 더욱 한적하고 깨끗하다. 방해받고 싶지 않은 해수욕을 원한다면 이곳을 추천한다.

주소 615 Honoapiilani Hwy, Lahaina, HI 96761

식당, 쇼핑, 트램까지 갖춘 사탕수수와 파인애플 농장

마우이 트로피컬 플랜테이션 Maui Tropical Plantation

주소 1670 Honoapiilani Hwy, Wailuku, HI 96793 **위치** 20번 버스 타고 와이카푸(Waikapu) 정류장 하차 **시간** 8:00~21:00 **홈페이지** mauitropicalplantation.com **전화** 808-244-7643

넓은 농장을 돌아보며 마우이의 사탕수수와 파인애플 플래테이션에 대해 알아볼 수 있는 곳이다. 하지만 교육적인 느낌보다는 기념품 상점과 맛있는 미국 요리를 전문으로 하는 밀 하우스Mill House 레스토랑, 젤라토 가게 더 스쿠프The Scoop, 트램 투어 그리고 짚라인 회사까지 들어와 있는 재밌는 유원지 분위기가 강해 부담 없이 찾을 수 있는 곳이다. 마우이, 하와이를 테마로 한 기념품 상점 규모가 상당해 농장을 가볍게 산책하고 아이 쇼핑을 하기에 적합하다. 해안가와는 꽤 떨어져 있고 섬 중심부, 공항 근처에 위치해 동부에서 서부로 이동할 때 들러 보기에 위치도 좋다.

아침 일찍부터 밤늦게까지 마우이에서 하루 종일 가장 바쁜 거리

라하이나 프런트 스트리트 Lahaina Front Street

주소 Lahaina, HI 96761 **위치** 20번 버스 타고 와프 시네마 센터(Wharf Cinema Center) 정류장 하차

쇼핑을 좋아하지 않는 사람도, 상점들이 어깨동무하고 나란히 줄 서 있는 듯 귀여운 모습을 한 프런트 스트리트를 구경하는 것은 즐거울 것이다. 꼭 무언가를 사지 않더라도 구경하는 재미가 있는 거리들이 있는데, 라하이나 시내를 이루는 큰 대로 프런트 스트리트가 바로 그런 곳이다. 가격 부담 없는 동네 브랜드 상점들과 우아하고 작은 갤러리, 1850년대 세워져 선교사들이 살았던 마우이에서 가장 오래된 집인 볼드윈 하우스 박물관Baldwin Home Museum, 파이아 마을 일등 맛집인 파이아 피시 마켓Paia Fish Market, 파인애플을 주제로 한 귀여운 상점 마우이 파인애플 스토어Maui Pineapple Store 그리고 달콤하고 신선한 맛이 좋아 종일 바쁜 라하이나 아이스크림 팔러Lahaina Ice Cream Parlour 등 고개를 쏙 들이밀고 구경할 곳들이 정말 많기 때문이다. 여러 미국 브랜드, 하와이 브랜드들이 모여 있는 의류, 신발, 패션 아이템 쇼핑몰인 아웃렛츠 오브 마우이Outlets of Maui와 고래 투어와 주변 섬들로 출발하는 보트가 발착하는 라하이나 항구Lahaina Harbor도 있다. 특별한 목적 없이 그냥 거닐어도 마냥 좋다.

마우이에서 양조한 시원한 맥주 한잔

마우이 브루잉 컴퍼니 Maui Brewing Co.

주소 4405 Honoapiilani Hwy #217, Lahaina, HI 96761 **위치** 28번 버스 타고 로우어 호노아피일라니 로드/카하나 마노르(L. Honoapi'ilani Rd./Kahana Manor) 정류장 하차 **시간** 11:00~22:00 **가격** $6(아일랜드 루트 비어 생맥주) **홈페이지** mauibrewingco.com **전화** 808-669-3474

웨일러스 제너럴 스토어 슈퍼마켓과 하와이언 빌리지 커피 카페, 맥도날드 등이 입점돼 있는 카하나 게이트웨이 쇼핑 센터Kahana Gateway Shopping Center에 자리한다. 신선함을 최대로 강화시키고자 마우이에서 나는 식재료를 사용해 마우이에서 양조하는 맥주와 가장 잘 어울리는 메뉴들을 선보이는 것에 큰 중점을 둔다. 케첩과 머스터드까지 직접 만들어 서빙한다. 해피아워(15:30~17:30)에는 생맥주 가격에서 $1를 할인해 준다. 피시 타코와 햄버거류가 특히 맛있다. 요리와 어울리는 맥주를 메뉴판에서 추천해 주고 있으며 잘 모르겠다면 서버에게 문의하면 친절히 페어링을 안내해 준다. 마우이에 두 곳, 오아후에 두 곳의 식당이 있다.

산책하며 처음 만나는 새와 식물들

케알리아 코스탈 보드워크 Kealia Coastal Boardwalk

주소 N Kihei Rd, Kihei, HI 96753 시간 6:00~19:00

마우이 고유의 식물들이 자라는 해안가의 산책로로 다듬어지지 않은 듯, 사람의 손이 닿지 않은 듯한 야생미가 특징이다. 다양한 종의 새들의 서식지로 망원경을 들고 새를 구경하러 오는 사람들도 있다. 백사장이 길게 펼쳐진 해변이 한쪽에, 늪이 다른 한쪽에 위치한 독특한 풍경을 감상할 수 있다. 판자로 길을 만들어 놓았고, 자주 보이는 새들에 대한 정보를 정리한 판넬도 세워져 있다. 해가 지면 해변에 작은 게들이 아주 많이 나와 기어다니는 것을 볼 수 있다.

마우이에 살았다면 분명 단골이 됐을 맛집

레오다스 키친 앤 파이 숍 Leoda's Kitchen and Pie Shop

주소 820 Olowalu Village Rd, Lahaina, HI 96761 **위치** 라하이나(Lahaina)에서 차로 10분 **시간** 7:00~20:00 **가격** $7.50(라임 파이) **홈페이지** www.leodas.com **전화** 808-662-3600

마우이 사람들에게 '파이 먹었다'고 말하면 '레오다스?'라고 물어볼 정도로 마우이를 대표하는 파이 전문점으로 소문난 곳이다. 하와이에서 나는 식재료를 사용해 건강하고 신선한 맛으로 인기를 끈다. 올로왈루 라임, 애플 크림, 파인애플 마카다미아, 바나나 크림, 코코넛 크림 등 가장 인기가 많은 대표 파이들과 치킨, 옥수수 등 식사 대용으로 먹을 수 있는 파이 메뉴도 있다. 파이 외에도 여러 종류의 햄버거와 호기, 치킨 & 와플, 핫도그와 샌드위치도 판매하는데 역시 하나만 고르라면 파이가 가장 맛있다. 하나 시켜 먹어 보고 여러 개 포장을 해서 가는 손님들이 많다.

하와이 여행 중에는 보험이 적용되지 않는 구간이 따로 지정돼 있다. 길이 험하거나 비포장도로거나 커브가 많거나 좁은 일차선이거나 하는 경우가 대부분인데, 마우이에는 이러한 구간이 세 곳이 있다. 이 구간들이 있어서 섬을 한 바퀴 도는 것이 어려운 것이다. 위험을 감수하고 렌터카 주행 불가 지역을 다녀오고 싶다면 그것은 여행자의 자유다. 실제로 북부 해안가를 따라 볼 만한 곳이 몇 군데 있다.

힘 있게 솟구치는 물기둥

나칼렐레 블로우홀 Nakalele Blowhole

하와이어로 '기울어진'이라는 뜻의 이름을 가진 곳으로 바다 위를 덮고 있는 바위에 구멍이 나 그 사이로 물이 솟구치는 장면을 볼 수 있다. 파도가 거셀 때 특히 높이 물기둥이 솟아올라 멋진 장면을 연출한다. 최대 높이는 30m로 바람이 많이 불면 꽤 위험할 수 있다. 관광객들은 절대 블로우홀에 등을 돌리거나 하지 말고 물기둥이 오르락내리락하는 정도에 유의해 감상해야 한다. 실제로 블로우홀에 빨려 들어간 사고도 있었으니 주의하자.

주소 Poelua Bay, Wailuku, HI 96793

말을 타고 마우이를 달려 보자
멘데스 랜치 Mendes Ranch and Trail Rides, Inc.

19세기 후반 포르투갈에서 마우이섬으로 이주한 가족이 대를 이어 운영하는 농장으로, 승마 투어로 인기가 많다. 물도 잘 흐르지 않던, 전기도 없던 시절부터 땅을 일구어 지금의 농장을 일구어 냈고, 마우이 서북부를 찾는 여행자들과는 말을 타고 함께 이 지역을 돌아본다. 아침, 점심 프로그램으로 운영되는 승마 투어를 신청하면 해안가를 따라 난 길을 말을 타고 돌아볼 수 있으며 전문 마우이 가이드의 자세한 설명을 들으며 마우이에 대해 좀 더 깊이 알 수 있게 된다. 또 바다와 산을 배경으로 멋진 사진도 계속해서 찍어 준다. 18세 이하는 성인 동반 시 승마가 가능하며 프로그램은 약 90분 소요된다.

주소 3530 Kahekili Hwy, Wailuku, HI 96793 **시간** 7:00~18:00(월~토) **요금** $135(아침 승마 1인당) **홈페이지** mendesranch.com **전화** 808-871-5222

Tip.

개별 하이킹도 가능하다

멘데스 랜치 입구 쪽에 '와이히 리지 트레일Waihee Ridge Trail' 푯말을 따라 가이드 없이 하이킹을 해볼 수도 있다. 경사가 꽤 가파르고 길이 험하니 산을 자주 올랐던 숙련된 하이커들에게 추천하는 길이다.

주소 Kahekili Hwy, Wailuku, HI 96793 **시간** 7:00~19:00

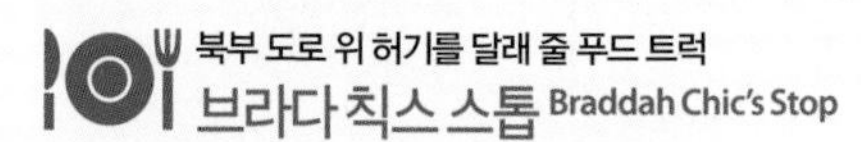

북부 도로 위 허기를 달래 줄 푸드 트럭
브라다 칙스 스톱 Braddah Chic's Stop

북부를 달리다 허기가 지면 잠깐 세워 이곳에서 간단하게 요기를 하자. 샛노란 트럭으로 눈에 잘 띄는 브라다 칙스 스톱은 마우이 서북부 여행자들에게 이미 입소문이 난 푸드 트럭이다. 메뉴는 핫도그, 감자튀김 등 특별할 것 없지만 카하쿨로아 비치 뷰가 아름답고 이 지역 길을 운전하는 것이 워낙 쉽지 않아 입맛이 절로 돈다.

주소 7495 Kahekili Hwy, Wailuku, HI 96793 **시간** 9:00~17:00

오픈 전부터 줄을 서는 아침 식사 카페

808 그라인즈 카페 808 Grinds Cafe

주소 843 Waine'e St, Lahaina, HI 96761 **위치** 20번 버스 타고 와프 시네마 센터(Wharf Cinema Center) 정류장 하차 **시간** 7:00~14:00 **가격** $12(아보카도 시금치 에그 베네딕트) **홈페이지** www.808grindzcafe.com **전화** 808-868-4147

식료품점과 영화관이 있는, 1964년 오픈해 작게 운영 중인 동네 쇼핑몰 올드 라하이나 센터Old Lahaina Center 내 위치한 카페다. 오후 두 시면 문을 닫는 아침 식사 전문 식당이다. 오픈하기 전부터 줄을 길게 서니 일곱 시 조금 전에 도착하면 기다리지 않고 입장 가능하다. 특제 스윗 크림 소스가 유명한데, 팬케이크나 와플, 프렌치토스트에 뿌려 먹는 메뉴가 가장 잘나가고 매일 바뀌는 오늘의 특별 메뉴도 있다. 하와이 프린트가 된 식탁보를 깔고 특별한 실내 장식 없이 푸짐한 양과 홈메이드 느낌의 다정다감한 메뉴들로 승부를 본다. 오픈하고 줄을 섰던 사람들이 착석하면 스페셜을 크게 읊어 주고 메뉴판에도 적어 둔다.

골프장 뷰가 멋진 식당
로이스 Roy's

주소 2290 Kaanapali Pkwy Suite A, Lahaina, HI 96761 **위치** 25, 28번 버스 타고 웨일러스 빌리지(Whalers Village) 정류장 하차 **시간** 6:00~21:30 **가격** $14(시저 샐러드), $10(트러플 감자 튀김) **홈페이지** royshawaii.com **전화** 808-669-6999

유명 셰프 로이 야마구치의 현대적인 하와이 퓨전 식당으로, 카아나팔리 골프 코스 입구 쪽에 위치해 거의 클럽하우스 역할을 한다. 라운딩 전후로 골퍼들이 특히 많이 찾는 식당이다. 바 자리가 따로 있어 간단한 식사나 맥주 한잔, 스낵 등을 즐길 수 있고 느긋하게 필드를 감상하며 식사를 할 수 있는 테이블 자리도 넓다. 말주변 좋은 서버들이 세심하게 챙겨 주고 그날 특히 맛있는 메뉴를 추천해 주기도 한다. 트러플 향이 진하게 나는 감자튀김도 맛있고, 육즙 가득 머금은 두툼한 패티의 햄버거도 좋다.

카아나팔리 해안가에 자리한 쇼핑몰

웨일러스 빌리지 Whalers Village

주소 2435 Kaanapali Pkwy, Lahaina, HI 96761 **위치** 25, 28번 버스 타고 웨일러스 빌리지(Whalers Village) 정류장 하차 **시간** 9:30~22:00 **홈페이지** whalersvillage.com **전화** 808-661-4567

바다 옆에 위치해 해수욕을 하다 뛰어 들어와 막간의 쇼핑을 즐기는 사람들이 많은 곳이다. 주변에 호텔과 리조트도 많아 늘 붐비고 그만큼 분위기도 활기차고 들떠 있다. 훌라 그릴, 레일라니스 온 더 비치, 몽키포드 등 마우이를 대표하는 맛집들과 함께 화장품 셀렉트 숍인 세포라와 상큼한 트로피컬 맛이 좋아 추천하는 오노 젤라토 아이스크림 가게도 입점돼 있다. 입장할 때 보이는 큰 고래 뼈로 짐작할 수 있듯이 이곳은 고래가 잘 보이는 마우이 서부 해안가의 특징을 살린 곳으로 고래 박물관도 자리한다. 어린이들을 위한 놀이터와 레이 만들기 수업, 훌라 수업도 종종 무료로 진행하고 음악 공연, 훌라 공연 등 다양한 이벤트가 자주 열린다.

줄 서서 먹는 아침 식사 식당
슬래피 케익스 Slappy Cakes

주소 3350 Lower Honoapiilani Rd #701, Lahaina, HI 96761 **위치** 28번 버스 타고 호노코와이 쇼핑 센터(Honokowai Shopping Center) 정류장 하차 **시간** 7:00~13:00 **가격** $8~(팬케이크), $14(버섯 에그 스크램블) **홈페이지** slappycakesmaui.com **전화** 808-419-6600

꽤 넓은 식당이지만 만석이 아닌 날이 없는 맛있는 아침으로 유명한 식당이다. 도톰하면서도 보드라운 팬케이크가 특히 맛있는데, 초콜릿, 버터밀크, 시즌 스페셜, 글루텐프리/비건 반죽을 먼저 고르고 망고, 파파야, 파인애플, 코코넛 등 다양한 토핑을 유료($2~)로 골라 추가해 주문하는 식이다. 직접 팬케이크를 만들어 볼 수가 있어 아이들이 특히 좋아한다. 입맛 돌게 하는 메뉴가 여럿이라 마우이에 오래 머물면 아침마다 찾게 되는 곳이다. 양이 아주 많으니 남는 것은 꼭 포장해 가도록 하자. 직접 만드는 코코넛 시럽을 베이스로 하는 '마우이 모사'나 로컬 식재료로 만드는 블러디 메리 등의 칵테일도 맛있다.

알록달록 새단장한 쇼핑몰과 식당가
숍스 앳 505 Shops At 505

주소 505 Front St, Lahaina, HI 96761 **위치** 20번 버스 타고 와프 시네마 센터(Wharf Cinema Center) 정류장 하차 **시간** 8:00~21:00

슈퍼마켓, 비치 웨어 브랜드, 아침 식사가 맛있는 베티스 비치 카페Betty's Beach Cafe, 이발소, 타투 가게, 리무진 렌트점, 서핑 스쿨, 투어 업체 등 다양한 업체들이 모여 있고 계속해서 확장 예정인 신생 쇼핑몰이다. 프런트 스트리트의 번화한 중심부에서 벗어나 조금만 걸으면 나타난다. 예쁜 건물들이 모여 있는 모습이 마치 영화 세트장 같다.

마우이 쇼핑 원더랜드

더 숍스 앳 와일레아 The Shops at Wailea

주소 3750 Wailea Alanui Dr, Wailea, HI 96753 **위치** 10번 버스 타고 와일레아 이케 드라이브(Wailea Ike Drive) 정류장 하차 **시간** 9:30~21:00 **홈페이지** www.theshopsatwailea.com **전화** 808-891-6770

70개 이상의 상점과 식당, 갤러리, 라이브 공연 등이 있는 대형 쇼핑몰이다. 프런트 로우와 숍스 앳 505가 그저 부담 없이 산책하기 좋은 곳이라면 더 숍스 앳 와일레아는 작정하고 쇼핑을 원하는 사람들에게 추천한다. 바나나 리퍼블릭, 빌라봉, 블루 진저, 보테가 베네타, 구찌, 호놀룰루 쿠키, 래퍼츠 하와이, 루이 비통, 말리부 셔츠, 프라다, 립컬 등 명품 브랜드 상점들과 로컬 브랜드, 서핑과 수영, 스포츠 브랜드와 미국 중가 캐주얼 웨어 등을 모두 찾아볼 수 있다. 루스 크리스 스테이크 하우스 마우이 지점과 스타벅스, ABC 스토어와 웨일러스 슈퍼마켓도 있다.

세계적인 골퍼 아놀드 파머Arnold Palmer가 설계한 카팔루아 골프 클럽 빌리지Kapalua Golf Club Village, 벤 크렌쇼Ben Crenshaw가 설계한 카팔루아 플랜테이션 골프 클럽Kapalua Plantation Golf Club을 비롯해 마우이에는 무려 14개의 골프장이 있다. 하와이 주요 섬 네 곳에 모두 골프장들이 있고 일 년 내내 골프를 즐길 수 있으며 한국보다 저렴한 가격으로 칠 수 있어 골프를 좋아하는 사람이라면 하와이 여행 중 라운딩은 필수다. 한적하면서도 고급 호텔과 리조트, 쇼핑, 맛집도 있는 마우이섬에서의 골프가 선풍적인 인기를 끌고 있다. 하와이 관광청 홈페이지에서 각 코스의 특징과 정보를 안내하니 골퍼들이라면 꼭 참조하자

홈페이지 www.gohawaii.com/islands/maui/things-to-do/land-activities/Golf

Tip.

파머가 설계한 골프장으로는 오아후섬의 터틀 베이 리조트 골프 클럽Turtle Bay Resort Golf Club도 있다. 이곳에서 터틀 베이 챔피언십Turtle Bay Championship과 LPGA SBS 오픈이 열린다.

라나이 Lanai

한때 세계에서 가장 큰 파인애플 농경지였던 라나이는 약 3천여 명의 주민이 거주하는 섬으로, 교통 체증, 신호등도 없는 평화롭고 아름다운 낭만적인 여행지다. 9만 에이커(약 1억 1천만 평)의 대지는 고개를 한껏 들어야 꼭대기가 보이는 키 큰 나무들과 찰싹이는 파도 소리가 유난히 크게 들리는 고요한 해변으로 둘러싸여 있다. 마우이에서는 라하이나Lahaina 항구에서 출항하는 보트를 이용하는 것이 보통이며 당일 투어로 돌아볼 수도, 자유 여행으로 배편만 예약해 라나이에서 숙박을 할 수도 있다.

홈페이지 www.gohawaii.com/islands/lanai

자유 여행

마우이-라나이 보트 티켓을 개별 구매해 섬에 원하는 만큼 머무르고 돌아올 수 있다. 항구와 해변이 멀지 않고 배 스케줄도 홈페이지에 고지가 되어 있으며 구매 후 이메일 등으로 받아 본 바우처/티켓을 보여 주고 탑승하면 되니 어렵지 않다.

홈페이지 go-lanai.com

투어

한국인 투어 가이드가 있어 더욱 즐겁고 편안한 투어 업체 트릴로지Trilogy(sailtrilogy.com)를 추천한다. 한 보트에 크루가 여러 명 올라 투어에 참여하는 한 명 한 명에게 개별적인 관심을 쏟고 즐거운 시간을 보낼 수 있도록 케어한다. 안전 수칙을 꼼꼼히 설명하고 스누바SNUBA라는, 스노클링과 스쿠버 다이빙 중간쯤 되는 특별한 투어도 추가 요금으로 진행하는데 무척 흥미롭다. 전문가와 함께 스누바 장치에 연결돼 이 장치를 중심으로 문어발처럼 스누바 줄을 달고 바다 속에서 유영하는 것이다. 투어 신청 후 보트 위에서 스누바에 대한 추가 설명을 듣고 신청할 수도 있다. 트릴로지가 유명한 것 중 하나는 음식인데, 탑승하자마자 건네는 뜨거운 커피와 각종 주스, 맥주와 칵테일과 나누어 주는 시나몬 번의 맛은 기가 막힌다. 시나몬 번 때문에 트릴로지 투어를 계속해서 신청하는 사람이 있을 정도로 유명하다. 그 외에도 나초나 과일 등 간식이 끊임없이 제공되고 식사도 원하는 만큼 계속해서 서빙해 주어, 우스갯소리로 섬을 구경하는 것이 아니라 먹으러 탄 보트라고 할 정도로 투어 내내 배가 든든하다. 라나이에 도착해서는 해변에서의 자유 시간을 주고 마우이로 돌아가기 전 바비큐 식사를 한다. 스노클링, 튜브, 오리발 등 장비도 제공하고 전문 사진사가 함께 탑승해 원하는 사람에 한해 사진 촬영을 보트 위와 물 속에서 진행한다. 마우이로 돌아가는 길에 사진을 보고 구매 여부를 결정할 수 있다.

시간 8시간 소요(6:30~14:30, 10:00~18:00) **요금** $220(18세 이상), $189(13~17세), $120(3~12세)

숙박

AAA 다이아몬드 5개 리조트에서 보내는 꿈결 같은 밤, 포시즌스 리조트 라나이Four Seasons Resort Lanai. 마우이보다도 더 고요하고 평화로운 이 섬의 아침과 밤은 유난히 아름답다. 213개의 객실로 이루어진 대형 리조트는 하와이에서 가장 큰 호사를 누리려면 밤을 보내야 하는 최고의 숙소다. 낮에는 리조트에서 살고 있는 앵무새들이 조잘대고 밤이면 횃불이 타오르는 푸른 열대 정원과 이국적인 꽃과 나무로 울창한 산책로를 지나면 만나는 객실은 실내 온도, 서비스 및 사생활 보호 기능의 통합 컨트롤 시스템을 이용해 쾌적한 투숙을 약속한다. 딘 앤 델루카 미니바와 쿠쿠이넛 오일로 만든 천연 세면 어메니티 등 어느 한 곳 최고로 신경 쓰지 않은 디테일이 없다. 사격, 양궁, 낚시, 승마, 요가, 골프 클리닉, 테니스 레슨, 하이킹, 파일럿 체험, 오프로드 체험, 마우이 일일투어, 비행 레슨 등 다양한 액티비티도 진행하며 리조트 내 야외 수영장과 바로 앞에 위치한 해변에서 스노클링과 스쿠버 다이빙도 즐길 수 있으니 하룻밤으로는 너무나 부족하다. 잭 니클라우스가 설계한, 환상적인 바다 뷰의 마넬레 골프 코스도 추천한다. 포시즌스 리조트 라나이는 최초로 호텔 맞춤 침대를 배치해 두었고, 투숙객이 직접 침대의 종류를 고를 수 있어 여행의 모든 피로를 씻은 듯 사라지게 하니 전체 일정의 마지막을 라나이로 장식해도 좋을 것이다.

포시즌스 리조트 라나이 투숙객들을 위한 특별한 서비스는 이에 그치지 않는다. 라나이 공항에는 포시즌스 전용 라운지가 있어 라나이 공항으로 오아후에서 바로 이동하는 여행객들은 편하게 섬에 도착할 때와 떠날 때도 공항-호텔 이동을 더욱 편안하게 할 수 있다. 또 앰버서더(컨시어지)가 사전 체크인, 액티비티와 레스토랑 예약, 지프차 대여 등을 돕는다.

주소 1 Manele Bay Rd, Lanai City, HI 96763 **홈페이지** www.fourseasons.com/lanai **전화** 808-565-2000

몰로키니 Molokini

Tip.

트릴로지에서는 라나이와 몰로키니 외에도 카아나팔리, 디너 크루즈, 선셋 크루즈를 운항한다.

홈페이지 www.gohawaii.com/islands/maui/regions/south-maui/Molokini

반달 모양의 총 면적 9헥타르로 작은 무인도 몰로키니는 마우이에서 당일치기 투어로 돌아보기 좋은 여행지다. 파도가 비교적 잔잔한 오전 시간에 더 많은 몰로키니 앞 바다 수중 생물들을 구경할 수 있어, 아침 일찍 출발해 해가 지기 전에 돌아온다. 몰로키니는 약 46m까지 내다보이는 맑은 수질을 자랑한다. 투어 중 스노클링을 하며 250여 종의 물고기와 산호초, 물개 등 다양한 생물들을 볼 수 있다. 운이 좋으면 돌고래들이 보트 앞에서 멋지게 헤엄치며 함께 수영해 준다.
보통 마알라에아Ma'alaea 항구에서 출항하며 출항 전 항구에 주차를 하고 예약 명단을 확인하는 등 절차가 있으니 여유 있게 일찍 도착하도록 한다. 날씨에 따라 바람이 꽤 불면 배 멀미를 할 수 있으니 출항하기 전 미리 약을 먹도록 한다. 한국에서 미리 준비해 가지 못했더라도 대형 슈퍼마켓에서 판매한다. 라나이와 마찬가지로 트릴로지Trilogy와 함께하는 일일 투어를 추천한다.

시간 5.5시간 소요(7:00~12:30, 8:00~13:30) **요금** $140(18세 이상), $125(13~17세), $85(3~12세)

마우이 추천 숙소

오아후에 비해 대중교통편이 확실히 협소하기 때문에 렌터카를 이용하지 않는다면 교통편이 편리한 서부 라하이나-카아나팔리 지역 쪽에 머무는 것을 추천한다. 실제로도 대부분의 숙소가 이 지역에 밀집돼 있다. 이 지역에서 멀어질수록 편의성은 덜하지만 더욱 한적하고 평온한 마우이를 만끽할 수 있다.

마우이 최고의 호사를 누리려면 이곳에서 잠들자

카아나팔리 알리 리조트 Kaanapali Alii Resort

주소 50 Nohea Kai Dr, Lahaina, HI 96761 **위치** 28번 버스 타고 웨일러스 비리지(Whalers Village) 정류장 하차 **가격** $389~(원베드룸 가든 뷰) **홈페이지** www.kaanapalialii.com **전화** 808-667-1400

최신 설비의 피트니스 센터와 스파, 테니스장, 골프 코스, 바다 전망의 야외 수영장과 바비큐 그릴 시설을 갖춘 럭셔리한 리조트다. 몇 걸음만 걸어가면 해변과 여러 상점, 식당이 모여 있는 웨일러스 빌리지가 나타나 편의성도 만점이며 리조트 안은 이와 대조적으로 매우 프라이빗하게 느껴진다. 현지 직원들의 가족 정신(오하나ohana)에서 우러나는 친절하고 섬세한 서비스도 이곳을 강력하게 추천하는 이유다. 수영장과 바다가 보이는 전망의 쾌적한 객실은 룸 타입에 따라 다르지만 보통 한 가족이 머물러도 충분할 정도로 넓고 편안하다. 냉장고와 주방 설비도 훌륭하게 준비돼 있어 오래 머물며 취사를 해도 부족함이 없다. 《USA Today》가 꼽은 미국 최고의 가족 숙소 10위 안에 꼽히고 《Travel & Leisure》에서 하와이 최고 가성비 숙소로 꼽히는 등 이미 소문난 인기 리조트다. 리조트 피가 따로 없고 매일 제공되는 메이드 서비스도 추가 금액이 없다는 것도 큰 장점이다.

해변 세 개와 마주한 골프장이 딸린 바캉스 숙소

더 카팔루아 빌라 마우이 Kapalua Villas in Maui

주소 300 Kapalua Dr, Lahaina, HI 96761 **위치** 28번 버스 타고 로우어 호노아피일라니 로드/나필리 카이(L. Honoapi'ilani Rd./Napili Kai) 정류장 하차 **가격** $229(1 베드룸 골프 빌라) **홈페이지** www.outrigger.com/hotels-resorts/hawaii/maui/the-kapalua-villas **전화** 808-665-9170

3개의 해변, 골프 코스, 골프 아카데미, 테니스 코트, 하이킹 루트까지 갖추고 있어 레저와 쉼을 모두 누릴 수 있는 아파트와 빌라로 구성된 홀리데이 홈이다. 침실 개수는 1개부터 3개까지 다양하다. 모든 빌라는 세탁기와 주방, 케이블 TV, 에어컨과 전망 또한 갖추었으며 1일 리조트 차지는 빌라 당 $39다. 샌드위치 등 간단한 식사와 식재료를 판매하는 호놀루아 상점도 단지 내 위치하며 하와이, 지중해, 해산물 레스토랑을 포함해 11개의 레스토랑도 있다.

믿고 묵는 5성 호텔 포시즌스

포시즌스 앳 와일레아 Four Seasons at Wailea

주소 3900 Wailea Alanui Dr, Kihei, HI 96753 **위치** 10번 버스 타고 와일레아 이케 드라이브(Wailea Ike Drive) 정류장 하차 **가격** $950(마운틴 사이드룸) **홈페이지** www.fourseasons.com/maui **전화** 808-874-8000

투숙객 한 명 한 명을 정성스레 대접하는, 가격이 납득이 될 정도의 고급스러운 머무름을 선사하는 포시즌스의 마우이 호텔이다. 67개의 카바나가 마련된 수영장, 인피니티 풀, 50인치 TV가 설치된 세레니티 풀의 카바나 등 아름다운 해변이 지척에 있지만 호텔 밖을 나가기 싫을 정도로 물놀이 시설이 환상적이다. 전문가와 함께하는 출사, 카약, 바다 요가 등 다양하고 독창적인 자체 프로그램들을 운영하며 럭셔리 와인 & 푸드 페스티벌도 해마다 개최한다. 이쯤되면 마우이가 아니라 포시즌스에 투숙하는 것이 여행이 될 정도로 풍족한 경험을 제공한다.

스노클링하기 좋은 바다 앞 콘도

콘도스 앳 나필리 포인트 Condos at Napili Point

주소 5295 Lower Honoapiilani Rd, Lahaina, HI 96761 **위치** 28번 버스 타고 로우어 호노아피일라니 로드/나필리 쇼어스(L. Honoapi'ilani Rd./Napili Shores) 정류장 하차 **가격** $249(1 베드룸 오션뷰) **홈페이지** www.napili.com **전화** 808-669-9222

다양한 열대 생물들이 서식해 스노클링하기 좋은 호노케아나만 Honokeana Bay 앞에 위치한, 115개의 저층 콘도로 모든 객실이 바다 뷰를 자랑한다. 몰로카이와 라나이섬이 희미하게 보이는 푸른 바다 못지않게 야외 수영장도 쾌적하고 넓다. 야외 바비큐와 피크닉 테이블도 마련돼 있으며, 모던하고 군더더기 없이 깔끔한 인테리어의 개별 콘도는 아늑하다.

해변가 하얏트의 럭셔리한 리조트

안다스 마우이 앳 와일레아 리조트 - 에이 컨셉 바이 하얏트

Andaz Maui at Wailea Resort - A Concept by Hyatt

주소 3550 Wailea Alanui Dr, Wailea, HI 96753 **위치** 10번 버스 타고 와일레아 이케 드라이브(Wailea Ike Drive) 정류장 하차 **가격** $1,529(1 킹 베드 파셜 오션뷰) **홈페이지** www.hyatt.com/en-US/hotel/hawaii/andaz-maui-at-wailea-resort/oggaw?src=corp_lclb_gmb_seo_nam_oggaw **전화** 808-573-1234

모카푸 비치Mokapu Beach 앞에 자리한 리조트로, 폴리네시아 문화의 아름다운 전통과 세련된 하얏트 계열의 모던한 인테리어와 최신 편의 시설을 결합했다. 35개의 스위트를 포함하는 301개의 객실과 11개의 럭셔리 빌라로 구성돼 있으며 수영장은 해변 뷰가 보이는 곳 3개, 인피니티 풀, 라군 풀, 성인 전용 풀 등 여러 개가 리조트 내에 위치한다. 24시간 오픈하는 피트니스 센터, 럭셔리한 스파, 애완동물을 위한 서비스도 마련해 두었다. 리조트 내 식당은 24시간 오픈하는 마켓 스타일의 식당을 포함해 4개며 자체 루아우 공연도 주 2회 진행한다. 리조트 피는 1일에 $48+세금이다.

Big Island

빅아일랜드

광활한 몸집으로 생동감이 활화산처럼 솟아나는 섬

공식 명칭은 하와이 제도의 섬들을 발견했다고 알려진 폴리네시아의 항해가 하와일로아Hawai'iloa에서 유래한 하와이섬Hawaii이다. 하지만 하와이주를 가리켜 부르는 이름과 혼동이 있어서 그런지, 아니면 총 면적 10,458km²로 하와이주의 2/3 정도를 차지하는 크고 광활한 이 섬의 모습과 가장 잘 어울리는 이름이라 그런지 모두가 '빅아일랜드'라고 부른다. 하와이 제도 다른 모든 섬들을 다 합쳐도 빅아일랜드 면적에 미치지 못한다. 몸집도 몸집이지만 섬들 중 나이도 가장 어려, 용암이 끓는 활화산들이 자리한 생동감 넘치는 여행지라 할 수 있다. 자연의 웅장함과 위대함에 존경을 절로 표하게 되는 빅아일랜드는 낭만적인 구석도 많다. 그 반전 매력에 흠뻑 빠져 보자.

빅아일랜드 가는 길

대부분의 사람들이 이용하는 서쪽의 엘리슨 온니주카 코나 국제공항Ellison Onizuka Kona International Airport(KOA)과 동쪽의 힐로 국제공항Hilo International Airport(ITO)을 이용해 빅아일랜드로 올 수 있다. 주내선을 이용해 공항이 있는 하와이 주요 섬에서 쉽게 이동할 수 있으며 비행 시간은 약 40~55분이다. 섬이 크기 때문에 숙소와 가까운 공항을 이용하는 것이 좋다. 힐로와 코나를 모두 여행해야 빅아일랜드의 멋진 모습들을 모두 볼 수 있기 때문에, 코나/힐로 공항 둘 중 하나로 IN 하여 나머지 하나로 OUT 하는 루트를 선택한다. 렌터카 픽업과 반납 역시 공항 IN/OUT을 염두에 두고 선택하도록 한다.

공항에서 시내로

스피디 셔틀SpeediShuttle이 코나 공항 픽업 서비스를 운행한다. 요금은 코나 지역 호텔은 편도로 $14, 와이콜로아 호텔은 $29.16, 마우나 라니-마우나 케아 호텔은 $31.88 정도(2인 기준)다. 전용 셔틀, 세단, 리무진, SUV 등 차량도 선택할 수 있다(추가 요금 발생).

홈페이지 www.speedishuttle.com/hawaii-island-airport-shuttles

힐로 공항에서는 공항 레스토랑과 헬리콥터 서비스 카운터 사이에서 출발해 힐로 시내로 이동하는 헬레 온 버스Hele-on-bus를 이용할 수 있다. 월요일부터 토요일(8:00, 9:20, 10:40, 12:00, 13:20, 14:40, 16:00, 17:20)까지 출발하며 스케줄 변동이 있을 수 있으니 인포메이션에 문의 후 탑승하도록 한다. 코나 공항에서도 파할라-코나-사우스 코할라Pahala-Kona-South Kohala 루트를 따라 헬레 온 버스가 공항에서부터 8시 30분~16시 35분(월~토) 동안 이동한다. 역시 공항 인포메이션에 정확한 탑승 시간을 문의해 타도록 한다. 차로 이동 시 코나 공항에서 보통 숙소들이 밀집돼 있는 카일루아까지는 20분, 와이콜로아까지는 30분이 걸리며 힐로 공항에서는 힐로 시내까지 5분 남짓 소요된다.

빅아일랜드 시내 교통

◎ 헬레 온 버스 Hele-on-Bus

빅아일랜드 전역을 이동하는 버스 루트로 홈페이지에 각 노선별 시간표와 지도를 안내한다. 배차 간격이 긴 편이고 구석구석 아주 자세히 다니지는 않아 뚜벅이 여행자는 길에서 소비하는 시간이 꽤 많을 것이지만 그래도 자동차를 제외하고 주요 명소들을 가 볼 수 있는 유일한 수단이다. 요금은 편도로 $2, 60세 이상과 장애인은 $1, 4세 이하는 무료며 현금만 결제 가능하다. 거스름돈을 주지 않으니 정확하게 지불하도록 한다.

홈페이지 heleonbus.org **전화** 808-961-8744

◎ 렌터카

인구 밀도는 낮아 한참을 씽씽 달려도 교통 체증이 없지만 그만큼 졸음 운전이나 과속으로 인한 사고의 위험이 있으니 유의하도록 한다. 또 섬이 크기 때문에 주유소가 드문드문 있으니 기름은 늘 잘 채워 주도록 한다. 밤이 깊으면 가로등이 많지 않아 야간 운전이 익숙하지 않다면 주의하도록 한다. 빅아일랜드는 워낙 섬이 커서 비포장 도로 구간도 꽤 있는데, 4륜구동 SUV로만 주행할 수 있도록 하거나 렌터카 보험이 적용되지 않는 구간이 있어 렌트 시 문의하고 차종을 잘 선택하도록 한다. 섬 한가운데를 가로지르는 멋진 도로의 이름은 새들 로드Saddle Road(공식 명칭 State Route 200)다. 예전에는 언덕이 심하고 길이 잘 닦이지 않아 말을 탄 듯 굴곡이 심해 '안장'이라는 이름을 붙인 것인데, 지금은 잘 닦여 있고 시야도 넓고 풍경도 아름다워 힐로-코나를 이동하는 시간이 즐겁다. 새들 로드를 신나게 달리는 것도 빅아일랜드 여행의 백미다.

◎ 와이콜로아 쇼핑 트롤리 Waikoloa Shopping Trolley

메리어트나 힐튼 등 와이콜로아 지역의 호텔에서 묵는다면 유용할, 주 7일 운행하는 쇼핑몰 셔틀도 있다. 편도로 성인 $2, 5~12세 $1로 메리어트→힐튼→킹스 숍스→퀸스 마켓플레이스를 오가는 짧은 루트다.

◎ 홉 온 홉 오프 Hop on Hop off

클락스 하와이 투어스를 비롯해 여러 개별 여행 에이전시에서 자유롭게 타고 내릴 수 있는 투어 버스를 운행한다. 클락스의 경우 코나 지역과 공항 셔틀을 운행한다.

홈페이지 www.clarkshawaiitours.com

◎ 자전거

코나 지역에서 이용 가능한 바이크 쉐어 서비스가 있다. 세 곳의 정류장 아무 곳에서나 대여, 반납 가능하며 홈페이지에서 실시간으로 잔여 자전거 개수를 확인할 수 있다.

요금 1회: $3.50(30분), $20(300분)/ 한 달 자유 이용권(1회 당): $15(30분), $25(60분) **홈페이지** hawaiiislandbikeshare.org

힐 로

H i l o

나무는 더 크고, 바다는 더 깊은 듯, 땅속에서 꿈틀거리는 용암이 느껴지는 듯한 기분이 절로 든다. 빅아일랜드의 '빅'이 실감나는 고요하고 신비로운 분위기의 힐로. 그 어떤 것에도 방해 받지 않고 오로지 나만을 위한 시간을 보내고 싶다면 하와이 다른 모든 곳을 제껴 두고 힐로로 떠나 보자. 살아 숨 쉬는 활화산을 볼 수 있는 하와이 화산 국립공원과 초록색, 검은색 해변을 돌아보면 난생 처음 만나는 자연미에 깊은

감동을 받게 된다. 하와이에서 가장 비가 많이 오는 지역이니 후두둑 떨어지는 비에 더욱 진해지는 자연의 내음도 맡아 보도록 하자. 그 앞에서 한없이 작아지는, 그러나 초라함이 아니라 경외감을 느끼게 하는 힐로의 자연을 소개한다.

Best Course

빅아일랜드 섬이 워낙 커서 이동시간이 긴 연유로, 힐로와 코나 모두 BEST COURSE를 이틀에 나누어 정리해 소개한다.

- Day1-

켄스하우스오브 팬케익스(아침)
차로 36분
↓
하와이 화산 국립공원
차로 39분
↓
루시스 타케리아(점심)
차로 2분 또는 도보 8분
↓
태평양 쓰나미 박물관
차로 6분
↓
캔디스(디저트)
차로 4분
↓
릴리우오칼라니 공원
(산책)
차로 15분
↓
하와이 트로피칼 보태니컬 가든
차로 18분
↓
아카카 폭포
차로 25분
↓
힐로 베이 카페(저녁)

- Day2-

리차드슨 오션 파크
(해수욕)
차로 6분
↓
수이산피시마켓(점심)

차로 1시간 10분
↓
하와이 화산 국립공원
차로 39분
↓
블랙 샌드 비치

차로 39분
↓
그린 샌드 비치
차로 1시간 50분
↓
힐로 시내(저녁)
차로 4분

NASA 적외선 천문대 설비
마우나케아산
Mauna Kea
그랜드 나닐로아 호텔 힐로 – 어 더블트리 바이 힐튼
Grand Naniloa Hotel Hilo - a DoubleTree by Hilton
릴리우오칼라니 공원
Lili'uokalani Park and Gardens
힐로 베이 카페
Hilo Bay Cafe
알리이 아이스
Alii Ice Co Ltd
수이산 피시 마켓
Suisan Fish Market
켄스 하우스 오브 팬케익스
Ken's House of Pancakes
아카카 폭포
Akaka Falls
하와이 트로피칼 보태니컬 가든
Hawaii Tropical Botanical Garden
카포호키네 어드벤처스
KapohoKine Adventures
리처드슨 오션 파크
Richardson Ocean Park
힐로 국제공항
Hilo International Airport
빅아일랜드 캔디스
Big Island Candies
빅아일랜드 딜라이츠
Big Island Delights
킬라우에아 애비뉴
코나 국제공항
Kona International Airport
킬라우에아 비지터 센터
Kīlauea Visitor Center
마우나 로아
Mauna Loa
볼케이노 와이너리
Volcano Winery
하와이 화산 국립공원
볼케이노 하우스
Volcano House
킬라우에아
Kīlauea
크레이터 림 드라이브
Crater Rim Drive
체인 오브 크레이터스 로드
Chain of Craters Road
푸우호누아 오 호나우나우 공원
태평양 쓰나미 박물관
Pacific Tsunami Museum
힐로 파머스 마켓
Hilo Farmers Market
굿 어스 샌달스
Good Earth Sandals
루시스 타케리아
Lucy's Taqueria
홀레이 시 아치
Hōlei Sea Arch
블랙 샌드 비치
Black Sand Beach
그린 샌드 비치
Green Sand Beach

리처드슨 오션 파크
Richardson Ocean Park

힐로 공항을 가운데 두고 한쪽으로는 힐로 시내가, 반대편으로는 해안가들이다. 코나와 북부, 남부에는 내로라할 해변들이 많은 것에 비해 힐로 시내와 가까운 곳에는 유명한 해변이 많지 않은데, 그래서 더욱 조용하고 깨끗하다. 섬 남부에 위치한 블랙 샌드 비치처럼 이곳도 흑사 해변이며 안전 요원도 상주한다. 피크닉 장소도 마련돼 있고 바닷속 생물, 특히 물고기가 많고 산호초도 약간 있어 스노클링도 즐길 수 있다. 바다거북과 돌고래도 이따금씩 나타난다고 한다. 파도가 좋아 서핑을 하러 오는 사람들도 많다. 리처드슨 양옆으로 칼스미스 비치 파크Carlsmith Beach Park, 레히아 비치 파크Lehia Beach Park, 와이올레나 비치 파크Wai'olena Beach Park, 케알로하 비치 파크Kealoha Beach Park, 오네카하카하 비치 파크Onekahakaha Beach Park, 케아우카하 비치 파크Keaukaha Beach Park 등 좀 덜 붐비는 작은 해변들이 여럿 있으니 더욱 더 한적한 옵션을 찾는다면 이 이름들을 내비게이션에 입력하고 2~3분 달려가 보자.

주소 2349 Kalanianaole Ave, Hilo, HI 96720 **위치** 힐로 공항에서 차로 11분 **전화** 808-961-8695

• THEME 하와이 화산 국립공원Hawai'i Volcanoes National Park •

빅아일랜드 여행의 하이라이트. 총 면적 87,940헥타르의 광활한 이 국립공원은 활발한 화산 활동을 하는 두 개의 산, 킬라우에아Kīlauea와 마우나 로아Mauna Loa로 이루어져 있다. 1916년 마우이섬 일부와 함께 국립공원으로 지정됐다가 마우이의 할레아칼라가 따로 국립공원으로 지정되며 1961년 지금의 이름으로 바뀌었다. 이 두 국립공원은 1980년 유네스코의 〈인간과 생물권 보전 지역Man and Biosphere Reserve〉으로 지정됐고, 화산 국립공원은 1987년 추가적으로 유네스코 세계 자연유산으로 등재됐다. 고도에 따라 열대 습윤 기후와 고산 사막 기후 등 다양한 기후를 보이고 식생 형태 또한 지역과 계절에 따라 다양하게 나타난다. 용암 아래 선사 시대 암각화, 고대 마을 등 많은 유물들이 묻혀 있다.

주소 1 Crater Rim Drive Hawaii National Park, HI 96718 **위치** 힐로 공항에서 차로 40분 **시간** 연중무휴 **요금** $25(자동차), $12(사람) *입장권은 7일간 유효 **홈페이지** www.nps.gov/havo/index.htm **전화** 808-985-6101

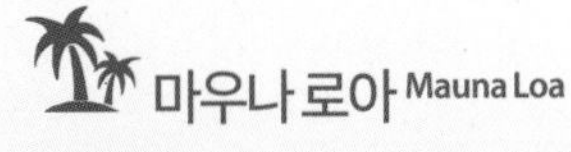

마우나 로아 Mauna Loa

본격적인 등반 장비와 가이드가 없으면 오를 수 없는 높고 험준한 높이 4,169m, 지름 100km의 마우나 로아는 하와이어로 '긴 산'이라는 뜻의 순상화산(유동성 큰 용암이 완만하고 얇게, 넓게 퍼져서 경사가 완만한 화산)이다. 마우나 로아에서 분출한 용암이 하와이섬 절반이 넘는 면적을 덮고 있다. 70만~100만 년 전에 분화하기 시작했으며, 1832년부터 마흔 번 이상 분화한 기록이 있다. 가장 최근의 분화는 1984년이다. 정상의 모쿠아웨오웨오Moku'āweoweo 칼데라는 지름 3~5km, 깊이 150~180m, 면적 약 10km²으로, 겨울에는 종종 눈에 덮인다.

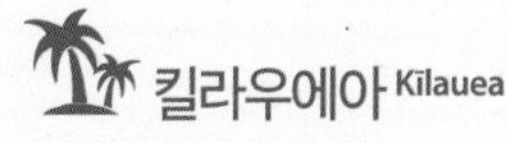

킬라우에아 Kīlauea

높이 1,243m의 킬라우에아는 하와이어로 '넓게 퍼진 산'이라는 뜻이며, 지구 형성 과정을 관찰하기 가장 좋은 산으로도 알려져 있다. 마우나 로아와 마찬가지로 순상화산이다. 지구상에서 가장 활발하게 화산 활동을 하는 활화산이나 우리가 접근하기 어려운 지역에서 활동해 이로 인한 피해를 입을 위험성은 매우 적다. 나이는 약 21만~28만 년 된 것으로 추정된다. 10만 년전 해수면 위로 솟아오른 것으로 알려져 있다. 마지막 폭발은 2018년 5월 3일이며 현재 킬라우에아 정상은 이로 인한 화산 가스로 인해 통행이 금지돼 있어 원래 다닐 수 있도록 마련해 둔 여러 루트가 닫혀 있는 상태다.

킬라우에아 화산섬에 사는 펠레신

화산과 불의 여신 펠레Pele가 불을 보관할 곳을 찾아 헤매다 정착한 곳이 바로 이 섬이라고 알려져 있다. 원래 이 섬에는 숲을 잡아먹는 신 아일라아우Aila'au가 살았는데, 펠레가 그와 함께 살고자 했으나 아일라아우는 펠레가 무서워 도망을 쳤다고 한다. 그가 떠난 킬라우에아 꼭대기 크레이터(할레마우마우Halema'uma'u)에 펠레는 불을 보관했고, 그때부터 킬라우에아와 빅아일랜드의 모든 화산 활동을 주관하게 됐다고 한다. 펠레와 그녀의 여러 형제자매에 대한 전설은 수없이 많아, 하와이 곳곳에서 심심찮게 전해들을 수 있다. 훌라의 신이기도 하여 펠레에 헌정된 많은 훌라 곡과 무용도 존재한다.

볼케이노 와이너리
Volcano Winery

공원 바로 옆에 위치한 미국 최남단 와이너리. 드라이, 디저트 등 총 8종의 와인을 만들어 소개하며 테이스팅도 해볼 수 있다. $10로 8종 모두 마셔 볼 수 있어 가격도 착하다. 와인 외에도 다양한 찻잎을 재배해 차도 서빙한다.

주소 35 Piimauna Dr, Volcano, HI 96785 시간 10:00~17:30 홈페이지 www.volcanowinery.com 전화 808-967-7772

킬라우에아 비지터 센터
Kīlauea Visitor Center

방대한 공원을 돌아보기에 앞서 정보를 제공하고 간단한 공원 개요와 역사를 안내하는 인포메이션 센터. 지도와 날씨, 통행 금지 구역 등 필수 정보를 얻을 수 있다.

주소 1 Crater Rim Drive, Volcano, HI 96785 시간 9:00~17:00 전화 808-985-6000

볼케이노 하우스
Volcano House

하와이 화산 국립공원의 모든 구석을 천천히 돌아보고 싶은 꼼꼼하고 호기심 많은 여행자라면 공원에서 하룻밤을 보내는 것은 어떨까? 공원 내 위치한 3성급 호텔로 킬라우에아산 최고봉 크레이터가 보이는 훌륭한 전망을 자랑한다. 1846년에 세워진 건물로 리노베이션 하여 단정하고도 아늑한 분위기를 풍기는 고풍스러운 호텔이다. 화산과 관련한 다양한 정보와 작은 기념품 상점, 식당이 있다.

주소 1 Crater Rim Drive, Hawaii Volcanoes National Park, HI 96718 홈페이지 hawaiivolcanohouse.com 전화 866-536-7972

크레이터 림 드라이브Crater Rim Drive & 체인 오브 크레이터스 로드Chain of Craters Road

하와이 화산 국립공원에 입장해 안내판을 따라 달리는 첫 길이 크레이터 림 드라이브다. 그리고 홀레이 시 아치를 보러 달리는 도로가 크레이터 림 드라이브에서 빠져나와 해안가 쪽으로 쭉 뻗은 길이 약 31km의 체인 오브 크레이터스 로드다. 양옆으로 멋진 풍경이 펼쳐져 한 시간 넘게 달리는 길이 전혀 지루하게 느껴지지 않는데, 특히 체인 오브 크레이터스 로드에 접어들면 용암으로 덮힌 카리스마 넘치는 흑색의 분위기가 여행자를 압도한다. 길 곳곳에 전망대가 많아 자주 멈춰 쉴 수 있다. 서로 멀리 떨어져 있지 않아도 각각의 전망대에서 보는 풍경들이 모두 달라 최대한 많이 보고 갈 것을 추천한다.

홀레이 시 아치 Hōlei Sea Arch

체인 오브 크레이터스 로드 끝까지 달리면 나타나는 바람이 깎아 만든 해식 아치의 절경. 약 27m 높이의 절벽과 몰아치는 파도의 드라마틱한 파노라마가 펼쳐진다. 바람이 거세고 조금 추울 수 있으니 겉옷을 가져가면 오래 감상할 수 있다.

주소 Chain of Craters Rd, Pāhoa, HI 96778

힐로의 메인 도로

킬라우에아 애비뉴 Kīlauea Avenue

주소 Kilauea Ave, Hilo, HI 96720 위치 힐로 공항에서 차로 6분

워낙 시내가 작아서 시내라고 부를 것도 없는 힐로의 중추 역할을 하는 대로로, 다음에 소개하는 대표 맛집과 상점을 제외하고도 상점과 식당들이 이 일대에 모여 있어 그나마 조용한 힐로에서 약간의 시끌함을 엿볼 수 있다.

• 킬라우에아 애비뉴 • INSIDE

자연을 사랑하는 사람들이 신는 신발

굿 어스 샌달스 Good Earth Sandals

여행자들, 예술가들, 시인들, 음악가들과 자연을 사랑하는 사람들을 위해 신발을 만든다는 낭만적인 수제 신발 브랜드. 요세미티 국립공원 근처에서 태어나 자연과 늘 함께 생활해 온 대표가 편하고 자연 친화적인 신발을 만들기에 이르렀다. 세계 곳곳을 여행하다 마침내 빅아일랜드에 정착하게 됐고, 직접 만들어 신던 신발을 많은 사람들이 칭찬하고 한 켤레씩 만들어 달라는 요청이 와서 자연스레 브랜드를 시작하게 된 것이다. 힐로에 있는 상점이 플래그십 스토어로, 조금씩 확장을 하고 있어 점점 많은 곳에서 보게 될 예정이다.

주소 191 Kilauea Avenue Hilo, HI 96720 시간 11:00~18:00(화~토) 홈페이지 goodearthsandals.com 전화 808-638-2183

맛 좋은 멕시칸 요리를 실컷 먹고 가자
루시스 타케리아 Lucy's Taqueria

와이메아 산 소고기, 닭고기, 돼지고기, 두부, 자메이카 플라워, 트리파, 우설, 볼살 등 매우 다양한 부위의 고기 중 취향에 따라 골라 타코 속으로 넣어 주문할 수 있다. 케사디아, 새우와 육류 파히타, 직접 만든 콘 칩에 핀토 콩과 치즈, 고수와 양파를 넣어 만드는 나초, 감자튀김, 부리토, 엔칠라다, 세비체, 샐러드 등 메인 메뉴가 정말 다양해 메뉴판을 한참 동안 구경해야 한다. 많이 주문하는 메뉴가 눈에 띄고 메뉴판에도 표시를 해두니 베스트 메뉴로 골라 주문을 부탁해도 좋다. 종일 서빙하는 아침 메뉴로는 달걀이 들어간 에그 타코, 에그 부리토, 매콤한 초리조가 들어간 멕시카노 부리토 등이 있다. 멕시코 음식과 잘 어울리는 청량한 마가리타 칵테일도 맛있기로 유명하다.

주소 194 Kilauea Ave, Hilo, HI 96720 **시간** 10:30~21:00(월, 수~목), 10:30~22:00(금, 토) **가격** $8.90(부리토), $6.40(피시 타코) **홈페이지** lucystaqueria.com **전화** 080-315-8246

무서운 자연의 힘의 기록이 새겨진 곳
태평양 쓰나미 박물관 Pacific Tsunami Museum

평화로운 힐로는 하와이 다른 지역보다 유독 쓰나미 피해가 심했던 지역이다. 1946년과 1960년 두 번의 쓰나미로 피해가 극심해, 빅아일랜드 동부 해안가에서 220명이 목숨을 잃고 수백 개의 건물이 무너졌다. 최대 시속 약 805km의 속도로 덮치는 쓰나미는 지진으로 발생하는데, 1946년의 경우 알류샨 열도에서 발생한 지진으로 인한 거대한 파도가 5시간 동안 약 3,700km를 달려 높이가 762cm의 파도가 힐로를 쓸었다. 1960년 쓰나미의 경우 칠레에서 발발한 지진으로 인한 높이 1,067cm의 파도가 힐로까지 닿았다. 그 후 1975년에도 2명의 목숨을 앗아간 쓰나미가 있었고, 힐로시는 이를 기록으로 남기기에 이르렀다. 교육을 목적으로 1993년 월터 더들리Walter Dudley 박사가 설립해 퍼스트 하와이안 뱅크가 기증한 건물로 1997년 장소를 옮겨 운영 중이다.

©Hawaii Tourism Authority (HTA), Tor Johnson

주소 130 Kamehameha Ave Hilo, HI 96720 **시간** 10:00~16:00(화~토) **휴관** 공휴일 **요금** $8(일반), $4(6~17세) **홈페이지** tsunami.org **전화** 808-935-0926

일주일에 두 번 열리는 대형 동네 시장
힐로 파머스 마켓 Hilo Farmer's Market

주소 Kamehameha Ave, Hilo, HI 96720 위치 힐로 공항에서 차로 9분 시간 7:00~16:00(일~화, 목, 금), 6:00~16:00(수, 토) 홈페이지 hilofarmersmarket.com 전화 808-933-1000

일주일 내내 운영하지만 수요일과 토요일, 일주일에 2번은 200여 개 상점이 한데 모여 크게 장을 여는 빅 마켓 데이Big Market Day다. 다른 날에는 10~30여 명의 상인들이 모이는 아주 작은 동네 장터다. 빅 마켓 데이에는 신선한 식재료뿐 아니라 공예품, 기념품도 볼 수 있다. 대량 생산한 공장 상품보다 힐로 사람들이 만들어 가지고 나와 파는 물건들이 많고 꾸밈없는, 동네 재래시장 느낌이 물씬 나서 지갑을 열지 않더라도 구경하는 재미가 쏠쏠한 곳이다. 시장 주변으로 노상, 식당, 카페들이 있어 시장 구경을 마치고 허기도 채울 수 있다.

힐로를 대표하는 쿠키 브랜드
빅아일랜드 캔디스 Big Island Candies

주소 585 Hinano St #4428, Hilo, HI 96720 위치 힐로 공항에서 차로 4분 시간 8:30~17:00 홈페이지 bigislandcandies.com 전화 808-935-8890

1977년 한 부부가 초콜릿 녹이는 기계 하나와 포장 기계 하나로 시작한 브랜드로 현재 힐로를 대표하는 디저트 가게가 됐다. 대표 제품은 촉촉하고 고소한 쇼트 브레드. 각종 쿠키 한쪽 끝을 초콜릿에 담가 굳힌 종류도 인기가 많다. 빅아일랜드 캔디스의 제품들을 만드는 과정을 통유리로 볼 수도 있다.

디저트 욕심쟁이들은 여기도 가 보자
빅아일랜드 딜라이츠 Big Island Delights

주소 762 Kanoelehua Ave # 4, Hilo, HI 96720 **위치** 힐로 공항에서 차로 3분 **시간** 9:00~17:00(월~금), 9:00~15:00(토) **홈페이지** bigislanddelight.com **전화** 808-934-8734

이름이 비슷하고 거리도 가까워 빅아일랜드 캔디스와 같은 곳에서 운영하는지 질문을 꽤 받는 이곳은 좀 더 규모가 작은, 역시 가족이 운영하는 디저트 가게다. 쿠키와 캔디류를 판매하며 육포와 마카다미아, 비스코티 등 캔디스와 조금 품목이 다르다.

24시간 오픈, 진짜배기 미국식 다이너
켄스 하우스 오브 팬케익스 Ken's House of Pancakes

주소 1730 Kamehameha Ave, Hilo, HI 96720 **위치** 힐로 공항에서 차로 4분 **시간** 24시간 **가격** $8.35(버터밀크 팬케이크) **홈페이지** kenshouseofpancakes.com **전화** 808-935-8711

힐로에서 가장 인기 있는 다이너. 화요일에는 15시부터 18시까지 타코 무제한 먹기 등 매일 특별한 이벤트나 메뉴가 있어 단골들은 매일 온다. 아침 식사 메뉴가 정말 많아서 아침 일찍부터 붐빈다. 혼자서 다 먹을 수 없을 양이라 둘이서 하나만 시켜 먹어도 되지만 궁금증을 유발하는 비주얼이 엄청난 메뉴들이 포진하고 있어 1인 1메뉴를 하게 되는 곳이다. 마카다미아, 버터밀크, 딸기 등 다양한 종류의 팬케이크와 토스트, 달걀 요리, 면 요리, 로모 모코, 키즈 메뉴, 와플, 오트밀, 햄버거, 스튜 등이 있다. 특별한 메뉴로는 수모Sumo 스페셜이 있는데, 어마어마한 양으로 다 먹는 사람은 스모 전용 징을 울리고 다이너 안의 사람들이 대단하다고 소리를 질러 준다.

힐로에서 가장 신선한 생선
수이산 피시 마켓 Suisan Fish Market

주소 93 Lihiwai St, Hilo, HI 96720 **위치** 힐로 공항에서 차로 6분 **시간** 8:00~17:00(월~금), 8:00~16:00(토) **홈페이지** suisan.com **전화** 808-935-9349

다양한 종류의 원양 생선과 열대 암초 어류를 매일 신선하게 잡아 와 판매한다. 도매상과 힐로 지역 주민들, 여행자들에게 골고루 인기가 좋다. 참치와 마히마히, 연어가 가장 잘 팔리며 보통 50여 종의 생선이 있어 잘 돌아보고 골라 사 먹을 수 있다. 푸짐한 양, 바다를 가득 담은 듯 신선한 맛의 포케와 해산물 샐러드를 추천한다.

담백하고 맛있는 퓨전 레스토랑
힐로 베이 카페 Hilo Bay Café

주소 123 Lihiwai St, Hilo, HI 96720 **위치** 힐로 공항에서 차로 6분 **시간** 11:00~21:00(월~목), 11:00~21:30(금, 토) **가격** $15(레인보우 롤) **홈페이지** hilobaycafe.com **전화** 808-935-4939

깔끔하고 세련된 인테리어의 널찍한 식당. 날이 좋으면 릴리우오칼라니 공원 뷰가 예쁘게 보이는 테라스 자리도 좋다. 뉴 아메리칸 메뉴를 표방하는 이곳은 유기농 메뉴가 대다수를 차지해 건강하고 든든한 한 끼 하기 좋은 곳이다. 신선한 '오늘의 생선' 메뉴도 좋고, 롤과 같은 밥 메뉴도 있어 우리네 입맛에도 잘 맞는다. 한 번 집어먹기 시작하면 멈출 수 없는 심심하지만 중독적인 맛의 팝콘도 힐로 베이의 장점이다. 저녁 시간, 특히 주말에는 자리가 많은 곳임에도 불구하고 만석인 경우가 많아 예약을 추천한다. 힐로 사람들이 가장 좋아하는 식당 중 하나로 늘 꼽히는 맛집이다.

힐로의 일출과 일몰이 가장 아름다운 곳

릴리우오칼라니 공원 Lili'uokalani Park and Gardens

주소 189 Lihiwai St, Hilo, HI 96720 **위치** 힐로 공항에서 차로 6분 **시간** 5:45~19:30

힐로에 머물기 잘했다는 생각을 들게 하는 곳이다. 매일 아침 저녁으로 걷고 싶은 산책로가 조성된 121,406m^{2}의 넓은 공원이다. 하와이 마지막 여왕의 이름을 땄다. 큰 호수가 있어 이 주변으로 조성된 길을 따라 한참을 걸어 볼 수 있다. 동네 사람들이 낚싯대를 드리우고 앉아 수다를 떠는 곳도 있고, 조깅하는 사람들과 자전거를 타는 사람, 책 한 권을 들고 나와 잔디에 누워 한가로이 시간을 보내는 사람도 있다. 힐로 사람들의 일상과 아주 밀접하게 맞닿아 있는 힐링의 장소다. 일본식 정원과 잉어 연못, 작고 붉은 다리가 있어 동양적인 분위기도 풍긴다.

Tip.

공원 내 앨리이 아이스 컴퍼니Alii Ice Co.(주소: 21 Banyan Dr, Hilo, HI 96720/ 시간: 8:00~16:00[월, 화, 목~토])의 아이스크림이 맛있기로 소문났다. 긴 산책을 마치고 더위를 달래 줄 시원한 아이스크림도 추천한다.

이국적인 꽃과 나무가 무성한 정원

하와이 트로피칼 보태니컬 가든 Hawaii Tropical Botanical Garden

주소 27-717 Mamalahoa Hwy, Papaikou, HI 96781 **위치** 힐로 공항에서 차로 20분 **시간** 9:00~17:00(마지막 입장 16시) **휴관** 독립 기념일 **요금** $20(성인), $5(6~16세), 무료(6세 미만) **홈페이지** www.htbg.com **전화** 808-964-5233

바나나 나무, 난초를 포함해 2,000종 이상의 열대 식물들이 호흡하는 살아 있는 박물관이다. 양질의 화산 흙 위에서 자라는 고유한 품종들을 볼 수 있어 무척 이국적이다. 정원사, 원예가, 사진사들이 힐로에서 가장 좋아하는 명소로 꼽는, 푸르고 촉촉한 161,874m² 의 넓은 정원이다. 빠른 속도로 사라지고 있는 열대 식물들을 보존하고 열대 삼림에 대한 교육을 목적으로 한다. 152m의 길이 아름답게 조경된 정원이 조성돼 있어 이를 따라 걸으며 돌아볼 수 있다. 경사가 꽤 있으나 도보로 여행하는 것을 추천하고, 휠체어 길이 따로 나 있지 않으나 몸이 불편한 사람들을 위해 골프 카트를 이용할 수 있도록 한다.

쏴아아 쏟아져 내리는 시원한 물줄기

아카카 폭포 Akaka Falls

주소 Akaka Falls Rd, Honomu, HI 96728 위치 힐로 공항에서 차로 30분 시간 8:30~18:00 요금 공원 입장료: $5(차 한 대당), $1(1인당) 전화 808-961-9540

아카카 폭포 주립공원에 자리한 이 공원의 대표 명소로 이름은 하와이어로 '갈라지다, 찢어지다'라는 뜻이다. 시원한 물줄기가 135m 높이에서 떨어지는 직하형 폭포로 너비는 약 8m다. 아카카 옆에 있는 카후나 폭포Kahūnā Falls도 함께 보고 가는 사람들도 많다. 두 폭포를 연결하는 총 길이 6km의 하이킹 루트가 조성돼 있어 도보로 두 곳을 모두 보고 올 수 있다. 울창한 숲 가운데 있어 삼림욕을 하는 기분이 든다.

빅아일랜드를 가장 짜릿하게 즐기는 법
카포호키네 어드벤처 KapohoKine Adventures

빅아일랜드의 지역 농부와 농장주들과 긴밀한 관계를 맺고 있어 일반적으로 출입이 금지된 구역에 개인 사유지에서도 다양한 액티비티 프로그램을 운영해 타 여행 프로그램 업체들과 차별성을 둔다. 탄소 발자국을 최소화하기 위한 친환경적인 프로그램을 진행해 여러 관련 단체로부터 표창을 받은 바 있는 카포호키네는 힐로와 코나 두 지역에서 모두 출발하는 투어를 진행하고 있어 어디에서 묵던 카포호키네 어드벤처의 프로그램들을 즐길 수 있다. 가장 인기 있는 것은 낮의 짚라인 프로그램과 밤의 마우나 케아산 별보기 체험이다. 화산 위를 헬리콥터를 타고 날아 돌아본 후 정글과 폭포 위로 짚라인을 타고 날아보는 헬리 지핑 볼케이노Heli Zippin' Volcano, 하이킹과 RZR(ATV와 유사한 역동적인 드라이브), 프라이빗 투어 등 다양한 프로그램이 마련돼 있고 숙소 픽업부터 현지 가이드의 자세하고 친절한 설명과 세심한 가이드, 안전하고 스릴 넘치는 액티비티 등 프로그램의 모든 부분을 디테일하게 꾸려 놓아 추천한다. 온라인으로 예약할 수 있으며 오프라인 사무소는 힐로의 그랜드 나닐로아 더블 트리 바이 힐튼 로비에 위치한다.

주소 Grand Naniloa DoubleTree by Hilton Lobby, 93 Banyan Dr., Hilo, HI 96720 **위치** 힐로 공항에서 차로 6분 **가격** $189(짚라인 스루 파라다이스[Zipline Through Paradise]), $129(마우나 케아 스텔라 익스플로러[Stellar Explorer]) **홈페이지** kapohokine.com **전화** 808-964-1000, 808-746-5880

• 힐로 남부의 두 해변 •

햇빛에 반짝이는 검은 다이아몬드

블랙 샌드 비치 Punalu'u Black Sand Beach

본명은 '푸날루우Punalu'u'지만 검은 다이아몬드처럼 반짝이는 흑사 해변이 너무나 인상적이라 모두가 '블랙 샌드 비치'라 부른다. 빅아일랜드의 화산이 폭발할 때 용암이 바다로 흘러 들어가다 차가운 바닷물에 급속도로 냉각되며 산산조각이 나고, 긴 시간이 지나며 모래가 된 것이다. 여느 백사장 해변에 비하면 입자가 굵어 발이 예민하다면 아쿠아 슈즈를 신어도 좋지만 까끌한 그 느낌이 아프지는 않다. 키 큰 야자수가 듬성듬성 보이고, 바다거북들도 가끔 와서 노니는 해변으로 캠핑장도 있다. 거북이들이 보이면 약 9m 안전 거리를 유지해야 하며, 파도가 꽤 높아 검은 모래에 다가와 아름답게 부서지는 모습이 포토제닉하다.

주소 Ninole Loop Rd, Naalehu, HI 96772 **위치** 힐로 공항에서 차로 1시간 10분 **시간** 6:00~23:00

진녹색 모래가 깔린 아름다운 해변

그린 샌드 비치 Papakōlea Green Sand Beach

본래 이름은 '파파콜레아 비치Papakolea Beach'다. 내비게이션에 목적지를 입력하고 도착하면 주차장이 나오고, 여기서는 자체적으로 운영하는 털털거리는 오래된 트럭을 타고 해변까지 내려가거나 도보로 하이킹을 해야 한다. 두 다리가 튼튼하고 하이킹을 좋아한다면 걸어서도 갈 수 있으나 길이 매우 험하고 편도 2시간 정도 소요된다. 사륜구동을 운전하더라도 길이 익숙한 현지인이 아니면 절대 갈 수 없어, 용기를 냈다가 중간에 포기하고 차를 세워 둔 사람들을 가끔 볼 수 있을 정도다. 여기서 운행하는 작은 유료 트럭을 타고($20) 한참 달려야 해변을 볼 수 있는데, 길이 꽤 험해서 꼭 잡고 버텨야 한다. 사람을 가득 태워 이동하기 때문에 조금 답답할 수도 있다. 하지만 이 고생을 하고 도착해 만나는 절경은 대단하다. 부근에 위치한, 무려 49,000년이나 나이를 먹은 분석구의 감람석 결정들이 조각조각 나 진한 녹색의 해변을 조성해 주어 귀한 보석을 밟는 기분이다. 바다 자체도 예쁘고 신비롭다. 해수욕을 하는 것도, 예쁜 풍경을 하염없이 감상하는 것도 모두 좋다. 물론 돌아가는 길은 여전히 험난하다.

주소 Naalehu, HI 96772 **위치** 힐로 공항에서 차로 1시간 45분

코나

Kona

힐로와 완벽히 대조되는 활달하고 활기 넘치는 코나. 강우량이 많은 열대 정글 느낌의 힐로와는 다르게 강렬한 태양이 내리쬐어 건조한 코나는 바다도 비교적 온화하다. 리조트와 호텔이 즐비하게 늘어서 있고 힐로에서는 볼 수 없었던 쇼핑몰이 옹기종기 모여 있다. 북

부로 달리면 좀 더 한적하고 아기자기한 마을과 전망대 등이 나타나고 해안가를 따라 크고 작은 해변들이 콕콕 박혀 있으니 위아래로 열심히 달려 다면적인 코나의 볼거리를 빠짐없이 즐겨 보자.

Best Course

- Day1-

푸우호누아 오 호나우나우 공원

차로 40분

↓

마우카 메도우스 커피 농장

차로 15분

↓

우메케스 피시 마켓 바 앤 그릴(점심)

차로 10분+

↓

코나 해변(해수욕)

차로 1시간 12분

↓

코할라 마을

차로 40분

↓

마우아 라니 비치 클럽(일몰)

도보 5분

↓

나푸아 앳 마우나 라니 비치 클럽(저녁)

* 또는 오후부터 카포호키네 투어로 마우나 케아 별 구경 투어나 만타 레이 밤 스노클링

- Day2-

짚라인 투어 또는 코나 위쪽의 해변과 페트로글리프 리저브

↓

코나 브루잉 컴퍼니(점심)

차로 20~30분

↓

코나 코스트 해변(해수욕)

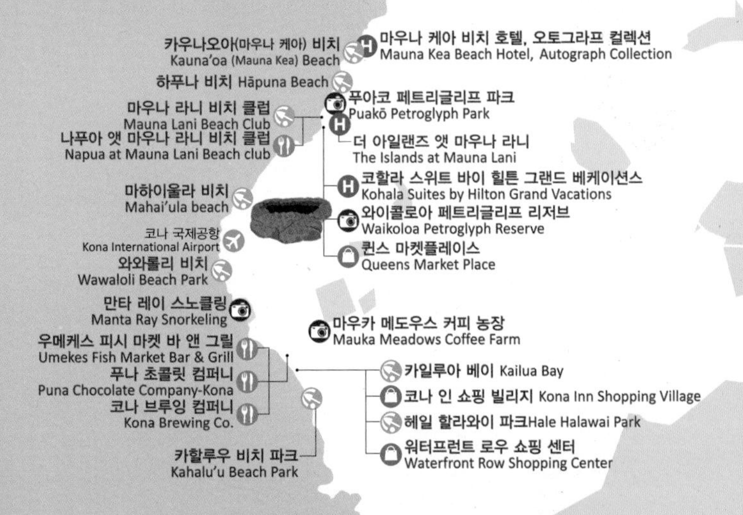

푸우호누아 오 호나우나우 공원
Pu'uhonua O Hōnaunau National Historical Park

호오케나 비치 파크
Ho'okena Beach Park

카할루우 비치 파크
Kahalu'u Beach Park

바위 둑이 파도를 막아 물이 잔잔해 아이들이 놀기 좋고, 열대어와 거북이가 서식해 스노클링으로도 유명하다. 코나에서 스노클링하기 가장 좋은 해변으로 손꼽히며 많은 자원 봉사자들이 상주하며 다양한 물고기 이름과 특징들을 설명해 주기도 한다. 주차 공간도 충분하고 피크닉 테이블과 그늘도 많아 오랫동안 놀다 가기 적합하다.

주소 786702 Ali'i Dr, Kailua, HI 96740 **위치** 코나 공원에서 차로 25분 **시간** 6:00~23:00

카일루아 베이
Kailua Bay

헤일 할라와이 파크Hale Halawai Park와 호늘스 비치Honl's Beach가 위치한 카일루아만이다. 여러 상점과 식당, 서핑 스쿨과 수상 레저 스포츠 업체들이 위치한다. 코나 각종 투어의 출발지이기도 하고 코나 지역의 주된 대로인 알리 드라이브Alii Drive의 시작점이기도 하여 휴양지 분위기가 물씬 나는 흥겨운 해변이다. 지척이며 함께 돌아볼 수 있다. 서퍼들이 특히 좋아하며 백사장이 아름답다.

주소 Alii Dr, Kailua, HI 96740 **위치** 코나 공원에서 차로 16분 **시간** 7:00~23:00

와와롤리 비치 파크
Wawaloli Beach Park

매우 조용하고 널찍한 이 해변은 작은 게들이 뛰노는 곳으로, 백사장은 없어 해수욕보다는 일출과 석양을 보러 올 것을 추천한다. 내려서 물에 발을 담그고 싶다면 아쿠아 슈즈를 신도록 하자. 피크닉 테이블과 화장실도 있어 멋진 뷰를 감상하며 식사를 하러 오기에도 좋다.

주소 73-188 Makako Bay Dr, Kailua, HI 96740 **위치** 코나 공원에서 차로 7분 **시간** 4:45~20:00

마하이울라 비치
Mahai'ula beach

해변까지 내려가는 길이 조금 울퉁불퉁해 사륜구동을 추천한다. 해변에 막상 도착하면 평화로운 분위기에 휩싸인다. 하와이 물개가 쉬러 오는 해변으로 유명한데, 관련 단체 요원이 안전선 주변을 지키고 있다. 빅아일랜드에 단 네 마리만 살고 있는 멸종 위기에 처한 물개가 평화롭게 쉬다 갈 수 있도록 유의하자.

주소 Kailua, HI 96740 **위치** 코나 공원에서 차로 19분 **시간** 8:00~19:00

마우나 라니 비치 클럽
Mauna Lani Beach Club

구석에 숨어 있는 작은 해변이다. 프라이빗한 느낌이 가득한 사랑스러운 곳이다. 물고기도 많고 거북이도 가끔 볼 수 있으며 서프 보드를 빌려 서핑을 해보는 것을 추천한다. 인근 리조트에 묵는 경우 입장료나 주차를 무료로 할 수 있으니 숙소에 문의하자. 주차 공간이 많지 않아 이른 아침이나 늦은 오후를 추천한다.

주소 68-1292 S Kaniku Dr, Waimea, HI 96743 **위치** 코나 공원에서 차로 30분

나푸아 앳 마우나 라니 비치 클럽
Napua at Mauna Lani Beach club

마우나 라니 비치 클럽 바로 옆에 있는 하와이안 식당으로, 테라스 자리가 특히 예쁘다. 바다가 가장 잘 보이는 자리에 위치해 전망이 좋고 음식도 맛있다. 친절하고 다정한 서비스는 물론이고 라이브 하와이 음악 공연도 감상할 수 있다.

주소 68-1292 S Kaniku Dr, Waikoloa Village, HI 96738 **위치** 코나 공원에서 차로 30분 **시간** 11:00~21:00 **가격** $12(시저 샐러드), $38(BBQ립) **홈페이지** napuarestaurant.com **전화** 808-885-5910

하푸나 비치
Hāpuna Beach

용암이 흘러 굳은 바위와 보드라운 모래사장, 에메랄드빛 물과 이국적인 식물들이 자라고 있는, 우리가 바다에게 기대하는 모든 것을 갖추었다. 파라솔과 부기 보드 대여해 주는 곳도 있고 안전 요원도 상주한다.

주소 Hapuna Beach Rd, Waimea, HI 96743
위치 코나 공원에서 차로 33분

카우나오아(마우나 케아) 비치
Kauna'oa (Mauna Kea) Beach

잔잔한 파도와 카펫처럼 부드럽게 깔린 백사장이 아름다운, 코나에서 가장 인기 있는 해변 중 하나다. 공공 해변이지만 바로 앞에 큰 리조트들이 있고, 주차를 하러 들어가면 만차라고 사람들 입장을 제한하려는 시도도 종종 하지만 이에 실망하지 말고 다른 주차 공간을 찾거나 사람이 정말 많은지 확인해 볼 것. 아침 일찍 가면 더욱 편하게 즐길 수 있고, 스노클링도 가능하다.

주소 62-100 Mauna Kea Beach Dr, Waimea, HI 96743 **위치** 코나 공원에서 차로 36분 **시간** 6:00~18:00

물놀이 후에는 시원한 맥주지

코나 브루잉 컴퍼니 Kona Brewing Co.

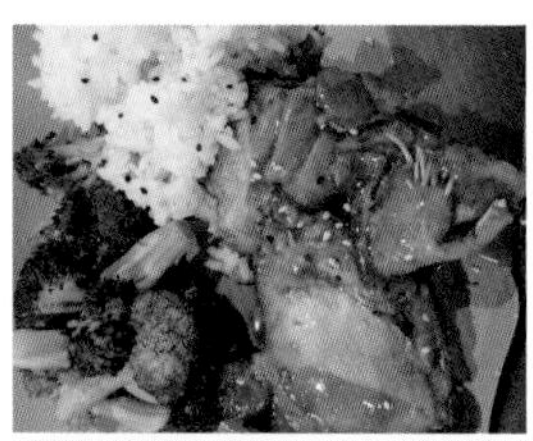

주소 74-5612 Pawai Pl, Kailua, HI 96740 **위치** 코나 공원에서 차로 15분 **시간** 11:00~22:00/ 투어: 10:30, 15:00(월, 수, 목, 금)/ 10:30, 12:00, 15:00(수)/ 10:30, 14:00, 15:00, 16:00(토)/ 10:30, 12:00, 14:00, 15:00(일) **가격** $19.75(캡틴 쿡 피자) **홈페이지** konabrewingco.com **전화** 808-334-2739

코나 이름을 걸고 맥주를 양조하는 마이크로 브루어리. 1998년 처음 오픈했다. 매일 브루어리 투어를 진행하고 일요일에는 라이브 음악 공연이 열린다. 피자 등 맥주와 잘 어울리는 안주 메뉴가 맛이 있어 식사 시간에 특히 붐빈다. 꽤 규모가 있지만 거의 늘 만석이다. 코나에는 현재 두 지점이 있고 확장 중이며 포틀랜드 등 미국 본토에서도 병맥주, 생맥주를 판매한다. 탄소 발자국을 줄이며 친환경적으로 맥주를 양조하는 것에 심혈을 기울인다. 맥주 종류와 어울리는 메뉴를 페어링해 추천하고 있어 친절한 메뉴를 읽고 주문하면 된다.

코나의 달콤한 순간

푸나 초콜릿 컴퍼니 Puna Chocolate Company

주소 Brewery Block Bay 8, 74-5606 Pawai Pl, Kailua, HI 96740 **위치** 코나 공원에서 차로 15분 **시간** 10:00~20:30(일~수, 금), 12:00~20:30(목, 토) **가격** $5(작은 초콜릿 바) **홈페이지** punachocolate.com **전화** 808-489-9899

초콜릿에 이렇게 다양한 맛이 있을 줄이야. 내게 딱 맞는 그 맛을 찾아 주려는 초콜릿 전문가들이 기다리고 있는 푸나를 찾으면 밀크와 다크 등 기본 맛 외에도 타임, 마가리타, 바다 소금, 땅콩 버터, 메이플, 페퍼 등 많은 종류의 초콜릿을 경험하고 구입할 수 있다. 핫초콜릿도 추천한다. 코나 브루어리 컴퍼니에서 도보로 2분이면 찾을 수 있어 맥주와 피자 식사 후 디저트로 먹기에도 좋고 기념품으로 사가기에도 적합하다. 커피, 차, 간단한 스낵류도 판매한다. 힐로에도 카페를 겸하는 매장이 있다(주소: 126 Keawe St, Hilo, HI 96720).

카일루아 베이 앞의 쇼핑, 식당가

코나 인 쇼핑 빌리지 Kona Inn Shopping Village

주소 75-5744 Ali'i Dr, Kailua, HI 96740 **위치** 코나 공원에서 차로 17분 **시간** 9:00~21:00 **전화** 808-329-6573

식료품점과 롱스 드러그스토어, 여러 의류 브랜드 상점과 소규모 갤러리, 피시 앤 칩스를 비롯한 신선한 로컬 해산물 식당들이 포진해 있다. 바다가 바로 몇 걸음 앞에 있어 헤일 할라와이 파크나 호늘스 비치에서 물놀이를 하다 잠깐 쉬어 가기 좋다. 물놀이용품이나 기념품도 판매한다. 늘 사람이 많고 붐비는 데도 기념품 등 가격이 합리적인 것도 장점이다.

빅아일랜드에서 가장 맛있는 포케

우메케스 피시 마켓 바 앤 그릴 Umekes Fish Market Bar & Grill

주소 74-5563 Kaiwi St, Kailua, HI 96740 **위치** 코나 공원에서 차로 15분 **시간** 11:00~21:00(월~토), 11:00~20:00(일) **가격** $14(로컬 포케), $11(치킨 보울) **홈페이지** umekesrestaurants.com **전화** 808-238-0571

우메케는 하와이어로 '그릇'이라는 뜻이다. 그릇 안에 맛있는 음식과 정성을 담아 대접하는 이곳은 그리 넓지는 않지만 코나에서 가장 바쁜 포케 가게다. 포케 외에도 회와 생선구이, 치킨 요리와 나초, 샐러드 등 여느 포케집보다 메뉴가 다양해서 좋다. 다양한 재료로 속을 통통하게 채운 유부초밥도 추천한다. 그래도 역시 가장 추천하는 것은 신선하고 쫄깃한 포케. 소스가 너무 짜지 않고 적당해 생선의 신선한 본연의 맛을 음미할 수 있다.

Tip.

포케 한 그릇을 배부르게 해치웠다면 바닷가로 몇 걸음 걸어 스칸디나비안 셰이브 아이스Scandinavian Shave Ice(주소: 75-5699 Alii Dr, Kailua, HI 96740)에서 입가심을 해보자.

부담 없이 들어가 보는 소규모 쇼핑몰

워터프런트 로우 쇼핑 센터 Waterfront Row Shopping Center

주소 75-5774 Ali'i Dr, Kailua, HI 96740 위치 코나 공원에서 차로 17분

이탈리아, 인도 등 다양한 종류의 음식을 먹을 수 있는 식당들이 모여 있고, 아이스크림 가게와 기념품 상점, 갤러리 등 옹기종이 모여 있다. 식료품 상점과 약국도 있으며 헤일 할라와이 파크를 가운데 두고 코나인 쇼핑 빌리지와 지척이라 둘 중 어느 곳을 가도 좋다. 워터프런트에서 특히 인기 있는 곳은 데이라이트 마인드 커피 컴퍼니Daylight Mind Coffee Company. 브런치 메뉴들이 특히 맛있고 커피도 훌륭하다. 코나 해안가에는 이렇게 대형 쇼핑몰 하나가 독점하는 것이 아니라 작은 동네 쇼핑몰들이 몇 걸음에 하나씩 위치한다는 것이 특징. 산책하며 여기저기 모두 들러 보기에도 부담되지 않는 규모다.

Tip.

길 걸너편에는 40개 이상의 동네 농부들이 자리를 열고 신선한 식재료와 공예품을 판매하는 코나 파머스 마켓Kona Farmers Market(주소: 75-5767 Ali'i Dr, Kailua, HI 96740/ 시간: 7:00~16:00[수~일]/ 홈페이지: konafarmersmarket.com)이 열린다.

5세기 전 사람들이 새기고 간 흔적

와이콜로아 페트로글리프 리저브 Waikoloa Petroglyph Reserve

주소 Waikoloa Village, HI 96738 위치 코나 공원에서 차로 25분

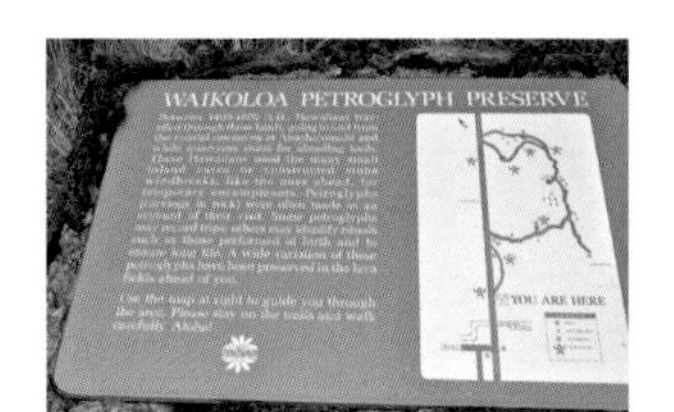

페트로글리프는 돌 위에 새긴 조각을 뜻하는데, 돌을 뜻하는 그리스어 '페트로스petros'와 '새기다'라는 뜻의 '글리페인glyphein'에서 그 이름이 기인했다. 하와이어로는 '키이 포하쿠k'i'i pohaku'라 부르기도 한다. 돌 위에 물감을 칠한 것이 아니라 돌 표면을 직접적으로 긁어 그림을 만든 작품들을 의미한다. 하와이에서 발견할 수 있는 페트로글리프는 16세기 이후의 것이며 빅아일랜드에는 이러한 돌 예술 작품들을 세 곳에서 볼 수 있는데, 힐로 쪽에 '푸우 로아Pu'u Loa' 그리고 코나의 '푸아코 페트로글리프 파크Puakō Petroglyph Park'와 이곳이다. 특별히 표시해 두지 않고 와이콜로아 지역 여기저기에서 그래피티처럼 쉽게 볼 수 있어 잘 모르고 밟고 지나가는 경우도 허다하다.

코나의 쇼핑과 식도락, 엔터테인먼트를 책임진다
퀸스 마켓플레이스 Queens' MarketPlace

주소 69-201 Waikoloa Beach Dr, Waikoloa Village, HI 96738 **위치** 코나 공원에서 차로 23분 **시간** 9:30~21:30 **홈페이지** queensmarketplace.net **전화** 808-886-8822

아나에호오말루 비치Anaeho'omalu Beach, 와이콜로아 비치Waikoloa Beach 또 메리어트 리조트, 아웃리거 빌라 등 여러 고급 숙소와도 가까운 대형 쇼핑몰이다. 아주 큰 식료품 상점 아일랜드 고메 마켓츠Island Gourmet Markets와 태국 식당, 피자리아, 와인바, 바비큐, 일식당, 스테이크 그릴, 스타벅스 등 식당들이 입점해 있고 크록스, 퀵실버 등의 의류 상점도 볼 수 있다. 개성 넘치는 여성 의류점 퍼시몬 부티크Persimmon Boutique도 추천한다. 하와이에서 쉽게 볼 수 있는 인기 라이프스타일 상점 소하 리빙SoHa Living과 리조트 웨어 브랜드 블루 진저Blue Ginger도 지점이 있으며 우쿨렐레 상점과 심지어 치과까지 있다. 야외 콘서트나 스포츠 경기가 열리는 와이콜로아 보울Waikoloa Bowl도 위치한다. 쇼핑몰 홈페이지에 어떤 특별한 행사나 공연이 있는지 확인해 보자.

빅아일랜드 밤을 밝혀 주는 또 다른 재미

만타 레이 스노클링 Manta Ray Snorkeling

ⒸHawaii Tourism Authority (HTA), Kirk Lee Aeder

칠흙같이 깜깜한 밤, 수영은 그 자체로도 스릴이 넘치고 로맨틱하지만, 빅아일랜드에서는 거기에 더욱 특별함을 더하는 존재가 있다. 바로 생김새는 무시무시해도 전혀 위험하지 않은 쥐가오리(만타 레이)다. 연골어류 홍어목에 속하는 만타 레이는 양 지느러미 너비가 약 7~8m인 아주 큰 어종으로 상어와도 겨룰 수 있을 것같이 생겼지만 주식은 플랑크톤이고 새우보다 큰 것은 먹지도 못한다. 암컷의 시선을 모으거나 기생충을 쫓기 위해 격렬하게 펄럭이기도 하여 함께 수영하는 재미가 있는데, 빅아일랜드의 특정 지역에 특히 많이 서식하고 있다. 다음을 포함한 여러 투어 업체들이 만타 레이 밤 스노클링 프로그램을 운영한다.

만타레이 다이브스 하와이 www.mantaraydiveshawaii.com
만타 어드벤처스 www.mantaadventures.com
빅아일랜드 다이버스 www.bigislanddivers.com
트래블섁 www.travelshack.com

죄 지은 자들의 뉘우침 장소

푸우호누아 오 호나우나우 공원

Pu'uhonua O Hōnaunau National Historical Park

주소 State Hwy 160, Hōnaunau, HI 96726 **위치** 코나 공원에서 차로 50분 **시간** 8:30~16:30 **전화** 808-328-2326

'피신의 장소'라는 별칭도 있는 이 공원은 한때 하와이 왕국에 존재하던 카푸를 어긴 자들이 용서를 구하기 위해 찾았던 곳이다. 고대 하와이 사람들의 성지라 성스러운 기운이 가득해 죄를 씻겨 줄 것으로 믿었기 때문이다. 왕족들의 납골당, 고대 폴리네시아 창조신 티키 상 등을 볼 수 있다. 고대 하와이인들의 생활상을 재현한 마을을 조성해 두었고, 입장 시 요청하면 한글 안내문도 받을 수 있다. 공원에서 조금 더 아래로 내려가면 조용하고 맑은 호오케나 비치 파크Ho'okena Beach Park(주소: 86-4322 Mamalahoa Hwy, Captain Cook, HI 96704)도 있으니 함께 찾아 보자.

마음을 치유하는 고소한 커피 농장

마우카 메도우스 커피 농장 Mauka Meadows Coffee Farm

주소 75-5476 Mamalahoa Hwy, Holualoa, HI 96725 **위치** 코나 공원에서 차로 20분 **시간** 9:00~16:00 **요금** $5(성인), 무료(15세 이하) **홈페이지** maukameadows.com **전화** 808-322-3636

후알랄라이Hualalai 산비탈 약 40km에 해당하는 지역을 코나의 커피 벨트라 부른다. 여기에서 세계 3대 커피 중 하나로 꼽히는 코나가 자란다. 빠알간 커피 체리가 열매를 맺고 한 알씩 수확돼 로스팅을 거쳐 풍미 좋은 블렌드로 탄생하는데, 마우카 메도우스는 이 벨트 지역의 여러 커피 농장들 중 아름다운 정원처럼 조성돼 있어 특히 인기가 많다. 바다와 하늘, 풀의 경계를 알아볼 수 없는 인피니티 풀을 바라보며 코나 커피를 시음하고 마음에 드는 블렌드를 골라 구입할 수도 있다. 해먹이 달린 정원, 작은 정자, 커피 나무들을 지나는 산책로 등 구경거리가 많아 시간을 할애해 들렸다 가자.

북부의 코할라 Kohala

상대적으로 조명을 덜 받는 오아후의 서남부 해안가는 그래서 더 좋다. 거울처럼 반질한 모래사장에 하루의 첫 발자국을 남기고, 맑은 파도에 몸을 실으면 물방울이 튕기는 소리까지 다 들릴 듯한 고요함, 평온함으로 가득한 동네. 이올라니 디즈니 리조트와 스파가 있어 디즈니 마니아들이나 어린아이와 여행하는 가족 여행자들이 일부러 숙소를 잡는 지역이다. 코올리나 비치와 골프 클럽을 중점으로 여행하며 바쁜 시내와 쇼핑 일대를 피해 하와이의 바다와 녹음만을 만끽하고 싶다면 리워드가 제격이다.

폴롤루 계곡 Pololū Valley

빅아일랜드 북동부 코할라 코스트의 가장 예쁜 모습을 볼 수 있는 전망대가 위치한 계곡dlek. 하이킹 루트도 조성돼 있어서 차를 대고 도보로도 돌아볼 수 있다. 돌이 떨어지고 파도가 거세며 절벽이 있다고 곳곳에 안내판이 붙어 있으니 미끄러지지 않는 안전한 신발을 신고 조심스럽게 다녀야 한다. 거리는 왕복 약 6km 정도로 그리 멀지 않으나 급경사 구간도 포함한다. 30분 정도 소요된다.

주소 52-5100 Akoni Pule Hwy, Kapaau, HI 96755 **위치** 코나 공원에서 차로 1시간 10분

©Hawaii Tourism Authority (HTA)

©Hawaii Tourism Authority (HTA), Heather Goodman

카메하메하 대왕상 Statue of King Kamehameha

캡틴 쿡이 하와이를 찾은 해의 100주년을 기념해 오아후 다운타운에 세워진 것 말고도 하와이에는 하와이 제도 섬들을 통일시킨 카메하메하 대왕상이 하나 더 있다. 바로 빅아일랜드 머리 꼭대기 부근의 코할라 마을에 있으며, 동네 사람들이 늘 새로 꽃 레이를 걸어 놓아 알록달록한 모습을 하고 있다.

주소 Akoni Pule Hwy, Kapaau, HI 96755 **위치** 코나 공원에서 차로 1시간

Tip.

북부까지 올라오느라 허기가 졌을 테니 길 건너편 킹스 뷰 카페Kings View Café에서 간단한 하와이안 피자나 셰이브 아이스, 커피를 마시고 가자. 대왕상이 있는 아코니 풀레 하이웨이를 따라 동네 맛집과 카페들이 많아 오르락내리락 산책하며 돌아보고 쉬었다 갈 곳을 찾아보는 것도 좋다.

빅아일랜드 추천 숙소

힐로와 코나는 같은 섬이라 할 수 없을 정도로 분위기가 상이하고 각각의 매력이 뛰어난 지역이라, 일정이 허락한다면 최소 2박씩 각 지역에서 머무는 것을 추천한다. 섬이 워낙 커 이동 시간이 길기 때문에 IN, OUT 공항도 마찬가지로 숙소 위치에 따라 가까운 공항으로 정해 티켓팅하는 것이 좋다.

매리어트 계열의 럭셔리한 5성 호텔

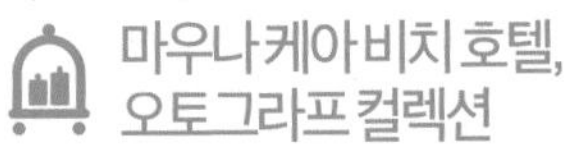

마우나 케아 비치 호텔, 오토그라프 컬렉션

Mauna Kea Beach Hotel, Autograph Collection

주소 62-100 Mauna Kea Beach Dr, Waimea, HI 96743 **위치** 코나 공항에서 차로 35분 **가격** $975(비치프런트 킹 베드) **홈페이지** maunakeabeachhotel.com **전화** 808-882-7222

마우나 케아 비치가 코앞에 위치한 자리 선정 백점짜리 5성 고급 호텔이다. 자체 18홀 골프 코스를 보유하고 있어서 골퍼 여행자들에게 특히 사랑받는다. 객실은 타워 룸Tower Room, 비치프런트 윙Beachfront Wing, 스위트Suite 세 종류로 나뉘며 각각의 종류가 퀸, 킹, 트윈, 딜럭스 등 여러 등급으로 분류돼 다양한 종류의 인테리어와 뷰, 규모의 객실 중 골라 묵을 수 있다. 전 객실에 발코니가 딸려 있어 가슴이 시원하게 뚫리는 바다 전망을 늘 감상할 수 있다.

별이 쏟아지는 테라스와 전용 풀, 넓은 럭셔리한 바캉스 맨션

더 아일랜즈 앳 마우나 라니
The Islands at Mauna Lani

주소 68-1375 Pauoa Rd, Waimea, HI 96743 **위치** 코나 공항에서 차로 30분 **가격** $311~(투 베드룸 딜럭스 가든 뷰) **홈페이지** www.islandsatmaunalani.com **전화** 866-901-4039

끝없이 펼쳐지는 매끄러운 골프장 뷰와 밤이 되면 헤아릴 수 없이 많은 별들이 머리 위로 쏟아질 것만 같은 럭셔리한 홀리데이 숙소. 이곳에 묵기 위해 빅아일랜드를 여러 번 계속해서 찾고 싶을 정도로, 빅아일랜드뿐 아니라 하와이에서 경험한 모든 숙소 중 자신 있게 가장 추천하는 곳이다. 가족 여행자들에게 특히 좋을, 2층으로 된 콘도는 대형 쇼파와 TV가 놓인 거실, 선베드가 있는 1, 2층 테라스, 모든 설비를 갖춘 최신 주방, 전용 BBQ 그릴 공간, 전용 차고, 널찍한 침실이 있다. 콘도와 빌라 종류에 따라 서재와 욕실, 침실 개수가 다양하게 마련돼 있다. 전담 컨시어지 사무실에서 체크인하고 여행 중 내 집이 되는 대형 콘도의 열쇠와 차고 열쇠, 대문 자동키와 마우나 비치 클럽을 자유롭게 출입할 수 있는 키를 한 꾸러미 받게 된다. 프라이빗 수영장과 자쿠지도 이용할 수 있으며 메일 메이드 서비스가 제공된다.

힐로의 고즈넉함과 럭셔리 브랜드 체인의 고급스러움

그랜드 나닐로아 호텔 힐로 – 에이 더블트리 바이 힐튼

Grand Naniloa Hotel Hilo - a DoubleTree by Hilton

주소 93 Banyan Dr, Hilo, HI 96720 **위치** 힐로 공항에서 차로 6분 **가격** $189(1 킹베드룸) **홈페이지** doubletree3.hilton.com/en/hotels/hawaii/grand-naniloa-hotel-hilo-a-doubletree-by-hilton-ITOHNDT/index.html?SEO_id=GMB-DT-ITOHNDT **전화** 808-969-3333

힐로만과 마우나 게아산이 보이는 훌륭한 경치를 자랑하는 호텔로, 묵고 나서 호텔에 별 하나는 더 주고 싶을 정도로 서비스도 시설도 매끄럽고 깔끔한 곳이다. 힐로 공항과는 단 3km 정도 떨어져 있어 힐로에서 가장 위치도 시설도 좋은 숙소로 추천한다. 호텔에서 나오자마자 몇 걸음만 걸으면 릴리우오칼라니 공원이 나타나 아침저녁으로 힐로의 가장 예쁜 자연을 만날 수 있다. 조식과 호텔 내 수영장도 훌륭하고, 빅아일랜드 투어 업체로 추천하는 카포호키네 어드벤처스가 로비 층에 사무실을 두고 있어 다양한 투어도 편하게 신청/변경할 수 있다. 자체 9홀 골프 코스를 보유하고 있어 호텔에만 머물러도 스포츠를 즐길 수 있으며 피트니스 센터를 이용하거나 워터 스포츠 장비를 빌려 호텔 바로 앞 바다로 나가도 좋다. 하와이안 식당도 호텔 내 위치하며 탁 트인 로비 바는 전망도 좋고 음료도 맛있으며 체크인 시 선물로 주는 큼지막한 시그니처 초콜릿칩 쿠키는 빅아일랜드로 이동하는 여독을 달콤하게, 완벽하게 녹여 준다. 리조트 피는 주차 요금과 2인용 음료, 스노클링 장비 대여, 9홀 골프 코스 이용(클럽과 카트 포함), 1일 2회 2인 라운딩, 화산 투어 20% 할인, 하와이 내 전화 등을 포함한다. 체크인은 16시, 체크아웃은 11시다.

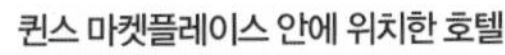

퀸스 마켓플레이스 안에 위치한 호텔

코할라 스위츠 바이 힐튼 그랜드 베케이션스
Kohala Suites by Hilton Grand Vacations

주소 69-550 Waikoloa Beach Dr, Waikoloa Village, HI 96738 **위치** 코나 공항에서 차로 27분 **가격** $242(주니어 1베드룸 킹 스위트) **홈페이지** www.hiltongrandvacations.com/hawaii/kohala-hgvc/ **전화** 808-886-8700

와이콜로아 지역의 여러 우아한 고가 숙소들 중에서도 눈에 띈다. 해변이 도보 거리에 위치하며 퀸스 마켓플레이스의 여러 식당과 상점에 대한 접근성이 좋아 모든 면에서 불편함이 없다. 투숙객들은 피트니스 센터와 테니스 코트도 사용 가능하며 세탁기, 건조기, 주방 설비가 완비된 스위트에서는 취사를 할 수도 있어 더욱 편안하게 묵을 수 있다. 물 온도를 따뜻하게 유지하는 수영장과 키즈 풀, 월풀도 있고 피크닉 자리가 마련된 BBQ 그릴, 골프 코스, 비즈니스 센터도 준비돼 있다. 체크인 16시, 체크아웃 10시다.

K a u a i

카우아이

하와이주에서 무려 500만 년이 된 가장 오래된 섬

하와이 최초의 설탕 플랜테이션이 시작된 달콤한 섬, 어딜 가나 닭들이 꼬꼬댁 목청을 높이며 거리를 자유롭게 뛰어다니는 야생의 섬 그리고 무려 500만 년이나 된 하와이주에서 가장 오래된 섬. 카우아이는 해저에서 폭발한 화산이 수면 위로 떠올라 생성됐다. 세계에서 가장 습한 산 와이알레알레Waialeale가 섬 중앙에 위치하며, 여러 강들이 수많은 협곡 사이로 세차게 흐르고 폭포 줄기를 이룬다. 총 면적이 제주도의 약 80% 정도밖에 되지 않아 하와이 제도 네 개의 주 섬들 중 가장 발걸음이 뜸하고 그래서 가장 소중하다. 울창하고 무성한 꽃과 나무가 많아 정원의 섬이라고 불리는 신록의 카우아이에서는 숨을 더욱 깊게 들이마시자. 피톤치드로 온몸이 정화되는 듯하고 새록새록 생명의 싹이 돋아나는 기분이 샘솟는다.

카우아이 가는 길

리휴 공항Lihue Airport(LIH)을 통해 주내선으로 찾을 수 있다.

주소 3901 Mokulele Loop, Lihue, HI 96766 **홈페이지** airports.hawaii.gov/lih/ **전화** 808-274-3800

공항에서 시내로

◎ 셔틀

스피디 셔틀SpeediShuttle이 공항 픽업 서비스를 운행한다. 요금은 리휴-카파아 지역 호텔은 편도로 $12.78, 포이푸는 $24.75, 프린스빌은 $43.45 정도다(2인 기준). 전용 셔틀, 세단, 리무진, SUV 등 차량도 선택할 수 있다(추가 요금 발생).

홈페이지 www.speedishuttle.com/kauai-airport-shuttle

◎ 자동차

카우아이도 차량으로 이동하는 편이 가장 편하고 유용하니 공항에서부터 렌터카를 픽업해 이동하는 것을 추천한다. 계속해서 렌터카 없이 뚜벅이 여행을 씩씩하게 해왔더라도 빅아일랜드와 카우아이에서만큼은 렌터카를 추천하는 것이, 두 섬 모두 대중교통이 잘 발달되지는 않았고 운행 시간도 짧기 때문이다. 공항에 렌터카 사무소들이 있고 다른 섬들에 비해 규모가 작으니 미리 예약을 해 놓아야 원하는 차량을 받을 수 있다.

◎ 카우아이 버스

한 시간 간격으로 운행하는 70번 버스를 타고 리휴 공항에서 시내까지 이동할 수 있다. 그러나 공항과 리휴 시내가 무척 가깝고 시내에서 다른 동네로 이동을 하려면 다시 다른 교통수단을 이용해야 함으로 추천하지 않는다.

카우아이 시내 교통

◎ 더 카우아이 버스 The Kauai Bus

9개의 노선이 있는 카우아이의 대중교통. 배차 가격이 넓고 루트가 많지는 않아서 카우아이를 아주 여유로운 일정으로 여행하는 것이 아닌 이상 추천하지 않는다. 보통 카우아이 동네 사람들이 이용한다. SNS를 통해(www.facebook.com/thekauaibus) 특정 루트의 갑작스러운 운행 중단이나 일정 변경 등을 알려 준다. 표는 탑승해 기사에게 구매할 수 있다. 노선별로 운행 시간이 다르다. 가장 빠른 노선은 5:30부터 운행을 시작한다. 주말에는 전 노선이 운행하지 않는다.

요금(편도) $2(성인), $1(60세 이상과 7~18세), 무료(요금을 지불하는 승객과 동승하는 6세 이하)홈페이지 www.kauai.com/kauai-bus 전화 808-246-8110

◎ 자동차

섬 끝에서 끝까지 두 시간 정도면 달릴 수 있는 작은 카우아이. 길도 잘 닦여 있고 차도 많지 않은 편이라 운전이 수월하다. 다만 나 팔리 코스트 앞뒤로 도로가 끊어져 있어 차로 섬 일주는 불가능하다.

카우아이는 닭들의 섬?

카우아이에서 운전할 때 주의해야 할 특이 사항 하나로는 닭이 있다. 주인 없는 야생 닭들이 카우아이 사람들보다 많다 싶을 정도로 사방을 뛰어다닌다. 차도, 인도, 시내, 해변 할 것 없이 카우아이 모든 동네에서 너무 쉽게 볼 수 있는 야생 닭들에 유의하자. 사람을 해치거나 사납지 않으나 과속하거나 닭이 갑자기 길로 튀어나오는 경우를 조심하면 된다는 말이다. 내셔널 지오그래픽National Geographic과 여러 학자들의 연구 결과에 의하면 1982년과 1992년 큰 허리케인이 카우아이를 덮쳤을 때 울타리 등이 모두 망가져 집에서 키우던 닭들을 한때 방생했을 때 이들이 서로, 또 폴리네시아인들이 데려온 야생 조류와 번식해 갑자기 개체 수가 많아진 것이라 한다.

코코넛 코스트

Coconut Coast

카우아이에서 가장 번화한 지역으로, 이 주변에 코코넛 나무가 많이 자라 코코넛 코스트라는 달콤한 애칭으로 더 많이 불린다. 섬의 전

체 인구 7만 1천 명 중 약 16,000명이 이 지역에 거주한다. 초록초록한 정원의 섬답게 해안가에서 조금만 벗어나면 이국적인 식물들이 싱그럽게 피어 있는 숲을 만날 수 있다. 시원하게 쏟아지는 폭포 앞에서 무지개를 감상하고, 신나게 해수욕을 하다 카파아 마을의 여러 맛집들을 차례차례 가 보는 일정을 추천한다.

Best Course

스몰 타운 커피

차로 19분 또는 500번 버스로 34분

카우아이 박물관

차로 8분

아후키니 레크리에이셔널 피어 주립공원

차로 21분

카파아 마을

도보 3분

부바스 버거(점심)

도보 2분

시워드 + 세이지 & 큐리어스...(쇼핑)

차로 10분

와일루아 헤리티지 트레일

차로 7분

리드게이트 비치 파크

차로 12분 또는 500번 버스로 42분

샘스 오션뷰 레스토랑

도보 1분

카파아 비치 파크

코코넛 코스트

스몰 타운 커피
Small Town Coffee
샘스 오션 뷰 레스토랑
Sam's Ocean View Restaurant Kapaa Kauai
카우아이 비치 하우스 호스텔
Kauai Beach House Hostel
시위드+세이지
Seaweed+Sage
부바 버거스
Bubba Burgers
큐리어스...
curious...
십렉드
Shipwrecked
포노 마켓
Pono Market
오노 패밀리 레스토랑
Ono Family Restaurant
케알리아 비치
Keālia Beach
카파아 마을
Kapa'a Town
카파아 비치 파크
Kapa'a Beach Park
푸지 비치
Fuji Beach
카모킬라 하와이 마을
Kamokila Hawaiian Village
오파에카아 폭포
Opaeka'a Falls
와일루아 헤리티지 트레일
Wailua Heritage Trail
고사리 동굴
Fern Grotto
리드게이트 비치 파크
Lydgate Beach Park
와일루아 주립공원
아후키니 레크리에이셔널 피어 주립공원
Ahukini Recreational Pier State Park
리휴 공항
Lihue Airport
카우아이 박물관
Kauai Museum

리드게이트 비치 파크
Lydgate Beach Park

코코넛 코스트에서 가장 넓은 해변으로, 단체로 무리지어 하루 종일 놀고 가기 손색없는 곳이다. 해도 잘들고 주차도 편리하며 스노클링, 피크닉, 해수욕을 하기에 적합하다. 큼직한 화산석으로 된 바위들이 있어 파도가 세지 않고 다양한 열대어들이 헤엄치는 모습을 구경할 수 있다. 안전 요원도 상주하며 놀이터도 있다.

주소 Leho Dr, Lihue, HI 96766 **위치** 리휴 공항에서 차로 9분

카파아 비치 파크
Kapa'a Beach Park

산책로와 자전거 도로가 마련돼 있는, 걷기 좋은 기분 좋은 해변. 아침 일찍 또는 해 질 녘 요가를 하러 나오는 사람들도 종종 보인다. 잔잔한 파도와 끝없는 지평선을 바라보며 명상을 하거나 책을 읽거나 개를 산책시키는 등 카우아이 사람들이 평온한 일상을 즐기는 곳이다. 카파아 시내와 아주 가까워 접근성도 좋다.

주소 4-1604 Kuhio Hwy, Kapa'a, HI 96746 **위치** ①리휴 공항에서 차로 15분 ②500번 버스 타고 포노 카이(Pono Kai) 정류장 하차

©Hawaii Tourism Authority (HTA)

케알리아 비치
Keālia Beach

서핑과 부기 보드를 즐기는 사람들에게 특히 인기가 좋다. 안전 요원이 상주하며 피크닉 자리와 샤워, 화장실 등도 마련돼 있다. 겨울에는 고래도 종종 구경할 수 있다. 날이 맑고 바람이 없으면 초보도 해수욕을 즐기기에 손색이 없고, 평소에는 파도가 있는 편이라 레저를 즐기려는 활동적인 사람들이 찾는다.

주소 Kapa'a, HI 96746 **위치** ①리휴 공항에서 차로 17분 ②500번 버스 타고 케알리아 비치(Kealia Beach) 정류장 하차

푸지 비치
Fuji Beach

아이들이 놀기 좋은 얕고 넓은 물이 있는 해변으로, 카파아 마을의 '베이비 비치'라고도 불린다. 그늘이 많지 않아 바람이 선선히 부는 날 더욱 인기가 좋다. 드라이브하다가 푸지 비치를 보고 갑자기 차를 세우고 놀다 가는 사람들이 많을 정도로 쉬다 가고 싶어지는, 푸르고 맑은 바다다.

주소 Moanakai Rd, Kapa'a, HI 96746 **위치** ①리휴 공항에서 차로 13분 ②500번 버스 타고 카파아 홍완지(Kapaa Hongwanji) 정류장 하차

ⓒHawaii Tourism Authority (HTA), Tor Johnson

ⓒHawaii Tourism Authority (HTA), Daeja Fallas

지역 아티스트들의 작품과 하와이 역사를 만나는 곳

카우아이 박물관 Kauai Museum

주소 4428 Rice St, Lihue, HI 96766 **위치** 리휴 공항에서 차로 5분 **시간** 9:00~16:00(월~토) **요금** $15(일반), $12(65세 이상), $10(8~17세) **홈페이지** www.kauaimuseum.org **전화** 808-245-6931

본래 도서관으로 쓰이던 앨버트 스펜서 윌콕스 빌딩The Albert Spencer Wilcox Building을 사용하는 카우아이 박물관은 카우아이와 니이하우Ni'ihau 사람들의 문화유산을 보존, 교육, 전달하기 위한 미션을 가지고 세워졌다. 하와이섬들의 지리학적 정보를 배우고 쿡 선장이 카우아이에 도착했을 때부터 하와이 왕족과 현대사까지의 역사를 볼 수 있으며 다양한 미술품, 조각, 공예품도 전시돼 있다. 요청 시 가이드 투어도 진행한다. 지역 사회와 가깝게 연계돼 다양한 활동을 도모하며 일반 대중들에게 토착민들의 생활을 더욱 솔직하고 가감 없이 보여 줄 수 있는 방안을 연구한다.

카우아이를 떠나기 전 마지막으로 들러 보자

아후키니 레크리에이셔널 피어 주립공원

Ahukini Recreational Pier State Park

주소 3101-3147 Ahukini Rd Lihue, HI 96766 위치 리휴 공항에서 차로 4분 시간 해가 지면 닫음

하나마울루만Hanama'ulu Bay의 풍경이 앞에 펼쳐지는 리휴 공항 근처에 있는 공원으로, 아무도 사용하는 것 같지 않은 외진 부둣가가 한적하고 평온하며 인적이 아예 없을 때에는 고독한 기분도 든다. 낚시와 게 잡이로 유명한 곳이라 낚싯대를 드리우고 있는 동네 사람들을 자주 볼 수 있다. 하나마울루 개천이 태평양으로 흘러 들어가는 구간을 나무로 된 산책로를 따라 구경할 수 있다. 여행을 곱씹어 보며 카우아이에게 작별을 고하기 가장 좋은 곳이라 자부한다. 리휴 공항 쪽으로 조금 일찍 출발해 이곳에 잠시 들렀다 가자.

코코넛 코스트 전체를 아우르는 장관

와일루아 헤리티지 트레일 Wailua Heritage Trail

카우아이 동쪽 해변에서 와이알레알레산까지 이어지는 루트로 와일루아강Wailua River을 따라 카우아이에서 가장 큰 폭포 중 하나를 만날 수 있는 길이다. 차로 폭포가 보이는 전망대까지 올 수 있어 하이킹을 하지 않아도 된다. 홈페이지에서 주요 볼 곳들을 버추얼 투어로 안내하고 있어 미리 트레일 곳곳의 명소에 대한 설명을 읽고 가면 더욱 좋다.

주소 Kapa'a, HI 96746 **위치** ①리휴 공항에서 차로 10분 ②500번 버스 타고 와이포울리 커트야즈(Waipouli Courtyards) 정류장 하차 **홈페이지** wailuaheritagetrail.org

오파에카아 폭포 Opaeka'a Falls

한때 이 지역에 새우가 많았기에 하와이어로 '구르는 새우'라는 귀여운 이름을 붙인 폭포로, 높이는 약 46m, 너비는 약 12m다. 56번 고속도로에서 쿠아무 로드Kuamoo Road(Route 580)를 따라 약 3km만 가면 금세 나타난다. 전망대와 피크닉 장소, 화장실도 마련돼 있어 폭포를 앞에 두고 휴식을 취하다가 갈 수 있다. 여기에서 좀 더 힘을 내 걸어 올라가면 와일루아강과 울창한 삼림이 눈앞에 펼쳐진다. 엘비스 프레슬리 주연의 영화 〈블루 하와이〉의 촬영지이기도 했다.

©Hawaii Tourism Authority (HTA), Daeja Fallas

고사리 동굴 Fern Grotto

와일루아강에서 보트로만 들어갈 수 있는 동굴로, 화산암으로 만들어진 자연적인 멋진 쉼터로 이국적인 열대 식물들과 고사리로 뒤덮여 있다. 폭포와 녹음의 시원함을 완연히 느낄 수 있고, 하와이 음악을 연주하는 사람들이 주변에 있어 동굴 속에서 로맨틱한 멜로디를 감상할 수 있다. 동굴 앞에서 연인과 키스를 나누면 영원한 사랑을 이룰 수 있다는 설이 있어 커플 여행자들에게 특히 인기가 많다. 과거에는 하와이 왕족을 제외하고는 들어갈 수 없었으나 현재는 대중에게 개방돼 있다.

Tip.

카모킬라 하와이 마을 Kamokila Hawaiian Village

와일루아강을 직접 가르며 느껴 보고 싶다면 고사리 동굴 방문, 카누와 패들보드 대여를 진행하는 카모킬라 하와이 마을을 찾아보자.

주소 5443 Kuamo'o Rd Wailua, Kaua'i, HI **위치** 리휴 공항에서 차로 12분 **시간** 8:00~19:00 **요금** $5(성인), $3(3~12세)/ 카누 1일 대여: $30(성인), $20(3~12세)/ 고사리 동굴(10분 패들링과 1시간 투어 포함): $20(성인), $15(아동) **홈페이지** villagekauai.com **전화** 808-823-0559

아침을 기다리게 만드는 소박하고 맛있는 커피 한잔

스몰 타운 커피 Small Town Coffee

주소 4-1543 Kuhio Hwy, Kapa'a, HI 96746 **위치** ①리휴 공항에서 차로 15분 ②500번 버스 타고 카파아 엔시(Kapaa NC) 정류장에서 하차 **시간** 6:00~16:00(월~토), 6:00~15:00(일) **가격** $7.25(트로피컬 스무디), $3.25(베이글) **홈페이지** www.smalltowncoffee.com

작은 버스를 개조한 카페로, 작은 테이블 하나와 뒷편에 정원 공간이 조금 있어 앉아서 커피를 마시고 갈 자리는 몇 개 있다. 오클라호마에서 상점과 로스터리를 하던 커피 애호가 첫 번째 주인이 평생의 꿈을 이루고자 카우아이로 이주해 와 차린 작은 카페다. 바리스타 수상 경력을 가진 세 명의 새 주인에게 카페를 넘기고, 이 셋은 밝고 즐거운 분위기를 더욱 살려 맛있는 커피를 동이 틀 때부터 끓여 낸다. 주기적으로 음악 공연도 주최하고 여전히 훌륭한 아티산 커피, 유기농, 공정 무역 커피를 대접하며 서비스도 만점이다. 지역 행사 소식이나 비영리 행사 등 다양한 정보를 얻을 수 있으며 커피와 관련한 수다는 늘 환영이라는 친절한 주인들을 만날 수 있는, 작지만 멋진 공간이다. 간단한 식사를 할 만한 샌드위치, 베이글과 같은 스낵 메뉴도 판매한다.

바다 전망이 훌륭한 식당

샘스 오션 뷰 레스토랑 Sam's Ocean View Restaurant

주소 4-1546 Kuhio Hwy, Kapa'a, HI 96746 **위치** ①리휴 공항에서 차로 15분 ②500번 버스 타고 카파아 엔시(Kapaa NC) 정류장에서 하차 **시간** 월, 수~토: 16:00~21:00/ 일: 9:00~15:00, 16:00~12:00 **가격** $18(아히 포케 나초) **홈페이지** www.samsoceanview.com **전화** 808-822-7887

편안하고 캐주얼한 분위기의 식당으로 일요일을 제외하고는 늦은 오후~저녁 시간에만 운영한다. 피자, 파스타, 포케 등 하와이/아메리칸 메뉴가 주가 되며 칵테일과 해산물도 추천한다. 해피 아워는 16:00~18:00이다. 늘 인기가 많아 전망이 좋은 테라스 자리에 앉으려면 해피 아워 쯤 와서 식사하는 것을 추천한다. 카우아이의 여러 농장과 시장과 직접 거래하며 식재료를 가져오며 모든 거래처를 홈페이지에 안내한다. 가장 신선하고 좋은 재료를 쓰는 것으로 잘 알려져서 동네 사람들에게 특히 인기가 많다.

카우아이섬에서 가장 번화한 마을. 만 명이 넘게 모여 사는 작은 마을이지만 볼 것이 많다. 특히 섬의 다른 지역과 차별화되는 부분은 쇼핑인데, 개성 있는 로컬 브랜드와 잡화점 등이 ABC 마트나 편의점과 같은 어디서나 볼 수 있는 상점들 사이사이에 있어 편의성과 독창성을 모두 갖춘 쇼핑 지역이다. 카우아이에서 소문난 맛집들과 카약이나 서핑 등 액티비티나 투어 등을 예약하는 곳도 있다. 다음에 소개하는 곳들 외에도 하와이 요리와 셰이브 아이스가 맛있는 오노 패밀리 레스토랑Ono Family Restaurant(주소: 4-1292 Kuhio Hwy, Kapa'a, HI 96746)이나 모던한 아일랜드 부티크 상점을 표방하는 십렉드Shipwrecked(주소: 4-1384 Kuhio Hwy B-106, Kapa'a, HI 96746), 기념품이나 앤티크, 주얼리, 공예품을 구입할 수 있는 코코넛 마켓플레이스Coconut Marketplace(주소: 4-484 Kuhio Hwy, Kapa'a, HI 96746)도 추천한다.

부바스 버거
Bubba's Burgers

카우아이에서 제일 맛있는 햄버거를 판다. 1936년부터 같은 레시피를 사용해 꾸준히 사랑받고 있는 부바스는 세월이 지나며 동네 사람들로부터 여행자들에게까지 천천히 입소문만으로 카우아이 유명 맛집에 등극했다. 좋은 음식과 시원한 맥주, 스포츠와 맑은 공기를 사랑하는 친구들 셋이 모여 오픈한 버거 가게로, 패티와 빵, 기본에 충실한 맛이 일품이다. 양배추와 토마토를 넣지 않는 것이 특징이며 카우아이 소고기와 시그니처 렐리시 소스로 만든 다양한 메뉴 중 어떤 것을 시켜도 맛있다. 큰 허리케인이 있었던 1992년에는 850명에게 무상으로 식사를 지원하기도 했던, 카우아이 사람들이 가족처럼 생각하는 레스토랑이다. 남부 포이푸 해안가의 쿠쿠이울라 쇼핑 빌리지Kukui'ula Shopping Village(주소: 2829 Ala Kalanikaumaka St Building L, Koloa, HI 96756)에도 지점이 있다.

주소 4-1421 Kuhio Hwy, Kapa'a, HI 96746 **위치** ①리휴 공항에서 차로 15분 ②500번 버스 타고 포노 카이(Pono Kai) 정류장 하차 **시간** 10:30~20:00 **가격** $4(부바 버거) **홈페이지** bubbaburger.com **전화** 808-823-0069

큐리어스...
Curious...

'호기심'이라는 상호명과 시원하게 칠해진 민트색 외관으로 발걸음을 붙잡는 멋진 상점. 물건이 워낙 많아 한 번 들어가면 나오기가 좀처럼 쉽지 않다. 친절한 주인 앤드류가 원하는 것을 찾을 때까지 기다려주니 천천히 돌아보자. 귀엽고 위트 있는 상품들로 가득하다. 의류, 액세서리, 열쇠고리, 엽서, 책, 장난감 등 잡다한 것 같으면서도 자세히 보면 하나하나 퀄리티가 좋고 디자인이 뛰어나 다른 상점에서는 찾을 수 없을 것 같은 개성을 뽐내는 물건들이다. 캘리포니아의 헤르모사 비치Hermosa Beach(주소: 128 Pier Ave. CA 90254)에도 지점이 있을 정도다.

주소 4-1383 Kuhio Hwy, Kapa'a, HI 96746 **위치** ①리휴 공항에서 차로 14분 ②500번 버스 타고 포노 카이(Pono Kai) 정류장 하차 **시간** 10:00~18:00 **홈페이지** www.curiousworkshop.com **전화** 808-320-8172

포노 마켓
Pono Market

카우아이 토박이 가문이 대를 이어 운영하고 있는 포노 마켓은 동네 사람들의 일등 점심 맛집으로 꼽히는 신선한 포케 식당이다. 그날 들여온 생선이 떨어지면 일찍 닫으니 너무 늦은 오후에 가면 선택할 메뉴가 거의 없을 것이다. 참치 포케가 특히 맛있고 치킨이나 칼루아 포크, 마카로니 샐러드 등 다른 메뉴도 맛있어 이것저것 함께 담아 배부르게 먹을 수 있다. 주인이 권하는 메뉴는 매일 아침 누이가 만든다는, 디저트로 먹기 좋은 달콤하고 고소한 만주. 시원한 것이 끌린다면 바로 옆 가게 와일루아 셰이브 아이스 Wailua Shave Ice를 추천한다.

주소 4-1300 Kuhio Hwy, Kapa'a, HI 96746 **위치** ①리휴 공항에서 차로 13분 ②500번 버스 타고 포노 카이(Pono Kai) 정류장 하차 **시간** 6:00~16:00(월~토) **가격** $13.99/lb~(포케) **전화** 808-822-4581

시위드 + 세이지
Seaweed + Sage

사랑스럽고 아기자기한 예쁜 상점. 구경하는 것만으로 기분이 좋아진다. 카우아이 작은 마을에서 의외로 신나게 쇼핑을 할 수 있는 곳을 발견한 기쁨으로 여러 번 찾게 될 곳이다. 깨끗한 화이트 톤으로 인테리어를 해놓고 편안하고도 스타일리시한 바캉스 룩을 만들어 줄 의류와 액세서리, 소품 등을 판매한다. 화장품, 그릇, 텀블러 등 품목도 다양하고 퀄리티와 가격도 좋다.

주소 4516 Lehua St, Kapa'a, HI 96746 **위치** ①리휴 공항에서 차로 15분 ②500번 버스 타고 카파아 라이브러리(Kapaa Library) 정류장 하차 **시간** 10:00~18:00(월~토) **홈페이지** www.instagram.com/seaweedandsage **전화** 808-822-3178

나 팔리 코스트와 북부

Na Pali Coast, North Kauai

카우아이의 멋진 정글과 환상적인 해안선을 감상할 수 있는, 가장 신비롭고 야생적인 모습을 자랑하는 북부를 여행하자. 광활하고 방대한 이

지역을 어떻게 여행할지 엄두가 나지 않다가도 막상 그 푸르름 한가운데 서게 되면 영원히 머무르고 싶은, 자연으로의 회귀 본능을 느끼게 된다. 나 팔리와 더불어 고급스러운 리조트들이 있는 프린스빌과 작고 예쁜 하날레이 마을도 있어 다채로운 매력을 발산하는 북부는 공항과 조금 떨어져 있지만 일부러 찾아와 묵는 사람들이 있을 정도로 인기 있는 지역이다.

Best Course

나 팔리 코스트
차로 2시간 20분

트럭킹 딜리셔스(점심)
도보 1분

쿠히오 하이웨이
차로 2분 또는 도보 8분

와이올리 비치 파크(해수욕)
차로 25분

킬라우에아 뷰포인트 & 전망대
차로 20분

아니니 비치(해수욕)
차로 17분

하날레이 다리 & 하날레이 계곡 전망대와 국립 야생 보호구역
차로분

프린스빌 센터(저녁)

Tip.

*주의 사항 북부 도로가 끊겨 있어 나 팔리 지역을 돌아보고 하날레이 위쪽을 여행하려면 섬의 남부와 동부를 지나 돌아와야 한다. 거의 섬을 한 바퀴 도는 것이나 마찬가지로 약 2시간 20분 소요된다. 따라서 나 팔리 오전 일정을 배제하고 위의 북부 일정만 소화하고, 남부 일정 소화 시 조금 더 바쁘게 움직여 나 팔리 전망대들을 드라이브하는 것을 추천한다.

나 팔리 코스트와 북부

호노푸 비치
Honopu Beach

나 팔리 해안 주립공원

칼랄라우 전망대
Kalalau Lookout

푸우 오 킬라 전망대
Pu'u O Kila Lookout

코케에 주립공원 캠프장
Kōke'e State Park Campground

코케에 자연사 박물관
Kokee Natural History Museum

푸우 히나히나 전망대
Pu'u Hinahina Lookout

푸우 카 펠레 피크닉 그라운드
Puu Ka Pele Picnic Grounds

와이메아 협곡 전망대
Waimea Canyon Lookout

일리아우 네이처 루프 & 쿠쿠이 트레일
Iliau Nature Loop & Kukui Trail

프린스빌 리조트 카우아이
Princeville Resort Kauai

쿠히오 하이웨이
Kuhio Hwy

와이올리 비치 파크(하날레이 비치)
Waioli Beach Park(Hanalei Beach)

더 돌핀 레스토랑
The Dolphin Restaurant

트럭킹 딜리셔스
Trucking Delicious

하날레이 센터
Hanalei Center

코코넛 키즈
Kokonut Kids

칭 영 빌리지 쇼핑 센터

온 더 로드 투 하날레이
On the Road To Hanalei

아니니 비치 & 칼리히카이 파크
Anini Beach & Kalihikai Park

프린스빌 센터
Princeville Center

더 스폿 노스 쇼어 카우아이
The Spot North Shore Kauai

하날레이 계곡 전망대 & 국립 야생 보호 구역
Hanalei Valley Lookout & National Wildlife Refuge

하날레이 다리
Hanalei Bridge

킬라우에아 뷰포인트 & 전망대
Kilauea viewpoint & Lighthouse

아니니 비치 & 칼리히카이 파크
Anini Beach & Kalihikai Park

미모로만 따지면 카우아이 일등으로 꼽고 싶은 아니니 비치. 바로 옆에는 칼리히카이 공원이 있다. 안전 요원은 없지만 수심이나 파도는 여름철에는 안전한 편이다. 겨울철에는 파도가 거세니 주의할 것. 자연적으로 보호받고 있는 구조라 독특한 구조의 암초와 해양 생물들을 보유하고 있다. 스노클링과 패들 보딩, 윈드서핑, 산책, 해수욕, 태닝에 모두 적합하다. 캠핑하기에도 좋고 남부 바다에 비해 훨씬 한적하고 아름답다.

주소 Kalihiwai, HI 96754 **위치** 리휴 공항에서 차로 45분

와이올리 비치 파크(하날레이 비치)
Waioli Beach Park (Hanalei Beach)

완만한 반달 모양을 그리고 있는 약 3km 길이의 해변으로, 뒷편에 와이알레알레산이 펼쳐져 있는 모습이 보인다. 하날레이강 초입의 캠핑하기 좋은 블랙 팟 비치 파크Black Pot Beach Park와 한때 카우아이 무역의 중심지였던 하날레이 부두Hanalei Pier와 맞닿아 있다. 부두는 19세기 말 나무로 만들어진 것으로 현재는 콘크리트로 보수돼 있다. 1957년 영화 〈남태평양South Pacific〉의 촬영지로 유명해지기도 했다. 파도가 거세지 않아 초보 서핑족들에게 인기가 많고 다양한 워터 스포츠를 즐길 수 있어 여행자들도 오래 머물다 간다.

주소 5424 Weke Rd, Hanalei, HI 96714 **위치** ①리휴 공항에서 차로 53분 ②500번 버스 타고 하날레이 네이버후드 센터(Hanalei Neighborhood Center) 정류장 하차

© Hawaii Tourism Authority (HTA), Tommy Lundberg

호노푸 비치
Honopu Beach

성스러운 분위기마저 감돌아 '대성당 해변Cathedral Beach'이라고 불리는 호노푸 비치는 헤엄쳐서만 갈 수 있는 해변으로, 일반 여행자들은 가 볼 수 없지만 그 존재는 꼭 알아두었으면 하는 아름다운 곳이다. 〈킹콩〉, 〈레이더스〉, 〈남태평양〉 등의 영화에서 모습을 볼 수 있는 이 바다는 원주민 메후엔족의 최후의 거주지였던 빼곡한 정글에 둘러싸여 있어 그 신비로운 매력이 더하다.

주소 HI 96746 **위치** 리휴 공항에서 차로 1시간 17분

무한한 감탄을 자아내는 자태

킬라우에아 뷰포인트 & 전망대 Kilauea Viewpoint & Lighthouse

주소 3580 Kilauea Rd, Kilauea, HI 96754 **위치** 리휴 공항에서 차로 44분 **시간** 10:00~16:00(화~토) *수, 토요일에는 무료 가이드 투어 진행(10:30, 11:30, 12:30, 13:30, 14:30) **요금** $10(16세 이상) **홈페이지** www.kilaueapoint.org **전화** 808-828-0383

1913년 세워진 해발고도 약 55m 위에 세워진 높이 약 16m의 빨간 지붕 등대를 찾아보자. 하와이 최북단의 전망대이기도 하다. 티끌 하나 없는 푸른 바다를 배경으로 울창한 숲과 깎아지른 절벽 그리고 눈부시게 하얀 등대가 하나 서 있는 이곳은 카우아이 엽서의 배경으로 수없이 등장한 장관이다. 100주년을 기념해 빛 바랜 지붕을 새로 칠하는 등의 복구 작업이 있었고, 기금을 모아 준 사람들의 이름을 타일에 새겨 바닥에 붙여 놓은 것을 볼 수 있다. 주변은 동물 보호 구역으로 지정돼 있고 곳곳에 이곳에 서식하는 동물들의 특징을 판넬로 제작해 설명해 두었다. 등대를 가까이에서 보려면 국립공원 입장료를 지불하는데, 하와이 제도 다른 국립공원에 입장한 적이 있다면 해당 표를 보여 주면 무료로 들어갈 수 있다.

맛집과 식당들이 모여 있는 깔끔한 쇼핑 센터

프린스빌 센터 Princeville Center

주소 5-4280 Kuhio Highway, Princeville, HI 96722 **위치** ① 리휴 공항에서 차로 44분 ②500번 버스 타고 프린스빌 쇼핑 센터(Princeville Shopping Center) 정류장 하차 **시간** 9:00~20:00 **홈페이지** www.princevillecenter.com

카우아이 북부의 만남의 광장. 하날레이 계곡 전망대 길 건너편에 위치해 프린스빌 센터가 끝나고 하날레이가 시작되는 지점에 있다고 할 수 있다. 여러 의류 상점과 식당, 카페 등이 모여 있다. 하와이언 식당 티키 이니키Tiki iNiki, 부티크 와인 상점인 프린스빌 와인 마켓Princeville Wine Market, 멕시코 식당 페데리코스Federico's 외에 뷰티 살롱과 우체국, 은행도 있다. 매일 밤(18:00~20:00) 라이브 공연이, 매주 수요일 저녁(18:00~20:00)에는 무료 훌라 공연이 열리고, 매달 두 번째 일요일(16:00~20:00)에는 현지 음식과 기념품, 라이브 공연이 펼쳐지는 선데이 나이트 마켓이 열린다.

• 프린스빌 센터 •

INSIDE

프린스빌 센터에서 가장 추천하는 맛집

더 스폿 노스 쇼어 카우아이 The Spot North Shore Kauai

환상적인 시나몬롤과 샐러드, 샌드위치 등을 판매하는 작지만 인기로는 일등인 프린스빌 센터의 식당. 건강하고 맛있는 재료들을 한데 담은 여러 종류의 보울bowl이 대표 메뉴다. 아침 일찍 문을 열어 프린스빌에 머무는 사람들은 호텔 조식 대신 이곳으로 아침을 먹으러 오기도 한다. 내부는 자리가 없지만 바로 앞에 여러 테이블이 있고 해가 잘 드는 프린스빌 센터 내 벤치를 이용할 수 있다.

주소 4-1546 Kuhio Hwy, Kapa'a, HI 96746 **시간** 월, 수~토: 16:00~21:00/ 일: 9:00~15:00, 16:00~12:00 **가격** $18(아히 포케 나초) **홈페이지** www.samsoceanview.com **전화** 808-822-7887

하날레이만에 면하는 작은 마을로, 소나무가 무성하고 숨겨져 있는 듯한 작은 해변들이 곳곳에 위치해 전원적인 분위기를 띤다.

하날레이 다리
Hanalei Bridge

하날레이만으로 가는 길에서 만나는 작은 다리다. 랜드마크인 줄 모르고 그냥 지나치는 사람들이 많은데, 우거진 나무 사이로 보이는 귀여운 모습이 저절로 셔터를 누르게 만든다. 1차선 다리니 절대 속도를 내지 말자. 먼저 다리에 오르는 차량이 먼저 지나가도록 되어 있는데, 오히려 기다리면서 차를 보낼 때 사진을 찍을 수 있어 좋다. 다리 아래로는 카약을 즐기는 사람들도 가끔 볼 수 있다.

주소 Princeville, HI 96722 **위치** 리휴 공항에서 차로 46분

하날레이 계곡 전망대 & 국립 야생 보호 구역
Hanalei Valley Lookout & National Wildlife Refuge

타로 밭이 펼쳐진 평온한 뷰를 감상할 수 있는 전망대. 하날레이 초입, 다리 옆에 위치해 잠시 쉬었다 가기 좋은 곳이다. 바다를 뒤로하고 내륙 쪽으로 더 들어가면 희귀한 물새들이 사는 야생 보호 구역이 나타난다. 전망대에서 시작해 보호 구역을 중앙에서 세로로 나누는 오콜레하오 하이킹 길Okolehao Hiking Trailhead을 따라 도보로도 돌아볼 수 있다. 진흙길도 있어 튼튼한 방수 신발을 권하며 벌레 스프레이와 물도 챙겨 가도록 한다.

주소 Kuhio Hwy, Princeville, HI 96722 **위치** 리휴 공항에서 차로 44분

쿠히오 하이웨이 Kuhio Highway

하날레이 맛집과 명소들은 모두 이 크고 넓은 대로 위에 있다. 일정에 따라 이 부근에 차를 세워 놓고 천천히 걸어 쭉 돌아본 후 바다로 향하거나 바다로 직진해 물놀이를 마치고 식사를 하러 돌아와 대로 양옆으로 조성된 작은 시내를 구경해도 좋다. 1830년대 선교사들이 세운 와이올리 미션 하우스 박물관Waioli Mission House Museum에서는 카우아이 로컬 예술품과 역사, 당시의 생활상을 엿볼 수 있고, 토요일 오전(9:30~12:00)에는 헤일 할라와이스 마켓과 문화 축제Hale Halawai's Farmer's Market/Cultural Festival가 열린다. 여러 식당과 상점들이 모여 있는 하날레이 센터Hanalei Center도 추천하고 귀여운 아동복점 코코넛 키즈Kokonut Kids도 구경해 보자. 강 뷰가 아름답게 펼쳐진 해산물 맛집 더 돌핀 레스토랑The Dolphin Restaurant(시간: 11:30~21:00/ 홈페이지: hanaleidolphin.com), 하와이언 요리로 유명한 타히티 누이Tahiti Nui(시간: 11:00~24:00[월], 11:00~22:00[화, 수, 일], 11:00~다음 날 1:00[목~토]/ 홈페이지: thenui.com)도 있다. 그리고 이 일대에서 가장 유명한 푸드 트럭인 트럭킹 딜리셔스Trucking Delicious(시간: 11:30~16:00[화~토]/ 홈페이지: truckingdeliciouskauai.com/ 전화: 808-482-4101)는 강력 추천, 또 추천한다. 마지막으로 쿠히오 하이웨이에서 가장 눈에 띄는 곳은 바로 칭 영 빌리지 쇼핑이다.

• **BEST Spot** •

칭 영 빌리지 쇼핑 Ching Young Village Shopping

알록달록 과일 가게와 카우아이 일등 셰이브 아이스 가게인 조조스Jojo's(시간: 11:00~19:00/ 홈페이지: jojosshaveice.com), 센스 넘치는 의류와 소품을 판매하는 온 더 로드 투 하날레이On the Road To Hanalei(시간: 10:00~19:00[월~토], 10:00~18:00[일]/ 전화: 808-826-7360) 등이 입점해 있다.

주소 5-5190 Kuhio Hwy, Hanalei, HI 96714 **위치** ①리휴 공항에서 차로 50분 ②500번 버스 타고 하날레이 포스트 오피스(Hanalei Post Office) 정류장 하차 **시간** 10:00~20:30 **홈페이지** chingyoungvillage.com **전화** 808-826-7222

나 팔리 코스트 해안가 안에 위치한 내륙은 여러 보호 구역과 주립공원으로 이루어져 있다. 카우아이 북부의 가장 아름다운 자태를 감상할 수 있도록 조성한 여러 전망대와 쉼터를 소개한다.

일리아우 네이처 루프 & 쿠쿠이 트레일
Iliau Nature Loop & Kukui Trail

강을 따라 하이킹할 수 있는 루트로 계속 걸어가면 와이메아 전망대가 나타난다. 난이도는 중간쯤. 넓지는 않지만 주차 공간에 차를 잠깐 세우고 전망대 삼아 주변 풍경을 감상하고 위쪽 전망대들로 이동해도 좋다.

주소 Kokee Rd, Waimea, HI 96796 **위치** 리휴 공항에서 차로 58분

와이메아 협곡 전망대
Waimea Canyon Lookout

미국의 소설가 마크 트웨인이 '태평양의 그랜드 캐니언'이라 칭한 길이 22.5km, 폭 1.6km, 깊이 1,097m의 와이메아 협곡을 고도 1,036m의 전망대에서 내려다보자. 하와이어로 '붉은 땅'이라는 뜻의 와이메아는 용암이 지나간 자리에 땅이 내려앉고 수십 세기 동안 와이알레알레산에서부터 흐르는 물줄기에 다듬어져 조성된, 태평양 최대 규모 협곡이다. 코케에 주립공원에 속하는 보호구역으로 땅이 철을 다량 함유하고 있어 여러 채도의 붉은 흙을 볼 수 있다. 코코넛, 파파야 등 열대 과일과 말린 과일 등 간단한 스낵을 파는 트럭도 자주 나와 있어 당과 에너지 충전을 하고 남은 길을 떠나면 좋다.

주소 Kokee Rd, Waimea, HI 96796 **위치** 리휴 공항에서 차로 1시간 3분

푸우 카 펠레 피크닉 그라운드
Pu'u Ka Pele Picnic Grounds

식사할 거리나 간이 의자 등을 챙겨왔다면 쉬었다가 가기 좋은 피크닉 장소다. 전망이 워낙 좋아 무얼 먹어도 꿀맛일 것 같은 자리다.

주소 Kokee Rd, Waimea, HI 96796 **위치** 리휴 공항에서 차로 1시간 7분

푸우 히나히나 전망대
Pu'u Hinahina Lookout

또 한 번 멈춰 갈 수 있는 핑곗거리다. 나 팔리 코스트를 돌아볼 때는 차에서 계속 내릴 준비가 되어 있어야 한다. 생각보다 전망대 간격이 좁은데 하나라도 지나칠 수 없는 이유는 제각각이 선물하는 풍경이 조금씩 다르기 때문이다.

주소 Kokee Rd, Waimea, HI 96796 **위치** 리휴 공항에서 차로 1시간 10분

코케에 자연사 박물관
Kōke'e Natural History Museum

나 팔리 지역의 역사와 관련된 전시를 보여 주는 작은 박물관으로, 기념품과 지도도 판매한다. 입장료 대신 지역 발전에 기여할 수 있도록 기부금을 권하고 있다.

주소 3600 Kokee Rd, Kekaha, HI 96752 **위치** 리휴 공항에서 차로 1시간 14분 **시간** 9:00~16:00 **전화** 808-335-9975

코케에 주립공원 캠프장
Kōke'e State Park Campground

바비큐 장비, 샤워실, 화장실을 갖춘 작은 캠핑장이다. 나 팔리에서 캠핑하고 싶다면 이곳을 추천한다. 고도가 있어 밤에는 꽤 추우니 장비와 옷을 단단히 챙겨 가도록 한다. 연박을 하는 경우 텐트를 쳐 놓고 구경하고 돌아오면 없어지는 경우도 있어 안전에도 유의해야 한다.

주소 4187 Muhihi Rd, Waimea, HI 96796 **위치** 리휴 공항에서 차로 1시간 15분 **홈페이지** camping.ehawaii.gov

칼랄라우 전망대
Kalalau Lookout

솜사탕 같은, 신선의 수염 같은 구름의 아름다움에 넋을 잃게 되는 전망대다. 칼랄라우 계곡과 그 뒤로 바다가 아름답게 펼쳐진다. 자연이 주는 감동이 이렇게 크고 벅참을 깨닫게 되는 곳이다.

주소 Kokee Rd, Kapa'a, HI 96746 **위치** 리휴 공항에서 차로 1시간 20분

푸우 오 킬라 전망대
Pu'u O Kila Lookout

나 팔리 가장 북쪽 끝에 위치한 전망대로, 멀리 온 보람이 있는 숨막히는 절경을 보여 준다. 차로 몇 분만 이동했을 뿐인데 난생 처음 보는 자연의 색들이 파노라마로 펼쳐진다. 지구상에서 비가 가장 많이 오는 곳 중 하나로, 안개가 자욱했다가 갑자기 완전히 걷히는 등 하늘색과 구름의 모양이 시시각각 변한다.

주소 HI 96746 **위치** 리휴 공항에서 차로 1시간 23분

Tip.

나 팔리 코스트를 더욱 신나게 즐기는 방법

• 헬리콥터 투어

나 팔리의 무한한 매력에 제대로 빠져 보고 싶다면 땅과 바다와 하늘에서 모두 즐겨 봐야 한다. 가장 인기 있는 것은 헬리콥터 투어다. 광활한 해안선을 한눈에 담아 보고, 층층이 쌓여 있는 여러 채도와 명도의 붉은 산맥과 협곡을 헤아려 보자.
대표적인 업체들로는 오아후, 마우이, 빅아일랜, 카우아이 모두에서 헬리콥터 프로그램을 운영하는 블루 하와이안 헬리콥터스Blue Hawaiian Helicopters(www.bluehawaiian.com)가 있고, 잭 하터 헬리콥터스Jack Harter Helicopters(www.helicopters-kauai.com)는 가장 긴 프로그램을 진행하는 업체며, 그 밖에 사파리 헬리콥터스Safari Helicopters(www.safarihelicopters.com), 파라다이스 헬리콥터스Paradise Helicopters(www.paradisecopters.com) 등이 있다. 보통 1시간 투어의 요금은 1인 기준 $250~300 정도다.

• 보트 투어

보트를 타고 나 팔리 코스트 바다로 나가 스노클링과 수영을 즐기는 신나는 하루를 만끽해 보자. 석양이 내릴 때쯤 출발하는 낭만적인 선셋 크루즈나 래프팅이나 동굴 탐험, 고래 보기 등 다양한 프로그램들이 있다. 대표적인 업체들은 카우아이 시 투어Kauai Sea tours(요금: $120~/ 홈페이지: kauaiseatours.com), 캡틴 앤디스Captain Andy's(요금: $165~/ 홈페이지: www.napali.com)가 있다.

• 짚라인

스릴 넘치는 아드레날린 완충 액티비티, 짚라인을 즐겨 보자. 나무 꼭대기에서 저쪽 나무 꼭대기로 몸을 날려 잠깐 동안 하늘을 나는 기분을 만끽하며 카우아이의 푸르른 장관을 시원하게 감상할 수 있다. 여러 업체들이 투어를 제공하며, 래프팅이나 카약 등의 프로그램과 결합한 코스도 많다. 대표적인 업체는 프린스빌 랜치Princeville Ranch(요금: $139~/ 홈페이지: princevilleranch.com)가 있다.

• 트레킹

도보로 나 팔리 코스트를 모두 돌아볼 수 있는 유일한 길은 칼랄라우 트레일Kakalau Trail이다. 편도로 약 18km인데, 보통 이틀 정도 소요된다. 홈페이지에 날씨와 금지 구역 등 변동 사항을 빠르게 업데이트하니 확인하고 길을 떠나도록 한다. 울창한 숲과 쨍한 파란 바다를 굽이굽이 볼 수 있는 높고 낮은 길을 떠나 보자. 땀 흘리며 흙과 풀내음을 실컷 들이마실 수 있는, 친환경적이고 가장 보람된 방법이다.

홈페이지 www.kalalautrail.com

© Hawaii Tourism Authority (HTA), Tor Johnson

남부 카우아이

South Kauai

활기 넘치는 휴양지 느낌 가득한 카우아이의
남부. 파도와 웃음소리로 기억되는 온통 푸른

추억을 만들어 줄 곳이다. 하와이 모든 곳이 그렇듯 남부 역시 다면적인 볼거리가 존재하는 지역으로, 고독하고 작은 바다, 울창한 이국적인 정원, 하루 종일 달리고 싶은 나무로 만들어진 울창한 터널, 가볍게 들러 보기 좋은 쇼핑몰들 역시 갖추고 있다. 영화 세트장 같은 하나페페 마을은 북부, 동부와 확연히 다른 남부만의 사랑스러운 구석이다.

Best Course

포이푸 비치 파크
차로 4분

쿠쿠이울라 빌리지 쇼핑 센터
차로 4분

브레넥스 비치 브로일러(점심)
차로 10분

스파우팅 혼 파크
도보 4분

국립 열대 공원
차로 15분

웨어하우스 3540(구경 및 간식)
차로 8분

카우아이 커피 컴퍼니
차로 5분

하나페페 마을
차로 6분

솔트 폰드
차로 11분

와이메아 스테이트 레크리에이셔널 피어(석양)
도보 2분

슈림프 스테이션(저녁)

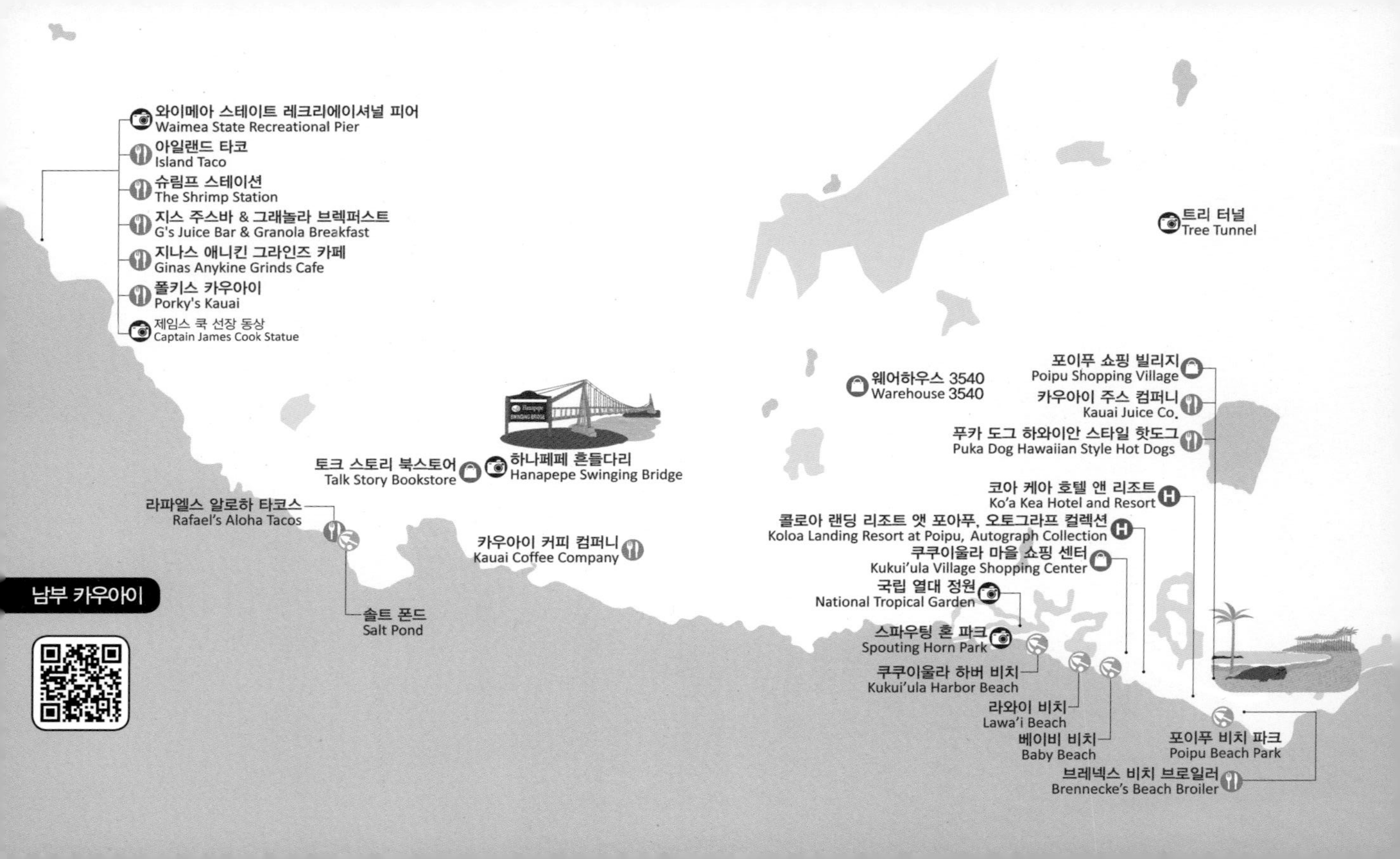

남부 카우아이

와이메아 스테이트 레크리에이셔널 피어
Waimea State Recreational Pier

아일랜드 타코
Island Taco

슈림프 스테이션
The Shrimp Station

지스 주스바 & 그래놀라 브렉퍼스트
G's Juice Bar & Granola Breakfast

지나스 애니킨 그라인즈 카페
Ginas Anykine Grinds Cafe

폴키스 카우아이
Porky's Kauai

제임스 쿡 선장 동상
Captain James Cook Statue

토크 스토리 북스토어
Talk Story Bookstore

하나페페 흔들다리
Hanapepe Swinging Bridge

라파엘스 알로하 타코스
Rafael's Aloha Tacos

카우아이 커피 컴퍼니
Kauai Coffee Company

솔트 폰드
Salt Pond

웨어하우스 3540
Warehouse 3540

트리 터널
Tree Tunnel

포이푸 쇼핑 빌리지
Poipu Shopping Village

카우아이 주스 컴퍼니
Kauai Juice Co.

푸카 도그 하와이안 스타일 핫도그
Puka Dog Hawaiian Style Hot Dogs

코아 케아 호텔 앤 리조트
Ko'a Kea Hotel and Resort

콜로아 랜딩 리조트 앳 포아푸, 오토그라프 컬렉션
Koloa Landing Resort at Poipu, Autograph Collection

쿠쿠이울라 마을 쇼핑 센터
Kukui'ula Village Shopping Center

국립 열대 정원
National Tropical Garden

스파우팅 혼 파크
Spouting Horn Park

쿠쿠이울라 하버 비치
Kukui'ula Harbor Beach

라와이 비치
Lawa'i Beach

베이비 비치
Baby Beach

포이푸 비치 파크
Poipu Beach Park

브레넥스 비치 브로일러
Brennecke's Beach Broiler

포이푸 비치 파크 Poipu Beach Park

두 개의 해변으로 이루어진 해변 공원으로, 사람을 무서워하지 않는 바다거북이나 물개들이 모래로 올라와 쉬다 가는 곳이다. 거북이와 물개의 안전을 위해 가까이 다가가거나 만지지 않도록 주의하자. 파도가 잔잔하고 열대어들도 노닐어 스노클링을 하거나 어린아이들이 해수욕을 하기에도 좋다. 스노클링, 서핑 장비 대여점, 서프 스쿨도 주변에 몇 개 있으며 넓고 피크닉할 공간도 마련돼 있어 온종일 시간을 보내다 가도 좋다. 길 하나만 건너면 남부에서 가장 인기 있는 맛집 중 하나인 브레넥스가 있다.

주소 Koloa, HI 96756 **위치** ①리휴 공항에서 차로 26분 ②30번 버스 타고 포이푸 로드/후윌리 로드(Poipu Rd/Hoowili Rd) 정류장 하차 **홈페이지** poipubeach.org **전화** 808-241-4460

• BEST Spot •

브레넥스 비치 브로일러 Brennecke's Beach Broiler

포이푸에서 가장 인기 있는 식당. 포이푸 비치 파크 바로 앞에 있다. 훌륭한 전망을 자랑하는 맛집으로 온종일 바쁜 데도 직원들이 무척 친절해 서비스도 일품이다. 코코넛 슈림프와 타코, 해산물 파스타, 참치 버거 등 다양한 종류의 음식과 칵테일 등을 선보이며 전부 맛있어 입맛대로 무엇이든 시켜 보자. 종종 라이브 공연도 열린다.

주소 2100 Hoone Rd, Koloa, HI 96756 **위치** ①리휴 공항에서 차로 26분 ②30번 버스 타고 포이푸 로드/후윌리 로드(Poipu Rd/Hoowili Rd) 정류장 하차 **시간** 해안가 델리: 7:00~20:00, 20:30/ 레스토랑: 11:00~22:00/ 해피 아워: 15:00~17:00, 20:30~영업시간 종료까지 **홈페이지** brenneckes.com **전화** 808-742-7588

솔트 폰드
Salt Pond

주차 공간이 넓은 한적한 해안가로 카우아이 사람들에게 특히 인기가 많다. 해 뜰 때와 해질 때가 특히 예뻐 웨딩 촬영이나 데스니테이션 웨딩을 하러 많이 찾는 장소다. 모래는 곱고 주변에 바위도 많아 파도가 부딪혀 만들어내는 모습이 아름다워 한참을 구경하며 태닝을 즐겨도 좋고 해수욕을 하기에도 적합하다.

주소 Eleele, HI 96705 **위치** 리휴 공항에서 차로 33분

• BEST Spot •

라파엘스 알로하 타코스 Rafael's Aloha Tacos

카우아이 특산물 중 하나인 타로로 만든 토르티아 칩에 담은 타코 맛이 정말 좋다. 솔트 폰드 주변에 식당이 없어 일찍 닫지만 매일 여는 이곳은 이 바다를 찾는 사람들의 일등 식당이다.

주소 Salt Pond Rd, Eleele, HI 96705 **위치** 리휴 공항에서 차로 34분 **시간** 월, 목: 10:00~15:00/ 화, 금: 10:00~15:00, 17:00~20:00/ 수: 10:00~15:00, 16:00~19:00/ 토: 9:00~13:15 **가격** $8(타코 2개), $12(부리토) **홈페이지** www.facebook.com/tarotortillas **전화** 808-652-7934

라와이 비치
Lawa'i Beach

작은 해변이지만 파도가 높은 편이라 숙련된 서퍼들이 좋아하는 곳이다. 거북이와 물개도 가끔 볼 수 있으며 주변에 리조트와 식당들이 많아 아침저녁 산책하는 여행자들도 많다. 해변 앞 라와이 로드Lawai Road 양옆으로 서핑 스쿨, 스노클링/서핑 장비 대여 업체, 스누바 투어 업체 등이 있다.

주소 Lawai Rd, Koloa, HI 96756 **위치** ①리휴 공항에서 차로 26분 ②30번 버스 타고 쿠쿠이울라 스토어(Kukuiula Store) 정류장 하차

베이비 비치
Baby Beach

라와이 비치 바로 옆의 귀여운 해변으로 이름답게 어린아이들이 놀다 가기 좋게 물이 잔잔하고 얕다. 조금 더 나가면 암초들이 많은데 이들이 모두 물살이 거세지는 것을 막아 주기 때문에 해안가 근처는 파도가 약한 것이다.

주소 Koloa, HI 96756 **위치** ①리휴 공항에서 차로 26분 ②30번 버스 타고 쿠쿠이울라 스토어(Kukuiula Store) 정류장 하차

쿠쿠이울라 하버 비치
Kukui'ula Harbor Beach

국립 열대 정원 바로 앞에 위치한다. 역시 물개와 바다거북이 노는 작은 해변으로 석양이 아름답다. 낚시를 하러 오거나 잔잔한 파도를 감상하려는 동네 사람들에게 특히 인기가 많다.

주소 2691 Alania Rd, Koloa, HI 96756 **위치** 리휴 공항에서 차로 28분

쉬었다가 가기 좋은, 전망 좋은 곳

와이메아 스테이트 레크리에이셔널 피어 Waimea State Recreational Pier

주소 Waimea, HI 96796 위치 ①리휴 공항에서 차로 40분 ②200번 버스 타고 와이메아 네이버후드 센터(Waimea Neighborhood Center) 정류장 하차

한낮에는 맨발로 걷기 너무 뜨거울 정도로 태양에 달구어지는 갈색 모래가 깔린 항구다. 길게 뻗은 나무로 된 길이 바다를 향해 뻗어 있어 포토 명소로 쓰인다. 물고기도 많아 낚시대 하나 매고 나오는 동네 사람들도 이따금씩 볼 수 있다. 해수욕을 하기에 적합하지는 않으나 풍경이 아름답고 특히 석양이 예뻐 길 건너편 맛집들을 들를 때 함께 보고 가면 좋은 곳이다.

간단한 테이크아웃 식사로 제격

폴키스 카우아이 Porky's Kauai

주소 9899 Waimea Rd, Waimea, HI 96796 위치 ①리휴 공항에서 차로 40분 ②200번 버스 타고 와이메아 퍼스트 하와이안 뱅크(Waimea 1st Hawaiian Bank) 정류장 하차 시간 11:00~16:00(월~금), 11:00~15:00(토)
홈페이지 porkyskauai.com 전화 808-631-3071

다양한 토핑을 푸짐하게 얹어 주는 핫도그와 그릴드 치즈 샌드위치가 맛있는 폴키스. 남부 해안가 서쪽에 위치해 나 팔리/와이메아 전망대 쪽으로 이어지는 길 직전에 위치해, 산으로 들어가면 식당이 없기에 이 쪽에서 음식을 포장하는 손님들이 많다.

오동통한 새우구이
더 슈림프 스테이션 The Shrimp Station

주소 9652 Kaumualii Hwy, Waimea, HI 96796 위치 ①리휴 공항에서 차로 40분 ②200번 버스 타고 와이메아 네이버후드 센터(Waimea Neighborhood Center) 정류장 하차 시간 11:00~17:00 홈페이지 theshrimpstation.net 전화 808-338-1242

메뉴는 오아후의 여러 새우 푸드 트럭들과 비슷하다. 코코넛, 갈릭, 케이준 새우구이가 있고, 슈림프 타코와 버거도 있다. 간단한 메뉴지만 손님들은 끊이지 않는다. 신선하고 살 많은 식재료가 맛을 잘 살리는 것이 비법. 피크닉 테이블이 몇 개 있어 먹고 갈 수 있다. 동부 카파아 마을에도(주소: 4-985 Kuhio Hwy, Kapa'a, HI 96746) 지점이 있다.

신선하고 맛있는 주스와 아침 식사
지스 주스 바 & 그래놀라 브렉퍼스트 G's Juice Bar & Granola Breakfast

주소 Kaumualii Highway, Waimea, HI, USA 위치 ①리휴 공항에서 차로 40분 ②200번 버스 타고 와이메아 네이버후드 센터(Waimea Neighborhood Center) 정류장 하차 시간 7:30~17:00(화~목, 토~일) 전화 808-639-8785

아침 일찍 열고 오후에 닫는 주스 바 겸 아침 식사 식당이다. 카우아이에서 가장 신선하고 달콤한 스무디, 아사이 보울, 그래놀라를 판다. 미리 만들어 얼리는 것이 아니라 주문 즉시 만들어 내놓아 과일의 달콤함을 100% 살린다.

든든하고 푸짐한 아침 식사
지나스 애니킨 그라인즈 카페 Ginas Anykine Grinds Café

주소 9691 Kaumualii Hwy, Waimea, HI 96796 위치 ①리휴 공항에서 차로 40분 ②200번 버스 타고 와이메아 네이버후드 센터(Waimea Neighborhood Center) 정류장 하차 시간 7:00~14:30(화~목), 7:00~13:00(금), 8:00~13:00(토) 가격 $9.95(와이메아 웨이브 오믈렛) 홈페이지 ginasanykinegrindscafehi.com 전화 808-338-1731

오믈렛, 로코 모코, 프렌치토스트, 샌드위치 등 미국스러운 아침 한 그릇을 대접하는 캐주얼한 식당이다. 수제 버거와 다양한 사이드 메뉴도 추천하다. 시그니처 호박 크런치나 사과 파이, 코코넛 파이 등 디저트류도 맛있다.

먹을 것, 볼 것 많은 해변 근처 쇼핑몰

포이푸 쇼핑 빌리지 Poipu Shopping Village

주소 2360 Kiahuna Plantation Dr, Koloa, HI 96756 **위치** ①리휴 공항에서 차로 26분 ②30번 버스 타고 키아후나 드라이브(Kiahuna Drive) 정류장 하차 **시간** 9:30~21:00(월~토), 10:00~19:00(일) **홈페이지** poipushoppingvillage.com **전화** 808-742-2831

주얼리, 서핑 관련 제품, 의류, 기념품 등 다양한 상점들이 입점해 있다. 깔끔하고 널찍해 포이푸 비치에서 물놀이를 하다 잠시 쉬러 들르기에도 좋다. 나 팔리 코스트 투어나 짚라인 등 액티비티를 예약할 수 있는 업체도 위치하며 타히티 스타일 훌라 공연도 종종 열린다. 주요 업체들로는 웨일러스 슈퍼마켓Whalers General Store, 스타벅스, 하와이언 셔츠 전문점 크레이지 셔츠Crazy Shirts, 하와이안 레스토랑 케오키스 파라다이스Keoki's Paradise, 카우아이 주스 컴퍼니Kauai Juice Co. 등이 있다.

· 포이푸 쇼핑 빌리지 ·
INSIDE

푸카 도그 하와이안 스타일 핫도그 Puka Dog Hawaiian Style Hot Dogs

시간 10:00~20:00 **홈페이지** pukadog.com **전화** 808-742-6044

포이푸 쇼핑 빌리지에서 가장 추천하는 맛집. 폴란드 소시지와 하와이 스타일 소스, 토핑이라는 독특한 조합으로 사랑받고 있다. 채식용 소시지도 있고, 빵을 바삭하게 구워 식감이 더욱 좋다. 직접 만드는 셰이브 아이스도 판매하니 디저트로 먹어 보자.

이국적인 열대 정원

국립 열대 정원 National Tropical Garden

주소 4425 Lawai Rd, Koloa, HI 96756 **위치** 리휴 공항에서 차로 30분 **시간** 9:00~17:00 **요금** $30(성인), $15(6~12세) **홈페이지** ntbg.org/gardens/mcbryde **전화** 808-742-2623

라와이 계곡에 자리한, 다양한 종의 식물들이 자라는 약 20헥타르가 넘는 넓은 열대 정원으로, 맥브라이McBryde와 앨러튼Allerton, 두 개의 정원으로 이루어져 있다. 다양한 종류의 야자수와 꽃나무, 난초, 꼭두서니과, 헬리코니아를 포함해 멸종 위기인 하와이 고유의 식물들이 특히 많이 자라고 있다. 걸어서 돌아보려면 약 1시간 30분 정도 소요되며, 방문자 센터에서 자체 셔틀도 운영해 좀 더 편하고 빠르게 돌아보는 방법도 있다.

시원하게 뿜어 나오는 물줄기

스파우팅 혼 파크 Spouting Horn Park

주소 Lawai Rd, Koloa, HI 96756 **위치** 리휴 공항에서 차로 30분 **시간** 8:00~18:00

속이 뻥 뚫리도록 시원한 물줄기가 바다 속에서부터 뿜어져 나온다. 바다와 땅이 만들어낸 자연의 신비를 감상해 보자. 안전을 위해 펜스를 쳐 놓고 그 앞에서 볼 수 있도록 해두었다. 꽤 가까운 거리에서 볼 수 있는데, 자주 물줄기가 솟구쳐 올라 언제 가도 볼 수 있다. 스파우팅 혼을 뒤로하고 기념사진을 찍어 보자. 카우아이의 베스트 포토 명소 중 하나다. 공중화장실이 있고, 바로 옆에서 벼룩 시장도 열린다.

카우아이의 고소한 커피 맛을 보고 가자

카우아이 커피 컴퍼니 Kauai Coffee Company

주소 870 Halewili Rd, Kalaheo, HI 96741 **위치** ①리휴 공항에서 차로 27분 ②200번 버스 타고 카우아이 커피(Kauai Coffee) 정류장 하차 **시간** 9:00~17:00 **홈페이지** kauaicoffee.com **전화** 800-545-8605

커피 재배와 로스팅 과정 등을 상세히 볼 수 있는 농장 겸 전시관. 약 1,255헥타르의 부지에 약 4백만 그루의 커피 나무가 자라는, 미국에서 가장 큰 커피 농장이다. 하와이 최초의 설탕 농장 중 하나인 맥브라이드 슈거 컴퍼니McBryde Sugar Company로, 19세기 초에 시작돼 1987년 커피만을 전문으로 하는 농장으로 탈바꿈했다. 월요일에서 목요일까지 9시에서 11시까지 농장 투어(요금: $60[성인], $30[8~18세] *8세 미만 투어 불가)가 진행되고, 화요일, 목요일, 일요일 8시 30분에서 9시 30분에는 짧은 투어(1인당 $20)를 진행한다. 투어는 홈페이지로 예약할 수 있다.

해변에서 놀다가 지치면 쇼핑을

쿠쿠이울라 마을 쇼핑 센터 Kukui'ula Village Shopping Center

주소 2829 Ala Kalanikaumaka St, Koloa, HI 96756 **위치** ①리휴 공항에서 차로 24분 ②30번 버스 타고 쿠쿠이울라 스토어(Kukuiula Store) 정류장 하차 **시간** 10:00~21:00 **홈페이지** theshopsatkukuiula.com **전화** 808-742-9545

포이푸와 베이비 비치 사이에 위치한 쇼핑몰이다. 부바 버거스의 포이푸 지점, 유기농 와인을 판매하는 리빙 푸즈 마켓Living Foods Market, 짚라인 업체, 해산물 식당 메리맨스 피시 하우스Merriman's Fish House, 하와이를 대표하는 아이스크림 카페 래퍼츠 하와이Lappert's Hawaii 등이 입점돼 있다. 수요일에는 지역 농부들이 직접 재배한 식재료와 식가공품을 가지고 나오는 파머스 마켓 장이 선다.

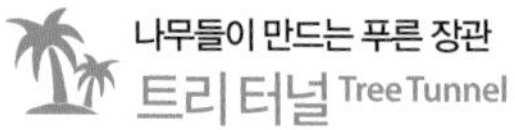

나무들이 만드는 푸른 장관
트리 터널 Tree Tunnel

주소 Maluhia Rd, Koloa, HI 96756 위치 리휴 공항에서 차로 15분

카우아이의 맑고 푸른 하늘이 거의 다 울창한 초록 나뭇가지로 뒤덮여 보이지 않을 정도인 멋진 이 길을 트리 터널이라 부른다. 최소 서른 가지의 다른 종류의 나무들이 빼곡하게 세워져 있다. 동부-남부 사이를 이동하는 경우 일부러 이 길을 이용해 보자. 콜로아Koloa나 포이푸Poipu 마을을 찾는 경우 자연스레 이 도로를 타게 된다. 빠르게 달리는 차들이 많으니 갓길이 나타나기 전에 세우고 사진을 찍거나 하는 행위는 위험하니 삼가도록 한다.

도로 한복판 기분 좋은 서프라이즈

웨어하우스 3540 Warehouse 3540

주소 3540 Koloa Rd, Kalaheo, HI 96741 **위치** ①리휴 공항에서 차로 21분 ②200번 버스 타고 라와이 포스트 오피스(Lawai Post Office) 정류장 하차 **시간** 10:00~16:00(월~토) **홈페이지** warehouse3540.com

창의적인 카우아이 사람들이 모여 활동하는 멋진 공간이다. 규모도 있고 예쁘게도 꾸며 놓아, 콜로아 로드를 신나게 달리다 차를 돌려 멈추는 사람들이 반, 알고 일부러 찾아오는 사람들 반이다. 주얼리 브랜드 아프로다이티스 트레저스Aphrodite's Treasures, 밝고 경쾌한 하와이 패션 브랜드 하와이 세즈 하이Hawaii Says Hi를 포함한 여러 아티스트 스튜디오, 커피 전문점, 푸드 트럭, 갤러리 등 다양한 업종들이 모여 큰 창고를 가득 메웠다. 수제 모자, 수제 비누, 핸드 드로잉 엽서나 그림도 판매하며 이 공간을 사용하는 업체들은 종종 워크숍도 진행한다. 홈페이지에 안내하니 일정이 맞으면 참여해 보자.

THEME 하나페페 마을 Hanapepe Town

1778년 카우아이를 발견한 영국 탐험가 제임스 쿡 선장과 그의 선원들이 모여 살던 오래된 마을이다. 마을 어딘가에 그려진 벽화로도 알 수 있듯, 디즈니 애니메이션 〈릴로 앤 스티치〉의 모티브가 된 곳이기도 하다. 세월이 느껴지는 옛 건물들을 그대로 사용하고 있고, 또 몇 곳을 보수해 힙하게 꾸며 갤러리나 상점, 카페로도 사용한다. 붐비지 않지만 한적하고도 예술적인 분위기가 멋스럽다. 유기농 향신료를 판매하는 알로하 스파이스 컴퍼니Aloha Spice Company, 유기농 커피와 간단한 스낵을 파는 리틀 피시 커피Little Fish Coffee, 빵과 콜드 브루 커피가 맛있는 미드나잇 베어 브레즈Midnight Bear Breads, 핸드 페인트 세라믹 상점인 바나나 패치 스튜디오Banana Patch Studio를 비롯해 여러 상점들, 특히 소규모 아트 갤러리들이 많이 있다.

하나페페 흔들다리 Hanapepe Swinging Bridge

100년도 더 된 목조 다리를 건너 보자. 두 명이 나란히 지나기 어려운 좁은 다리로, 한 번에 열다섯 명만이 올라갈 수 있다. 하지만 거의 붐비지 않아 차례를 기다리며 서로의 사진을 찍어 주며 여유롭게 돌아볼 수 있는 하나페페의 상징. 삐걱거리는 소리가 나서 겁이 많은 사람들은 무서워하기도 한다.

주소 3857 Iona Rd, Hanapepe, HI 96716 **위치** ①리휴 공항에서 차로 30분 ②200번 버스 타고 웨스트사이드 파머시(Westside Pharmacy) 정류장 하차

토크 스토리 북스토어 Talk Story Bookstore

종이 냄새가 진하게 나는, 오래 머물고 싶은 서점. 새 책, 중고책, 하나페페 마을과 카우아이, 하와이와 관련된 서적들을 판매한다. 동네 아티스트들이 만든 공예품이나 기념품도 팔고 있어 영어 서적에 관심이 없어도 하나페페의 아티스틱한 분위기에 가장 잘 부합하는 이 명소를 한 번쯤 들러 볼 만하다. 건물 자체도 예뻐서 앞에서 기념사진을 남기기에도 좋다.

주소 3785 Hanapepe Road, Hanapepe, HI 96716 **위치** ①리휴 공항에서 차로 30분 ②200번 버스 타고 웨스트사이드 파머시(Westside Pharmacy) 정류장 하차 **시간** 10:00~17:00(토~목), 10:00~21:00(금) **홈페이지** talkstorybookstore.com **전화** 808-335-6469

카우아이 추천 숙소

럭셔리한 리조트와 호텔들은 북부 프린스빌 센터 쪽에 몰려 있고, 리휴 공항 부근에는 가성비 좋은 호텔, 호스텔들이 있다. 섬 전체를 한 바퀴 돌아볼 수 있도록 도로가 조성돼 있지 않아 어디에서 묵어도 카우아이를 구석구석 보려면 어느 정도 운전은 감수해야 하니 위치보다는 호텔 시설과 가격을 고려해 고르자.

하날레이만 앞에 위치한 5성 럭셔리 리조트

프린스빌 리조트 카우아이
Princeville Resort Kauai

주소 5520 Ka Haku Rd, Princeville, HI 96722 **위치** 리휴 공항에서 차로 46분 **가격** $570(마운틴/가든 뷰 투 퀸룸) **홈페이지** www.princevilleresorthawaii.com **전화** 808-826-9644

251개의 객실과 스위트로 이루어져 있으며 반짝이는 해변이 바로 앞에 위치해 있다. 여러 매체에서 미국 최고의 스파로 꼽는 스파, 할렐레아 스파Halele'a Spa를 자랑하며 이벤트와 미팅 전용 공간만 23,000평방피트로 넓은 부지에서 큰 행사를 주최하기도 한다. 신선한 해산물 요리 또는 클래식한 하와이안 요리를 선보이는 마카나 테라스Makana Terrace와 그릴 레스토랑, 카페, 바도 갖추고 있으며 피트니스 센터와 아름다운 인피티니 풀, 훌륭한 골프 코스도 있다. 전용 선베드 또는 카바나를 이용해 호텔 바로 앞 푸우 포아Pu'u Po'a 비치에서 해수욕을 하거나 패들 보드, 서핑 보드, 카약 등의 레저도 즐길 수 있다.

남부 해안가에 자리한 고급스러운 호텔

콜로아 랜딩 리조트 앳 포아푸, 오토그라프 컬렉션
Koloa Landing Resort at Poipu, Autograph Collection

주소 2641 Poipu Rd, Koloa, HI 96756 **위치** 리휴 공항에서 차로 24분 **가격** $351(스튜디오), $415(1 베드룸 빌라) **홈페이지** koloalandingresort.com **전화** 808-240-6600

메리어트 계열의 호텔로 카우아이 남부에서 손꼽는 위치와 어메니티, 시설을 자랑한다. 일반 객실과 함께 디럭스 스튜디오, 럭셔리 빌라, 펜트하우스 스위트로 구성돼 있다. 투숙객들은 24시간 피트니스 센터, 프라이빗 트리트먼트 룸이 구비된 스파, 풀 사이드 그릴, 세 개의 리조트 수영장, 발리볼 네트, 축구장, 자쿠지 등을 이용할 수 있다. 남부 해안가에 위치해 접근성도 좋고 주변 랜드마크와도 가까운 데다 리조트 내에 누릴 것이 많아 짧게 머물기에는 너무나 아쉬운 곳이다.

포이푸 비치 바로 앞에 위치한 4성 리조트

코아 케아 호텔 앤 리조트
Ko'a Kea Hotel and Resort

주소 2251 Poipu Rd, Koloa, HI 96756 **위치** 리휴 공항에서 차로 27분 **가격** $389(가든 뷰 룸) **홈페이지** meritagecollection.com/koa-kea **전화** 844-236-3817

몇 걸음만 걸으면 포이푸 비치가 나타나는, 바다 바로 앞의 리조트. 풀 사이드 바와 그릴, 고급스러운 레스토랑이 있으며 많은 연인들이 결혼식도 올리는 예쁜 호텔이다. 베이비문, 허니문 숙소로도 인기가 많다. 하와이 분위기를 잘 살린 밝은 컬러의 열대 느낌 물씬 나는 인테리어로 꾸민 여러 종류의 121개 객실로 구성돼 있으며 모든 객실에는 테라스가 딸려 있고 대부분의 객실이 오션 뷰로 아침저녁으로 바다를 감상할 수 있다. 자체 스파와 트로피컬 풀, 온수 풀, 야외 화로, 자전거와 파라솔, 스노클링, 서프 등을 대여할 수 있는 워터 스포츠 공간, 피트니스 센터도 구비돼 있다.

착한 가격, 좋은 위치, 친절하고 깔끔한 섬의 보금자리

카우아이 비치 하우스 호스텔
Kauai Beach House Hostel

주소 4-1552 Kuhio Hwy, Kapa'a, HI 96746 **위치** ①리휴 공항에서 차로 15분 ②500번 버스 타고 카파아 엔시(Kapaa NC) 정류장 하차 **가격** $38~(6인 도미토리), $103~(프라이빗룸) **홈페이지** kauaibeachhouse.net **전화** 808-652-8164

가성비가 폭우처럼 내리는 호스텔. 젊은이들, 주머니 가벼운 여행자들이 애용하는 호스텔로 카우아이에서 깨끗하고 친절하게 운영하는 곳으로 소문이 나 있다. 주차 공간도 있어 렌터카로 여행하는 투숙객들은 따로 주차 요금을 지불하지 않고 이용할 수 있다. 공용 주방과 라운지, 테라스를 갖추고 있으며 위생과 안전에 대한 규칙도 엄격해 따로 또 같이 생활을 즐겁게 할 수 있는 곳이다. 먼저 떠나는 사람이나 카풀이 필요한 사람들이 메시지를 나누는 보드도 마련돼 있어 픽업을 부탁할 수도 있다. 카우아이 토박이 주인이나 함께 묵는 여행객들에게 문의하면 친절하게 여행 정보를 알려 주니 여행 일정이 길다면 초반에 묵어 가며 유용한 정보를 얻기에도 좋을 것이다.

테 마 별

Best Course

언제, 누구와 떠나든 모두를 만족시킬 수 있는 여행 가이드 코스를 제시하였다. 자신의 여행 스타일에 따라 코스를 골라 따라가기만 해도 만족과 편안함이 두 배가 될 것이다.

Best Course 1

처음 만난 **오아후 7일**

오아후에서의 꿈 같은 일주일이다. 매일 바쁘게 종일 돌아다녀도 볼 것, 할 것이 많은 섬이라 동선을 효율적으로 잘 생각해서 계획을 짜야 한다. 마음에 진하게 남는 곳들은 다시 한 번 더 가보고 싶기도 하고 예상치 못한 사정으로 일정을 놓치게 되는 경우가 있어, 마지막 날은 여유를 두고 아쉬웠던 일정을 다시 해보거나 재시도해 볼 수 있도록 안내한다.

DAY 1

호놀룰루 공항➡울프강 스테이크 하우스➡ 와이키키 비치 ➡ 와이키키 아쿠아리움 or 호놀룰루 동물원➡칼라카우아 애비뉴 ➡ 마우이 브루잉 컴퍼니 or 마루카메 우동

DAY 2

헤븐리 아일랜드 라이프 스타일 ➡ 돌 플랜테이션 ➡ 지오반니 푸드 트럭 ➡ 할레이바 마을 ➡ 라니아케 비치➡타무라스 파인 와인 앤 리커스

DAY 3

하나우마 베이➡쿠알로아 랜치 ➡ 카일루아 비치 ➡ 뵤도인 사원➡코코 마리나 센터

DAY 4

KCC 파머스 마켓➡다이아몬드 헤드 ➡ 카하쿠의 슈림프 트럭 ➡ 폴리네시아 문화 센터 ➡ 루아우➡칼라카우아 애비뉴

DAY 5

탄탈루스 전망대➡다운타운➡ 솔트 앳 아워 카카아코 ➡ 알라 모아나 센터 ➡ 알라 모아나 리저널 파크➡하드 록 카페

DAY 6

몬사랏 애비뉴➡카파훌루 애비뉴 ➡ 진주만 ➡ 치즈케이크 팩토리➡와이키키 쇼핑몰

DAY 7

호텔 조식 ➡ 코 올리나 해변➡ 슬라이스 오브 와이키키➡체크아웃➡공항

Day 1 : 와이키키

호놀룰루 공항 도착
시내 이동 후 체크인

울프강 스테이크 하우스
첫 식사

와이키키 비치
해수욕, 해상 레저

와이키키 아쿠아리움 or 호놀룰루 동물원
하와이의 자연 탐험

칼라카우아 애비뉴
쇼핑몰 탐방

마우이 브루잉 컴퍼니 or 마루카메 우동

Day 2 : 노스 쇼어 서부

헤븐리 아일랜드 라이프스타일
하와이 특식으로 아침 한 끼

돌 플랜테이션
파인애플 농장 구경

지오반니 푸드 트럭
새우로 점심 식사

할레이바 마을
마을 구경 후 마쓰모토 셰이브 아이스로 더위 피하기

라니아케아 해변

타무라스 파인 와인 앤 리커스
포케로 저녁 식사

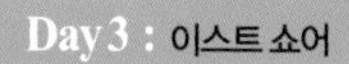

Day 3 : 이스트 쇼어

하나우마 베이
바다에서 열대어 만나기

쿠알로아 랜치
할로나 블로우홀 지나 여러 액티비티를 체험 후 점심

카일루아 비치
에메랄드빛 하와이 바다 만끽

뵤도인 사원
풀내음 맡으며 산책

코코 마리나 센터
맛있는 저녁 식사

Tip.
금요일 밤이라면 힐튼 호텔의 불꽃놀이를 놓치지 말자!

Day 4 : 노스 쇼어 동부

am 7:30

KCC 파머스 마켓
시장 구경 및 아침 식사

→

am 9:30

다이아몬드 헤드

→

pm 12:00

카하쿠의 슈림프 트럭
절대 질리지 않은 새우로 점심 식사

↓

pm 1:00

폴리네시아 문화 센터
구경 및 루아우 저녁 식사

←

pm 8:00

칼라카우아 애비뉴
중저가부터 명품까지 신나는 쇼핑

Day 5 : 다운타운 & 알라 모아나

탄탈루스 전망대
인생 사진과 함께 탁 트인 시내 감상

다운타운
시내 구경 및 쇼핑

솔트 앳 아워 카카아코
핫 플레이스에서 점심 식사

알라 모아나 센터
대형 백화점들이 모여 있는 곳

알라 모아나 리저널 파크
현지인이 가장 사랑하는 해변

하드 록 카페
활기찬 분위기 속 든든한 저녁 식사

Day 6 : 와이키키, 진주만, 아웃렛 쇼핑

몬사랏 애비뉴
브런치 후 와이켈레 프리미엄 아웃렛 쇼핑

카파훌루 애비뉴
레오나즈 베이커리에서 점심 또는 디저트

진주만
하와이의 역사를 배우는 시간

치즈케이크 팩토리
달콤한 저녁 식사

와이키키 쇼핑몰
자정까지 영업하는 쇼핑몰을 찾아 실컷 구경

Day 7 : 아쉬운 곳에 한 번 더

호텔 조식

코 올리나 비치
다시 가 보고 싶은 해변

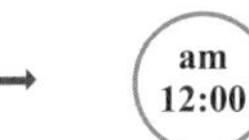

슬라이스 오브 와이키키
잊지 못할 마지막 식사

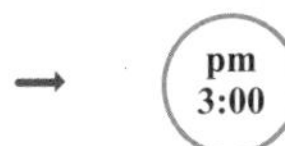

체크아웃 후 공항으로

Best Course 2

DIY 플랜1 (오아후 4일)

하와이의 다채로운 모습들이 궁금하고 비행기로 섬과 섬을 이동하는 것이 불편하지 않은 활동적인 여행자들을 위해 오아후 4일 일정을 안내한다. 압축된 4일 일정으로 오아후를 돌아보고, 이어서 소개하는 마우이, 빅아일랜드, 카우아이 3일 일정을 덧붙이면 된다. 모든 섬을 돌아보고 싶다면 13박 14일 2주 일정으로 알차게 하와이 일주를 할 수 있다.

DAY 1

호놀룰루 공항 ➡ 슬라이스 오브 와이키키 or 마루카메 우동 ➡ 와이키키 해변 ➡ 오노 ➡ 알라 모아나 센터 ➡ 칼라카우아 애비뉴 ➡ 루스 크리스 스테이크 하우스

DAY 2

KCC 파머스 마켓 ➡ 다이아몬드 헤드 ➡ 돌 플랜테이션 ➡ 지오반니스 할레이바 지점 ➡ 할레이바 마을 ➡ 선셋 비치 파크 ➡ 타무라스 파인 와인 앤 리커스

DAY 3

하나우마 베이 ➡ 쿠알로아 랜치 ➡ 카일루아 해변 ➡ 폴리네시아 문화 센터 ➡ 코코 마리나 센터 ➡ 칼라카우아 애비뉴

DAY 4

탄탈루스 전망대 ➡ 몬사랏 애비뉴 ➡ 다운타운 ➡ 솔트 앳 아워 카카아코 ➡ 진주만 ➡ 와이켈레 프리미엄 아웃렛 ➡ 체크아웃 후 공항

Day 1 : 와이키키

am 10:00

호놀룰루 공항 도착
시내로 이동 후 체크인

→

am 12:00

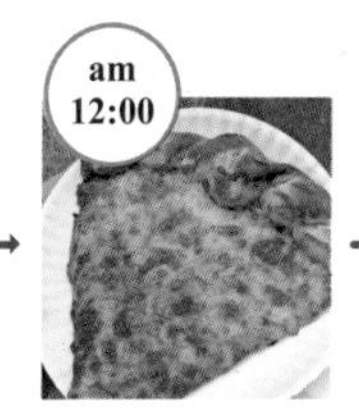

슬라이스 오브 와이키키 or 마루카메 우동
간단히 브런치

→

pm 12:30

와이키키 비치
해수욕 즐기기

→

pm 2:00

오노 시푸드
포케로 늦은 점심 식사

↓

pm 3:30

알라 모아나 센터
대형 쇼핑몰 구경

←

pm 5:00

칼라카우아 애비뉴
쇼핑 및 구경

←

pm 7:30

루스 크리스 스테이크 하우스
맛있는 저녁 식사

Day 2 : 노스 쇼어

am 7:00

KCC 파머스 마켓
구경 후 아침 식사

→

am 9:00

다이아몬드 헤드
트레킹 즐기기

→

am 12:00

돌 플랜테이션
구경 후 점심 식사

→

pm 2:00

지오반니스 _할레이바 지점
새우로 간식 즐기기

할레이바 마을
구경 후 마쓰모토 셰이브 아이스로 입가심

선셋 비치 파크
해수욕 즐기기

타무라스 파인 와인 앤 리커스
포케로 저녁 식사

Day 3 : 이스트 쇼어

하나우마 베이
스노클링 즐기기

쿠알로아 랜치
〈쥬라기 공원〉과 〈주만지〉 촬영지 구경 후 점심 식사

카일루아 비치 파크
물놀이 즐기기

폴리네시아 문화 센터
구경 후 루아우 저녁 식사

코코 마리나 센터
맥주 한잔 또는 쫀득한 찹쌀 버비스 아이스크림 먹기

칼라카우아 애비뉴
쇼핑몰 구경

Day 4 : 다운타운 & 진주만

탄탈루스 전망대
한눈에 내려다보는 호놀룰루 구경

몬사랏 애비뉴
브런치 즐기기

다운타운
시내 구경

솔트 앳 아워 카카아코
점심 식사

진주만
기념관 구경하기

와이켈레 프리미엄 아웃렛
쇼핑 및 구경

체크아웃 후 공항
다시 일상으로

Best Course 3

DIY 플랜2
(오아후 3일)
+몰로키니+라나이

가장 인기 있는 조합인 오아후 & 마우이다. 오아후의 시끌함에서 살짝 벗어나고 싶지만 여전히 도처에 스타벅스와 ABC 마트가 있어야 하는 여행자들을 만족시킨다. 돌고래가 뛰놀고 곱디고운 모래가 깔린 해변이 있는 몰로키니와 라나이섬은 각각 하루 일정으로 돌아보기 좋아, 이 두 섬까지 포함하면 마우이의 일정은 5일이 된다.

DAY 1

마우이 도착 ➡ 마케나 비치 ➡ 마우이 트로피컬 플랜테이션 ➡ 레오다스 키친 앤 파이 숍 ➡ 라하이나 프런트 스트리트 ➡ 파이아 피시 마켓(프런트 스트리트 지점)

DAY 2

할레아칼라 국립공원 ➡ 그랜마스 커피하우스 ➡ 하나 마을 ➡ 후키파 비치 ➡ 마마스 피시 하우스

DAY 3

슬래피 케익스 ➡ 카아나팔리 비치 ➡ 웨일러스 빌리지 ➡ 몽키 포드 ➡ DT 플레밍 파크 ➡ 나칼렐레 블로우홀 ➡ 숙소 근처 저녁 식사

Day 1

오아후 〉 마우이 도착

마케나 비치
아침 해수욕 즐기기

마우이 트로피컬 플랜테이션
농장 구경 후 점심 식사

레오다스 키친 앤 파이 숍
달콤한 간식 시간

라하이나 프런트 스트리트
거리 구경 및 쇼핑

파이아 피시 마켓_프런트 스트리트 지점
맛있는 저녁 식사

Day 2

할레아칼라 국립공원
숨막히는 일출 절경 감상

그랜마스 커피하우스
아침 식사 즐기기

하나 마을
(하나 마을 도착 후 점심 식사)

am 12:00

후키파 비치
해수욕 즐기기

pm 6:00

마마스 피시 하우스
마우이 최고 맛집에서 저녁 식사

Day 3

am 7:00

슬래피 케익스
아메리칸 브렉퍼스트 제대로 즐기기

am 8:00

카아나팔리 비치
아침 수영과 해변에서의 태닝

am 10:30

웨일러스 빌리지
쇼핑 및 구경

am 12:00

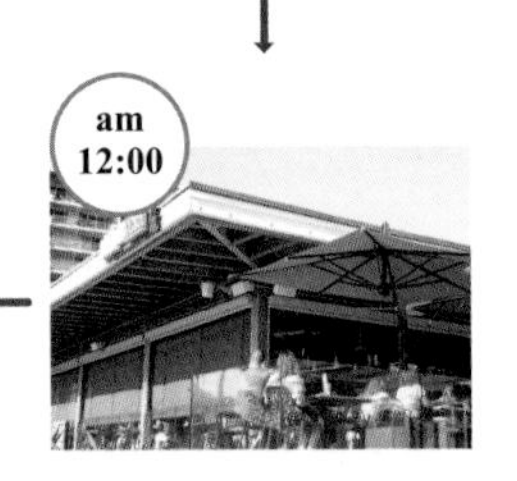

몽키포드
빌리지 내에서 점심 식사

pm 1:00

DT 플레밍 파크
시원한 해수욕

pm 3:00

나칼렐레 블로우홀
구경 후 드라이브. 단 렌터카 비 보험 구역 조심

pm 7:00

숙소 근처 저녁 식사

+1 Day 몰로키니에서의 하루

살아 숨 쉬는 수족관, 몰로키니섬에도 가 보자. 무인도인 몰로키니에서는 하룻밤을 보낼 수 없지만, 마우이에서 출발하는 투어 프로그램을 이용해 다녀오는 것이 일반적이다. 유익하고 즐거운 트릴로지의 몰로키니 투어를 추천한다.

+1 Day 라나이에서의 하루

하와이 여행 공부를 조금 한 사람이라면 로망으로 꿈꾸는, 자연 친화적이고 다양한 자체 액티비티가 있는 라나이 포시즌스 호텔에서의 하룻밤을 보내 보자. 물론 당일치기 투어로도 다녀올 수 있고, 하룻밤 묵어 가며 라나이의 고요한 아침과 마법 같은 밤을 감상해도 좋다.

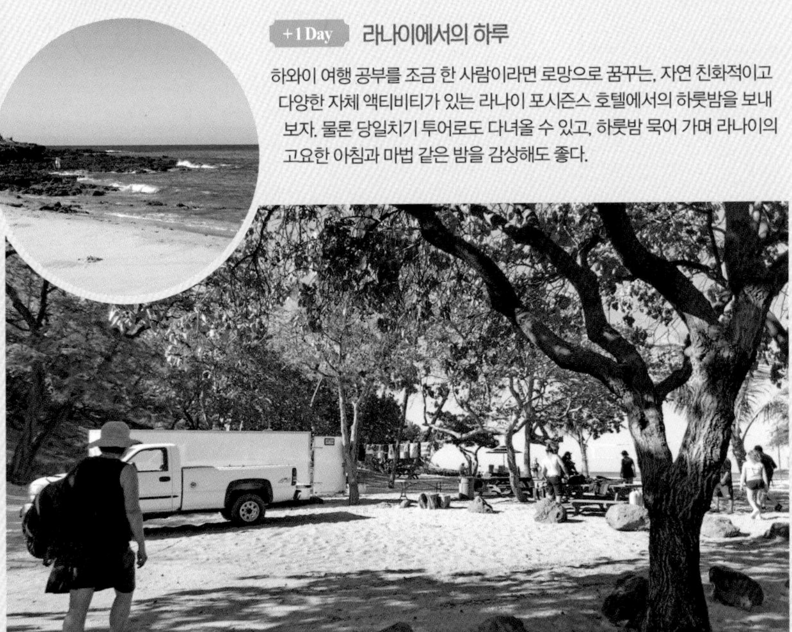

Best Course 4

DIY 플랜3 (빅아일랜드 3일)

꿈틀대는 용암과 시원하게 섬을 가로지르는 넓은 드라이브 대로, 개성 강한 해변까지. 확실한 정체성으로 압도하는 빅아일랜드는 진정한 하와이를 보고 싶다면 반드시 여행해야 할 섬이다. 밤에는 머리 위로 쏟아질 듯한 별무리에 넋을 잃고, 아침이면 살아 숨 쉬는 화산섬의 정기를 받아 힐로와 코나를 가로지르며 활동하게 만드는 신비로운 이 큰 섬에서 3일을 보내 보자.

DAY 1

빅아일랜드 ➡ 킬라우에아 애비뉴 ➡ 루시스 타케리아 ➡ 하와이 화산 국립공원 ➡ 블랙 샌드 비치 ➡ 그린 샌드 비치 ➡ 힐로 베이 카페

DAY 2

조식 후 호텔 수영장 ➡ 릴리우오칼라니 공원 ➡ 수이산 피시 마켓 ➡ 마우아 케나

DAY 3

켄스 하우스 오브 팬케익스 ➡ 폴롤루 계곡 ➡ 카메하메하 대왕 동상 ➡ 하푸나 비치 ➡ 마우카 메도우스 커피 농장 ➡ 코나 인 쇼핑 빌리지 ➡ 코나 브루잉 컴퍼니 ➡ 우메케스 피시 마켓 바 앤 그릴

Day 1

빅아일랜드 도착
도착 후 체크인

킬라우에아 애비뉴
상점 구경 및 쇼핑

루시스 타케리아
맛있는 점심 식사

하와이 화산 국립공원
위대한 자연의 힘 감상

블랙 샌드 비치
해수욕 즐기기

그린 샌드 비치
빅아일랜드의 이국적 해변 감상

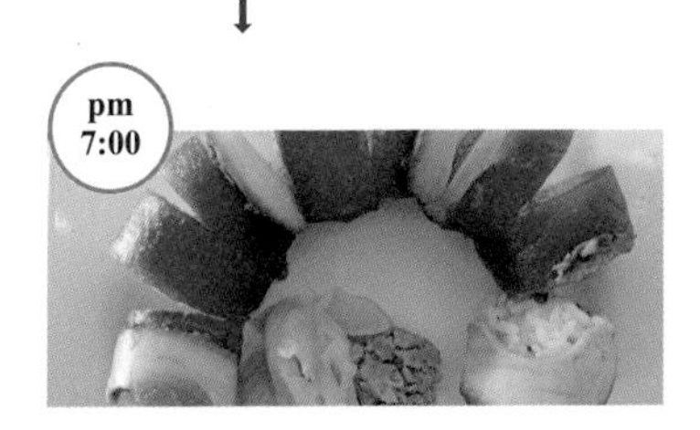

힐로 베이 카페
건강한 저녁 식사

Day 2

am 9:00
조식 후 호텔 수영장

am 12:00
릴리우오칼라니 공원
공원 산책

pm 1:30
수이산 피시 마켓
신선한 점심 식사

pm 3:00

마우나 케아
밤하늘의 별무더기를 보는 멋진 투어

Day 3

©Hawaii Tourism Authority HTA, Heather Goodman

켄스 하우스 오브 팬케익스
아침 식사 후 코나로 출발

폴롤루 계곡

카메하메하 대왕 동상
구경 및 점심 식사

하푸나 비치
빅아일랜드 서부 해안가 해수욕

마우카 메도우스 커피 농장
농장 구경 및 체험

코나 인 쇼핑 빌리지
알리이 드라이브 양옆 상점들 구경

코나 브루잉 컴퍼니
이른 저녁 식사와 맛있는 로컬 맥주 한잔

우메케스 피시 마켓 바 앤 그릴
일몰 감상하며 포케 야식

Best Course 5

DIY 플랜4 (카우아이 3일)

하와이의 자연 그 자체를 만날 수 있는 작은 섬. 닭이 많아 '치킨 아일랜드'라 불리는 카우아이는 기대 이상의 벅찬 감동을 안겨 준다. 울창한 숲과 여러 채도의 붉은 흙이 쌓인 계곡과 높은 흰 등대 양옆으로 펼쳐지는 바다를 마주한다. 왜 더 일찍 오지 않았는지, 왜 더 오래 머물 계획을 세우지 않았는지 스스로에게 투정을 하게 만드는, 반드시 다시 오리라는 다짐으로 떠나는 이 섬을 3일 동안 알차게 여행하자.

DAY 1

조식 ➡ 킬라우에아 등대 ➡ 아니니 비치 & 칼리히카이 파크 ➡ 칭 영 빌리지 쇼핑 센터 ➡ 와이올리 비치 파크와 하날레이 부두 ➡ 나팔리 코스트 ➡ 숙소 및 휴식

DAY 2

리드게이트 비치 파크 ➡ 오파에카아 폭포와 고사리 동굴 ➡ 포노 마켓 ➡ 카파아 마을 ➡ 푸지 비치 ➡ 카파아 비치 파크 ➡ 부바스 버거

DAY 3

트리 터널 ➡ 포이푸 비치 파크 ➡ 푸카 도그 하와이안 스타일 핫도그 ➡ 스파우팅 혼 파크 ➡ 하나페페 마을 ➡ 솔트 폰드 ➡ 웨어 하우스 3540 ➡ 공항

Day 1

조식

킬라우에아 등대
카우아이에서 가장 환상적인 뷰를 자랑하는 곳

아니니 비치 & 칼리히카이 파크
물놀이 즐기기

칭 영 빌리지 쇼핑 센터
다양한 상점과 식당이 있어 입맛대로 골라 식사

와이올리 비치 파크와 하날레이 부두
항구 구경 및 해수욕 즐기기

나 팔리 코스트
헬기 투어나 드라이브로 여러 전망대 방문

숙소 및 휴식

Day 2

리드게이트 비치 파크
해수욕 즐기기

오파에카아 폭포와 고사리 동굴
자연 탐험하기

포노 마켓
포케로 점심 식사

카파아 마을
상점들 구경

푸지 비치
해수욕 및 휴식 즐기기

카파아 비치 파크
석양 감상하기

부바스 버거
든든한 저녁 식사

Day 3

트리 터널
트리 터널 지나 콜로아 마을 구경

포이푸 비치 파크
해수욕 즐기기

푸카도그 하와이안 스타일 핫도그
맛있는 점심 식사

스파우팅 혼 파크
솟아오르는 자연의 신비감 감상

하나페페 마을
빈티지한 느낌이 물씬 나는 마을 구경

솔트 폰드
마지막 해수욕 즐기기

웨어하우스 3540
맛있는 저녁 식사

공항
다시 일상으로

부록

교통수단

택시를 불러 주세요.	Taxi, please.
택시 정류장은 어디입니까?	Where is the taxi stand?
기차역까지 가 주세요.	To the train station, please.
이 주소로 가 주세요.	To this address, please.
여기서 세워 주세요.	Stop here, please.
국제공항까지 요금이 얼마입니까?	How much is it to the international airport?
요금은 얼마입니까?	What's the fare?
~로 갑시다.	To the ~, please.
얼마 입니까?	How much is it?
여기 있습니다.	Here you are.

사진 촬영

당신 사진을 찍어도 될까요?	May I take your picture?
저랑 같이 찍을래요?	Do you want to take a picture with me?
죄송하지만 셔터 좀 눌러 주세요.	Excuse me, but can you take a photo for me, please?

호텔

지금 체크인을 할 수 있나요?	Can I check in now?
체크아웃 시간은 몇 시입니까?	When is the checkout time?
귀중품을 맡아주시겠어요?	Can I leave my valuables with you?
맡긴 짐을 찾고 싶은데요?	May I have my baggage back?
세탁 서비스가 있습니까?	Do you have laundry service?
모닝콜 서비스를 받을 수 있나요?	Can I get a wake-up call service?
지금 체크아웃을 하고 싶습니다.	I'd like to check out now, please.

음식점

이것으로 먹겠어요.	I'll have this one.
추천할 만한 요리가 무엇입니까?	What would you recommend?
이것은 무슨 요리인가요?	What kind of dish is this?
아이스티가 있나요?	Do you have ice-tea?
커피 주세요.	I'll have coffee, please.
계산서를 주세요.	Can I have the bill, Please.

쇼핑

그냥 둘러보고 있는 중입니다.	Just looking. (Thank You.)
입어 봐도(신어 봐도) 될까요?	Can I try it on?
시계 좀 볼 수 있나요?	Can I see some watches?
다른 물건 좀 보여 주세요.	Show me another one, please.
너무 큽니다(작습니다).	It's too big(small).
이것으로 하겠습니다.	I'll take this one.
이것을 사겠어요.	I'll buy this.

찾아보기

오아후

와이키키, 알라 모아나, 다운타운, 진주만, 이스트 쇼어, 노스 쇼어

마우이

마우미 서부, 마우이 동부

빅아일랜드
힐로, 코나

카우아이

코코넛 코스트, 나 팔리 코스트와 북부, 남부 카우아이

TRAVEL PACKING CHECKLIST

Item	Check
여권	■
항공권	■
여권 복사본	■
여권 사진	■
호텔 바우처	■
현금, 신용카드	■
여행자 보험	■
필기도구	■
세면도구	■
화장품	■
상비약	■
휴지, 물티슈	■
수건	■
카메라	■
전원 콘센트 · 변환 플러그	■
일회용 팩	■
주머니	■
우산	■
기타	■

MY TRAVEL PLAN

Day 1

Day 2

Day 3